高等职业教育"十三五"规划教材
广东省一流高职院校建设项目成果

实用电子电气产品可靠性设计

主　编　冯利峰

副主编　冯首哲　罗道军

電子工業出版社·

Publishing House of Electronics Industry

北京·BEIJING

内 容 简 介

本书以国家规范为依据，以人才培养目标为导向，以企业应用为主线，重点介绍了电子电气产品可靠性设计的基本原则和方法。全书引入了丰富的实例，降低了理论难度，内容翔实、实用，应用简便。

全书共 11 章，内容包括：可靠性基础知识、元器件选择技术、环境应力筛选、元器件失效分析、降额设计方法、热设计、EMC 设计、容差分析与设计、可靠性预计、电子元器件使用可靠性、可靠性试验等。

本书可以作为应用型本科及高等职业院校电子、电气相关专业的教材，也可以作为家电生产企业可靠性培训教材，同时也是电子、电气企业可靠性技术人员的有益读本。

图书在版编目（CIP）数据

实用电子电气产品可靠性设计 / 冯利峰主编. —北京：电子工业出版社，2019.4

ISBN 978-7-121-29513-3

Ⅰ. ①实… Ⅱ. ①冯… Ⅲ. ①电子产品—可靠性设计—高等学校—教材②电子设备—可靠性设计—高等学校—教材 Ⅳ. ①TN02

中国版本图书馆 CIP 数据核字（2019）第 063368 号

策划编辑：朱怀永
责任编辑：朱怀永
印　　刷：北京虎彩文化传播有限公司
装　　订：北京虎彩文化传播有限公司
出版发行：电子工业出版社
　　　　　北京市海淀区万寿路 173 信箱　邮编　100036
开　　本：787×1 092　1/16　印张：17.75　字数：465 千字
版　　次：2019 年 4 月第 1 版
印　　次：2023 年 1 月第 4 次印刷
定　　价：49.80 元

凡所购买电子工业出版社图书有缺损问题，请向购买书店调换。若书店售缺，请与本社发行部联系，联系及邮购电话：(010) 88254888，88258888。

质量投诉请发邮件至 zlts@phei.com.cn，盗版侵权举报请发邮件至 dbqq@phei.com.cn。

本书咨询联系方式：(010) 88254608。

前　言

提高产品的可靠性，最重要的是设计阶段。设计不合理，是不可能通过事后的维修来达到所期望的可靠性的。"产品的可靠性是设计出来的，生产出来的，管理出来的"，可靠性设计决定了产品的"优生"，可靠性设计的优劣将对产品的固有可靠性产生重大的影响。在设计阶段采取措施，提高产品的可靠性，耗资最少，效果最佳。美国的诺斯洛普公司估计，在产品的研制、设计阶段，为改善可靠性所花费的每 1 美元，将在以后的使用和维修方面节省 30 美元。

下表为各种因素对产品可靠性的影响列表，由该表可以看出，除设计对产品可靠性的影响占 40%以外，零部件材料对产品可靠性的影响占到 30%；对于电子电气产品，零部件的设计可靠性及使用可靠性（综合影响占到 60%）就显得非常重要。根据国内外的经验，通过采用有效的元器件选择技术及筛选技术可以使元器件的总使用失效率下降 1～2 个数量级，因此选择和筛选是保证可靠性的重要手段。

各种因素对产品可靠性的影响

影　响　因　素		影　响　程　度
可靠性	固有可靠性	零部件材料	30%
		设计技术	40%
		制造技术	10%
	使用可靠性	使用（运输、操作安装、维修）	20%

本书根据上表中各种因素对产品可靠性的影响，重点分析占影响电子电气产品可靠性因素 70%以上的影响因素：设计技术和零部件材料；并以企业实际需求为导向，对电子电气产品元器件的选择技术、筛选技术、元器件失效分析方法、电子元器件使用可靠性及零部件可靠性设计控制技术进行了详细的阐述，分析零部件材料对产品可靠性的影响。以可靠性优化设计为基本内容，阐述了电子电气产品降额设计方法及规范、热设计方法及规范、EMC 设计方法、容差分析与设计方法、可靠性预计方法、可靠性试验等内容。这些内容都源于典型的企业应用。

全书共 11 章，第一章是可靠性基础知识，介绍了可靠性的基本概念；第二章是元器件选择技术，第三章是环境应力筛选，第四章是元器件失效分析，第十章是电子元器件使用可靠性，以上四章介绍了元器件的可靠性设计、失效分析及使用可靠性；第五章是降额设计方法，第六章是热设计，第七章是 EMC 设计，第八章是容差分析与设计，这四章介绍了电子电气产品整机及元器件在整机中的可靠性设计方法；第九章是可靠性预计，介绍了常用的产品可靠性预计方法；第十一章是可靠性试验，介绍了基本的环境可靠性试验方法及高加速可靠性试验方法。

本书由冯利峰主编，冯利峰编写了第一章及其他章节中的理论部分，冯首哲负责各个章节中企业应用实例的编写及全书的校对，第十一章由冯首哲编写。罗道军审核了部分章节。

由于编者水平和经验有限，书中难免有欠妥和疏漏之处，恳请读者批评指正。

编　者

2018 年 6 月

目　　录

第一章　可靠性基础知识 ··· 001

　　第一节　可靠性基本概念 ··· 001
　　第二节　可靠性参数体系及可靠性常用分布 ··························· 004
　　实践练习一 ··· 007

第二章　元器件选择技术 ··· 009

　　第一节　电子元器件的选择与控制方法 ······························· 009
　　第二节　电子元器件可靠性与质量等级 ······························· 011
　　第三节　电子元器件的选用要求与质量标记 ··························· 023
　　第四节　电子元器件的选择 ··· 024
　　实践练习二 ··· 032

第三章　环境应力筛选 ··· 034

　　第一节　环境应力筛选的基本概念 ····································· 034
　　第二节　环境应力筛选的基本原理 ····································· 038
　　第三节　环境应力筛选方案设计 ······································· 047
　　第四节　元器件环境应力筛选的试验方法 ····························· 055
　　实践练习三 ··· 062

第四章　元器件失效分析 ··· 064

　　第一节　元器件的主要失效模式、失效机理和失效原因 ················· 064
　　第二节　元器件破坏性物理分析 ······································· 075
　　第三节　电子元器件失效分析技术 ····································· 078
　　第四节　假冒、翻新器件及电子元器件失效分析方法 ··················· 080
　　实践练习四 ··· 086

第五章　降额设计方法 ··· 087

　　第一节　降额设计的概念及一般要求 ··································· 087
　　第二节　降额准则及应用 ··· 089
　　实践练习五 ··· 116

第六章　热设计 ·· 118

第一节　热设计基础知识 ··· 118

第二节　热设计方法 ·· 133

第三节　散热风扇的基本定律及噪声的评估 ··· 141

第四节　产品温度控制标准及要求 ·· 142

实践练习六 ··· 147

第七章　EMC 设计 ·· 149

第一节　EMC 基本概念 ·· 149

第二节　EMC 元件 ··· 156

第三节　EMC 设计参考电路 ·· 177

第四节　产品内部的 EMC 设计技巧 ·· 189

第五节　电磁干扰的屏蔽方法 ·· 191

实践练习七 ··· 197

第八章　容差分析与设计 ·· 198

第一节　容差分析与设计基本概念 ·· 198

第二节　容差分析方法示例 ··· 201

实践练习八 ··· 211

第九章　可靠性预计 ·· 212

第一节　可靠性预计基础知识 ·· 212

第二节　元器件应力分析可靠性预计法 ·· 217

第三节　电子电气产品可靠性寿命预计 ·· 223

实践练习九 ··· 228

第十章　电子元器件使用可靠性 ··· 230

第一节　集成电路的使用可靠性 ·· 230

第二节　晶体管和特种半导体器件的使用可靠性 ·· 239

第三节　电阻器、电容器、继电器的使用可靠性问题 ······································ 243

实践练习十 ··· 248

第十一章　可靠性试验 ··· 249

第一节　电子电气产品环境试验 ·· 249

第二节　常用环境试验方法 ··· 254

第三节　高加速可靠性试验 ··· 260

实践练习十一 ·· 270

附录　相关国家标准系列 ·· 271

参考文献 ·· 275

第一章　可靠性基础知识

● 可靠性的概念。

● 可靠性参数体系、常用可靠性参数及可靠性常用分布。

当你准备购买一件电子产品时，你关注的是它的哪些方面？其中最关注的是什么？

我们除关注产品的功能和性能外，在谈论某品牌的产品"好"的时候，所隐含的意思就是该品牌产品的质量与可靠性高。质量与可靠性是我们最为关注的产品质量特性。

随着新材料、新技术的发展与应用使得产品性能得到迅速提高，但随着产品性能的提高，其复杂程度也增加，故障频繁。出厂检验合格的产品，在使用寿命期内保持其产品质量指标的数值而不致失效，这就是可靠性问题。

本章将在介绍可靠性的基本概念、可靠性术语、可靠性参数体系及常用可靠性参数、可靠性常用分布等知识的基础上，讲解造成产品故障的主要原因，以及可靠性的重要意义。

第一节　可靠性基本概念

1. 可靠性的概念

可靠性的概念，可以说，自从人类开始使用工具起就已经存在。然而可靠性理论作为一门独立的学科出现却是近几十年的事情。可靠性归根结底研究的还是产品的可靠性，而通常所说的"可靠性"指的是"可信赖的"或"可信任的"。一台仪器设备，当人们要求它工作时，它就能工作，则说它是可靠的；而当人们要求它工作时，它有时工作，有时不工作，则称它是不可靠的。

最早的可靠性定义由美国 AGREE 在 1957 年的报告中提出，1966 年美国又较正规地给出了传统的或经典的可靠性定义："产品在规定的条件下和规定的时间内完成规定功能的能力"。它为世界各国的标准所引用，我国的可靠性定义也与此相同。这里的产品是泛指的，它可以是一个复杂的系统，也可以是一个零件。

出厂检验合格的产品，在使用寿命期内保持其产品质量指标的数值而不致失效，这就是可靠性问题。因此，可靠性也是产品的一个质量指标，而且是与时间有关的参量。只有在引进了可靠性指标后，才能和其他质量指标一起，对产品质量做全面的评定。所谓产品是指作为单独研究和分别试验对象的任何元件、设备或系统，可以是零件也可以是由它们装配而成的机器，或由许多机器组成的机组和成套设备，甚至还把人的作用也包括在内。在具体使用"产品"这一词时，其确切含义应加以说明。例如，汽车板簧、汽车发动机、汽车整车等。

从定义可以看出，产品的可靠性是与"规定的条件"分不开的。这里所讲的规定条件包括产品使用时的应力条件（温度、压力、振动、冲击等载荷条件）、环境条件（地域、气候、介质等）和储存条件等。规定的条件不同，产品的可靠性是不同的。

产品的可靠性又与"规定的时间"密切相关。一般说来，经过零件筛选、整机调试和磨合后，产品的可靠性水平会有一个较长的稳定使用或储存阶段，以后随着时间的增长其可靠性水平逐渐降低。

产品的可靠性还和"规定的功能"有密切的联系。一个产品往往具有若干项技术指标。定义中所说的"规定功能"是指产品若干功能的全体，而不是其中的一部分。

在实际工作中，产品往往由于各种偶然因素而发生故障，如零件的突然失效、应力突然改变、维护或使用不当等。由于这些原因都具有偶然性，所以对于一个具体产品来说，在规定的条件下和规定的时间内，能否完成规定的功能是无法事先知道的。也就是说，这是一个随机事件。但是，大量的随机事件中包含一定的规律性，偶然事件中包含必然性。我们虽然不能知道发生故障的确切时刻，但是可以估计在某时间段内，产品完成规定功能的能力大小。因此，应用概率论与数理统计方法对产品的可靠性进行定量计算是可靠性理论的基础，包括下列四要素。

① 规定条件：一般指的是使用条件、环境条件。包括应力、温度、湿度、尘砂、腐蚀等，也包括操作技术、维修方法等条件。对于汽车来说，主要是公路条件、气候条件和行驶速度；对于显示器来说，主要指环境条件、供电条件和工作条件。例如，开机时间、待机时间、关机时间等。

② 规定时间：是可靠性区别于产品其他质量属性的重要特征，一般也可认为可靠性是产品功能在时间上的稳定程度。因此，以数学形式表示的可靠性各特征量都是时间的函数。这里的时间概念不限于一般的年、月、日、时、分、秒，也可以是与时间成比例的次数、距离。例如，应力循环次数、汽车行驶里程等。

③ 规定功能：要明确具体产品的功能是什么，怎样才算是完成规定功能。产品丧失规定功能称为失效，对可修复产品通常也称为故障。怎样才算是失效或故障，有时很容易判定，但更多情况则很难判定。当产品指的是某个螺栓时，显然螺栓断裂就是失效。当产品指的是某个设备时，对某个零件损坏而该设备仍能完成规定功能就不能算失效或故障。有时虽然某些零件损坏或松脱，但在规定的短时间内可容易地修复也可不算是失效或故障。若产品指的是某个具有性能指标要求的机器，当性能下降到规定的指标后，虽然仍能继续运转，但也应算是失效或故障。究竟怎样算是失效或故障，有时要涉及厂商与用户不同看法的协商，有时要涉及当时的技术水平和经济政策等而做出合理的规定。

④ 能力：只是定性地理解能力是比较抽象的，为了衡量与检验，后面将加以定量描述。产品的失效或故障均具有偶然性，一个产品在某段时间内的工作情况并不能很好地反映该产品可靠性的高低，而应该观察大量该类产品的工作情况并进行合理的处理后才能正确地反映该产品的可靠性，因此对能力的定量描述需使用概率和数理统计的方法。

2. 可靠性其他常用概念

可靠性：产品在规定条件下和规定时间内，完成规定功能的能力。

维修性：在规定条件下使用的产品，在规定的时间内，按规定的程序和方法进行维修时，保持或恢复到能完成规定功能的能力。

失效（故障）：产品丧失规定的功能，对可修复产品通常也称故障。

失效模式：失效的表现形式。

失效机理：引起失效的物理、化学变化等内在原因。

早期失效：产品由于设计制造上的缺陷等原因而发生的失效。

偶然失效：产品由于偶然因素发生的失效。

耗损失效：产品由于老化、磨损、损耗、疲劳等原因引起的失效。

寿命试验：为评价与分析产品的寿命特征量而进行的试验。

可靠性验证试验：为确定产品的可靠性特征量是否达到所要求的水平而进行的试验。

可靠性测定试验：为确定产品的可靠性特征量的数值而进行的试验。

筛选试验：为选择具有一定特性的产品或剔除早期失效而进行的试验。

恒定应力试验：应力保持不变的试验。

步进应力试验：随时间分阶段逐步增大应力的试验。

序进应力试验：随时间等速增大应力的试验。

加速试验：为缩短试验时间，在不改变失效机理的条件下，用加大应力的方法进行的试验。

失效模式、影响与危害度分析（FMECA）：在系统设计过程中，通过对系统各组成单元潜在的各种失效模式及其对系统功能的影响、产生后果的严重程度进行分析，提出可能采取的预防改进措施，以提高产品可靠性的一种设计分析方法。

失效树分析（FTA）：在系统设计过程中，通过对可能造成系统失效的各种因素（包括硬件、软件、环境、人为因素）进行分析，画出逻辑框图（即失效树），从而确定系统失效原因的各种可能组合方式或及其发生概率，以计算系统失效概率，采取相应的纠正措施，以提高系统可靠性的一种设计分析方法。

可靠度：可靠度就是在规定的时间内和规定的条件下系统完成规定功能的成功概率，一般记为 R。它是时间的函数，故也记为 $R(t)$，称为可靠性函数。

失效率（故障率）：通俗地讲，失效率是工作到某时刻尚未失效的产品，在该时刻后单位时间内发生失效的概率。失效率为产品运行到 t 时刻后单位时间内发生故障的产品数与时刻 t 时完好产品数之比。失效率有时也称为瞬时失效率或简单地称为故障率。一般记为 λ，它也是时间 t 的函数，故也记为 $\lambda(t)$，称为失效率函数，有时也称为故障率函数或风险函数。

平均寿命：平均寿命是寿命的平均值，对不可修复产品常用失效前平均时间表示，也叫平均首次故障时间，一般记为 MTTF（Mean Time To Failure）；对可修复产品则常用平均无故障工作时间表示，也叫平均故障间隔时间，一般记为 MTBF（Mean Time Between Failure）。平均无故障工作时间 MTBF，是指相邻两次故障之间的平均工作时间，它仅适用于可维修产品。同时也规定产品在总的使用阶段累计工作时间与故障次数的比值为 MTBF，即

$$\text{MTBF}=总的工作时间/故障数$$

MTTF 和 MTBF 都表示无故障工作时间 T 的期望 $E(T)$（或简记为 t）。对可修复产品，MTTF 和 MTBF 这两个参数的计算没有区别。下文只介绍 MTBF。MTBF 越大，说明产品的可靠性越高。对不可修复的产品，失效时间就是产品的寿命，故 MTTF 即为平均寿命。

一个可修复产品在使用过程中发生了 N_{o} 次故障，每次故障修复后又重新投入使用，测得其每次工作持续时间为 t_1，t_2，…，$t_{N_{\text{o}}}$。其平均故障间隔时间（MTBF）为

$$\text{MTBF} = \frac{1}{N_{\text{o}}}\sum_{i=1}^{N_{\text{o}}} t_i = \frac{T}{N_{\text{o}}} \tag{1-1}$$

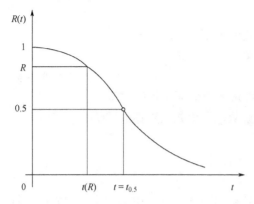

图 1-1　可靠度随着工作时间的变化曲线

其中，T 为产品总的工作时间。

可靠寿命：可靠寿命是给定的可靠度所对应的时间，一般记为 $t(R)$。如图 1-1 所示，一般可靠度 R 随着工作时间 t 的增大而下降，对给定的不同可靠度 R，则有不同的 $t(R)$，即

$$t(R)=R^{-1}(t)$$

式中，R^{-1}——R 的反函数，即由 $R(t)=R$ 反求 t。

[例] 设有 5 个不可修复产品进行寿命试验，它们发生失效的时间分别是 1000h、1500h、2000h、2200h、2300h。求产品的 MTTF 的观测值。

解： MTTF =（1000+1500+2000+2200+2300）/5 =1800h。

第二节　可靠性参数体系及可靠性常用分布

1. 可靠性参数体系

在实际应用中人们逐步感到了传统的可靠性定义的局限性，因为它只反映了任务成功的能力。在进行可靠性设计时需要综合权衡完成规定功能和减少用户费用两个方面的需求，将可靠性分为基本可靠性和任务可靠性。可靠性参数用于定量地描述产品的可靠性水平和故障强度，可靠性参数体系完整地表达了产品的可靠性特征。可靠性工程中使用的可靠性参数多达数十个，参数的使用随着工程对象或者装备类型的不同而变化，在同一种装备中还可能随着产品层次的不同而不同。系统级的可靠性参数一般以可靠度为主，设备级的可靠性参数一般以 MTBF 为主。

一般来说，合同可靠性参数采用固有可靠性值。固有可靠性是指产品从设计到制造整个过程中所确定的内在可靠性。一般使用的可靠性指标都是指使用可靠性值。使用可靠性在固有可靠性的基础上还考虑了使用、维护对产品可靠性的影响，包括使用维护方法和程序，以及操作人员的技术熟练程度等。

可靠性参数体系要完整全面，例如，洗衣机产品的可靠性参数体系要包括 MTBF（小时）和 MTBF（次）。可靠性指标是规定要达到的可靠性参数值，例如，要求洗衣机达到 MTBF 为 5000h，则 5000h 为该洗衣机的 MTBF 指标。可靠性指标分为目标值和最低可接受值两类。

2. 可靠性常用分布

（1）可靠性常用分布函数

可靠性问题的提出，来自对产品寿命的关注。任何产品从开始使用到第一次发生故障，时间究竟有多长，不可能确切知道。显然，产品的正常使用寿命不是一个确定的时间，而是一个随机变量。同样，如果产品是可修复的，则其故障修复后再次使用，到下一次故障的时间仍然是一个随机变量。因此，可以用概率分布来模拟可靠性相关的问题。由此可见，对产品"寿命"的概率模拟也就可以用"失效时间"来表征。对不可修复产品，就是指失效前时间；对可修复产品，最关心的是其相邻两次故障之间的持续可用时间，可称为"无故障可用时间"。下面，先介绍一般可靠度函数，然后简述二项分布、泊松分布、正态分布，以及指数分布的应用。

可靠度是指在规定的条件下和规定的时间区间（t_1, t_2）内无故障持续完成规定功能的概率，常用 $R(t)$ 表示。工程计算中常常将不能完成规定功能的概率 $Q(t)$ 称为不可靠度，并有：

$$R(t) + Q(t) = 1 \quad 或 \quad Q(t) = 1 - R(t)$$

（2）可靠度函数的形状

典型电子元件的故障率特性曲线如图 1-2 所示，由于它的形状而常常称其为浴盆曲线。通常将其分为三个区间，区间 I 常称初期损坏期或调试阶段。它可能由于大批量产品中的次品，或设备制造过程中的偶然缺陷或设备在初期运行时的不稳定等因素造成，这时故障率是一个随时间下降的曲线。

区间 II 常称正常使用期或有效寿命期，故障率为常数，这时故障的发生纯属偶然，是唯一适用指数分布的区域。区间III则代表耗损或元件疲劳屈服的阶段，这时故障率随时间急剧上升。对于故障密度函数，也可区别出相应的三个区间，如图 1-3 所示，区域II非常近似于负指数曲线；区域 I 则有比指数曲线高得多的数值；区域III可用正态分布、γ 分布或威布尔分布等来描述。

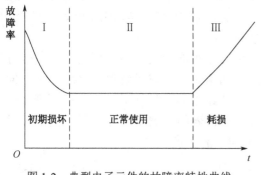

图 1-2　典型电子元件的故障率特性曲线

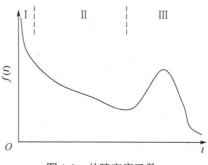

图 1-3　故障密度函数

（3）二项分布

如果某个试验只有成功和失败两种结果，且假设成功的概率是 p，失败的概率是 q，则对于 n 次试验有

$$(p + q)^n = \sum_{r=0}^{n} C_n^r p^{n-r} q^r = 1 \tag{1-2}$$

称其为二项分布，并须满足以下条件：

① 有限的试验次数。
② 每次试验只能出现两种结果之一。
③ 所有试验结果必须有相同的概率。
④ 每次试验必须是独立的。

（4）泊松分布

泊松分布描述给定时间或空间内发生率为常数时一定次数单个事件发生的频率，也就是说事件的发生必须是随机的。它与二项分布的主要区别是只考虑事件的发生而不考虑事件的不发生。

如果利用泊松分布来模拟失效过程，这时常将其参数 λ 称为故障率，因此：

$$\lambda = 单位时间的平均故障数$$

泊松分布描述为：

$$P_x(t) = \frac{(\lambda t)^x \, \mathrm{e}^{-\lambda t}}{x!} \tag{1-3}$$

式中，x 代表的是变量的值，这个表达式涉及了故障数，但并未涉及元件故障后需要修复或更换的时间。

（5）正态分布

正态概率分布，简称正态分布（有时称为高斯分布），是使用得最广泛的一种分布之一，它的概率密度函数对均值完全对称，其形状和位置由均值 μ 和标准差 σ 唯一确定。

正态分布密度函数可表达为：

$$f(x) = \frac{1}{\sigma\sqrt{2\pi}} \exp\left[-\frac{(x-\mu)^2}{2\sigma^2} \right] \tag{1-4}$$

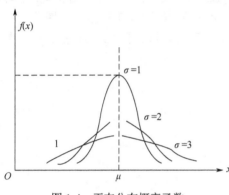

图 1-4　正态分布概率函数

图 1-4 所示为正态分布概率函数。它的主要特点是当随机变量为 μ 时，概率为 0.5，因其是正态分布的均值，而且由于 μ 确定了曲线的横坐标位置，常称它为位置参数；σ 确定了离散度的大小，常称其为尺度参数，它也就是正态分布的标准差。

正态分布密度函数不能用简单的积分方法求解，通常是由计算机解算，并编制了不同积分限时曲线下面积的标准表，从而可查表进行计算。标准表的依据是用标准正态变量 z 进行式（1-4）的代换。

$$z = \frac{x-\mu}{\sigma} \tag{1-5}$$

而得出下面的标准形式：

$$f(z) = \frac{1}{\sqrt{2\pi}} \exp\left[-\frac{z^2}{2} \right] \tag{1-6}$$

如果手边没有标准正态分布表，正态函数曲线下的面积可以用近似多项式求解。例如，求图 1-5 所示面积 $Q(z)$，则

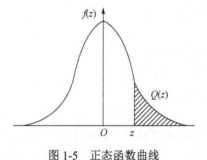

图 1-5　正态函数曲线

$$Q(z) = y(b_1 t + b_2 t^2 + b_3 t^3 + b_4 t^4 + b_5 t^5) \tag{1-7}$$

式中，

$$y = f(z) = \frac{1}{\sqrt{2\pi}} \exp(-\frac{z^2}{2}) \tag{1-8}$$

$$t = \frac{1}{1 + rz} \tag{1-9}$$

b_1=0.31938153，b_2=-0.3563782

b_3=1.781477937，b_4=-1.821255978

b_5=1.330274429，r=0.2316419

经验公式的计算误差$|\varepsilon| < 7.5 \times 10^{-8}$，因此其结果足够精确。

（6）指数分布

一般所说的指数分布，严格说来应该是负指数分布，也可以把它看成泊松分布的特殊情况，即只考虑第一次故障概率的情况。指数分布是系统可靠性问题中用得最广泛的一种分布，目前工程实用中常常不加证明地使用故障率为常数或者说与时间无关的假设。这一点通常使用以下三种理由来解释：第一，如果不做这样的简化，则对大系统，问题的复杂程度将使解析方法难以应用。第二，评估所用的数据常常很有限，不足以检验所用分布的正确性。因此，使用更复杂的方法缺乏足够可信数据的支撑。第三，如果只研究系统的稳态概率值，已经有资料验证，只要元件在统计上是独立的，则分布类型对结果的影响甚小。不过应当强调的是，如果是研究与时间相关的概率，不同的分布会得到明显不同的结果。

如前文所述，当故障率为常数时，可靠度为

$$R(t) = e^{-\lambda t} \tag{1-10}$$

实践练习一

1-1　设 t=0 时，投入工作的 10000 只灯泡，以天作为度量时间的单位，当 t=365 天时，发现有 300 只灯泡坏了，则灯泡工作一年时的可靠度为（　　）。

　　A. 0.87　　　　　　　B. 0.77　　　　　　　C. 0.97　　　　　　　D. 0.67

1-2　在 1-1 题中，若一年后的第一天又有 1 只灯泡坏了，此时故障率是（　　）。

　　A. 0.000103/天　　B. 0.00103/天　　　C. 0.103/天　　　　D. 0.0103/天

1-3　对 5 个不可修复产品进行寿命试验，它们发生失效的时间分别是 1000h、1500h、2000h、2200h、2300h，该产品的 MTTF 观测值是（　　）。

　　A. 1800h　　　　　B. 2100h　　　　　　C. 1900h　　　　　　D. 2000h

1-4　有一批电子产品累计工作 10 万小时，发生故障 50 次，该产品的 MTBF 观测值是（　　）。

　　A. 2000h　　　　　B. 2100h　　　　　　C. 1900h　　　　　　D. 1800h

1-5　在浴盆曲线中，产品的故障率较低且基本处于平稳状态的阶段是（　　）。

　　A. 初期损坏阶段　　　　　　　　　　B. 正常使用阶段

　　C. 偶然故障阶段　　　　　　　　　　D. 耗损阶段

1-6　不是因为耗损性因素引起的是（　　　）。

　　A．老化　　　　　　B．疲劳　　　　　　　C．磨损　　　　　　　D．加工缺陷

1-7　在产品投入使用的初期，产品的故障率较高，且具有随时间（　　　）的特征。

　　A．逐渐下降　　　　　　　　　　　　B．保持不变

　　C．先降低后提高　　　　　　　　　　D．迅速下降

1-8　产品典型的故障率曲线中不包括（　　）阶段。

　　A．初期损坏阶段　　　　　　　　　　B．报废故障处理阶段

　　C．偶然故障阶段　　　　　　　　　　D．耗损阶段

1-9　产品可靠性随着工作时间的增加而（　　　）。

　　A．逐渐增加　　　　　　　　　　　　B．保持不变

　　C．逐渐降低　　　　　　　　　　　　D．先降低后提高

1-10　常用的维修性度量参数是（　　　）。

　　A．MTTF　　　　　B．MTBF　　　　　C．λ　　　　　　　D．MTTR

1-11　产品固有可靠性与（　　　）无关。

　　A．设计　　　　　　B．制造　　　　　　C．管理　　　　　　　D．使用

1-12　产品可靠性与（　　　）无关。

　　A．规定时间　　　　B．规定条件　　　　C．规定功能　　　　　D．规定维修

1-13　（　　　）是由于产品的规定功能随时间增加而逐渐衰退引起的。

　　A．早期故障　　　　B．偶然故障　　　　C．独立故障　　　　　D．耗损故障

1-14　为了验证开发的产品的可靠性是否与规定的可靠性要求一致，用具有代表性的产品在规定条件下所做的试验叫（　　　）试验。

　　A．环境应力筛选　　　　　　　　　　B．可靠性增长

　　C．可靠性鉴定　　　　　　　　　　　D．可靠性测定

1-15　工作到某时刻尚未发生故障（失效）的产品，在该时刻后一个单位时间内发生故障（失效）的概率，称为产品的（　　　）。

　　A．故障（失效）率

　　B．瞬时故障（失效）率

　　C．故障（失效）率或瞬时故障（失效）率

　　D．以上均不对

1-16　环境条件越严酷，产品（　　　）越低。

　　A．可靠性　　　　　B．可用性　　　　　C．可信性　　　　　　D．维修性

1-17　汽车属于（　　　）产品，日光灯管属于（　　　）产品。

　　A．不可修复　　　　可修复

　　B．可修复　　　　　可修复

　　C．不可修复　　　　不可修复

　　D．可修复　　　　　不可修复

第二章　元器件选择技术

● 电子元器件的选择与控制方法。
● 电子元器件可靠性与质量等级。
● 电子元器件的选用与质量标记。
● 电子元器件的选择与应用。

一个系统由多个组件、部件组成，而每个部件、组件均由元器件组成，因此，元器件是一个系统的基础。如果将一个系统比作金字塔，那么元器件则是这个金字塔的塔基。从可靠性角度出发，如果没有可靠的元器件，则没有可靠的系统。元器件的可靠性通常从两个方面来理解：一方面是元器件本身所固有的由设计和生产过程中所确定的质量、可靠性特性，即固有可靠性；另一方面是元器件在使用过程中实际所展现出来的可靠性特性，称为使用可靠性。

本章将从元器件本身所固有的由设计和生产过程中所确定的质量、可靠性特性入手，详细阐述不同种类元器件的科学选择方法。

第一节　电子元器件的选择与控制方法

电子元器件的选择与控制必须考虑元器件对可靠性的影响程度、元器件的基本失效率、质量等级及质量系数等因素，遵守电子元器件的选择与控制原则。以下针对电子元器件的控制措施、元器件选择与控制的基本原则和关键的元器件等问题进行介绍。

1. 电子元器件的控制措施

表征元器件可靠性的主要参数为：元器件的基本失效率（λ_b）、质量等级及质量系数（λ_Q）、工作失效率λ_p。元器件的基本失效率λ_b表示某一大类元器件的失效率；质量等级表明元器件在使用之前，在制造、试验及筛选过程中其质量的控制等级；质量系数λ_Q是指不同质量等级对元器件工作失效率的影响；工作失效率$\lambda_p = \lambda_b \cdot \lambda_Q$。国内外元器件质量的控制措施基本上是通过不同的筛选来达到不同的质量等级。企业的开发人员针对元器件在系统中的重要程度选择不同的质量等级，即选择不同的筛选措施，选择不同的工作失效率。目前，国内已有相应的标准出台，国外也有相应的标准，选择时可作为依据。

2. 元器件选择与控制的基本原则

元器件控制活动占元器件选择、应用和采购等全部工作的一大部分。控制任务包括的工作项目有：满足设计性能、可靠性及其他要求的元器件标准化、制定规范、合格鉴定和审批。

元器件选择的一般原则是尽量采用优选元器件。优选元器件是指在某些特定电、机械和环境应力限制范围内具有持续执行功能的产品。在设备设计和研制计划中使用优选元器件可以节约大量时间和大大减少编制文件的工作量。此外，还可以提高设备性能和可靠性，并能降低售后服务费用。

（1）元器件控制的目标

实现按费用设计，以节省寿命周期费用。达到此目标的方法是：

① 帮助设备或系统管理者按照要求选择元器件。

② 尽量减少新设计中所使用的元器件的种类。

③ 提高设备及其备件的互换性。

（2）元器件选择和控制的基本原则

① 确定执行规定功能所需的元器件类型及其预期所处的工作环境。

② 确定元器件的关键性：

✓ 元器件是否执行关键的功能，即安全性或关键任务？

✓ 元器件的寿命是否是有限的？

✓ 元器件的设计至实际投产的时间是否长？

✓ 元器件的可靠性是否易受影响？

✓ 元器件是否是贵重产品或者它是否需要正规的鉴定试验？

③ 确定元器件的可获性：

✓ 元器件是否是优选的？

✓ 元器件是否是可以从鉴定合格的厂家买到的标准产品？

✓ 元器件的正常交货周期是多长？

✓ 元器件在设备整个寿命周期内是否可以不断获得？

✓ 是否有合格的元器件采购规范？

✓ 是否有多渠道可利用的货源？

④ 估计元器件在使用中将会受到的应力。

⑤ 确定元器件在使用中所需要的可靠性水平。

⑥ 适用的筛选方法及是否需二次筛选。

⑦ 编写准确和明了的元器件采购规范。为保证适当的可靠性，规范应当包括特定的筛选或质量一致性检验措施。

⑧ 确定元器件在其预期应用中的实际应力水平。

⑨ 使用与可靠性预计相一致的降额参数。

⑩ 确定对非优选元器件的要求。

3. 元器件的批准

尽管应采用优选的电子元器件，但是，有时也会有不可能或不适用于应用现有的优选元器件的情况。在这种情况下，就要求把元器件及采购规范提交批准，这包括编写文件和对系统中使用的元器件进行认可等活动。

（1）元器件的合理性

所有元器件的采用都应按相应的标准证明其合理性，另外还需要：

① 提供足够的数据，以详细说明拟采用的元器件为什么是需要的，包括优点和缺点。对采用新技术的器件、常规的混合电路和单片微型电路应当特别详细地提供，并且应当在系统研制周期的早期阶段提供。

② 提供证实电性能特性与长寿命可靠性保证准则相一致的数据。

③ 如果所需元器件受尺寸、费用或重量的限制，应详细说明对长期使用设备的可靠性

的影响。

（2）元器件的应用

当计划把元器件应用在高于推荐的器件参数范围的场合时，应当补充证明其合理性。例如，如果把钽电容器用于超过一般应用的频率范围时，应当如实提供试验数据，以表明在系统或设备预期的寿命周期内工作时，电容器能够执行预期的电路功能而不致使可靠性降低。

（3）元器件的参数

当计划把元器件应用在性能受某一基本元器件参数的影响的电路中时，如果该参数不受指定规范的控制，那么就应有充分的数据来证明该参数将保持稳定；另外，为了保证关键参数始终处于规定范围之内，或保证规范不具有致使费用增加过高或影响可用性的附加参数限制，还应有大量的数据证明相关参数被控制在所需的程度内。

4. 关键的元器件

（1）关键的元器件确认方法

元器件控制工作包括根据下述观点确认所有关键元器件、设备或部件及其被认为是关键的产品。

① 任务和安全性易受影响的（故障影响任务成功）产品。

② 可靠性易受影响的产品（根据早期的可靠性研究、分配等）。

③ 高费用产品。

④ 从设计到实际投产的时间很长的产品。

⑤ 要求进行正式的统计鉴定试验的产品。

能满足上述大多数或所有关键性要求的一些元器件种类，包括定制的大规模集成电路及混合电路均是关键元器件。这些元器件的关键性不仅涉及可靠性，也涉及费用和可用性。

（2）关键元器件的分类

① 以前从未生产过的独特的元器件。

② 通过以前的系统使用已经鉴定合格的元器件。

③ 按用户要求制作的元器件。

在大多数情况下，所谓独特的元器件是指那些不可预计费用和进度总是最慢的元器件，因为它们需要在研制系统的同时进行开发，因此可能出现问题。使用第二种元器件没有那么大风险，除非这种元器件是由独家生产的，并且生产方决定中断生产线并且对可能发生的严重问题又没有发出适当的警告。选用最后一种元器件风险是最小的，因为它是按用户要求定制的。但是也要注意，如果当定制的元器件已准备用于生产，而可靠性特性尚不完善，则会影响系统可靠性，因而也会影响费用和进度。

第二节　电子元器件可靠性与质量等级

元器件可靠性与质量等级相关，质量等级越高，元器件生产控制规范的条件越高、越严格，所达到的质量与可靠性标准越高，所满足的元器件质量保证标准也越高，当然其可靠性也越高。

1. 元器件质量保证有关标准

元器件的标准有规范、标准、指导性技术文件三种形式。

① 规范——主要包括元器件的总规范和详细规范,这两种规范统称产品规范。

② 标准——主要包括试验和测量标准、质量保证大纲和生产线认证标准、元器件材料和零件标准、型号命名标准、文字和图形符号标准等。

③ 指导性技术文件——主要包括指导正确选择和使用元器件的指南、用于电子设备可靠性预计的手册、元器件系列型谱等。

(1)规范

元器件规范主要包括元器件的总规范(通用规范)和详细规范两个层次。总规范对某一类元器件的质量控制规定了共性的要求,详细规范是对某一类元器件中的一个或一系列型号规定的具体的性能和质量控制要求,总规范必须与详细规范配套使用。元器件的产品规范是元器件生产线认证和元器件鉴定的依据之一,也是使用方选择、采购元器件的主要依据。部分元器件总规范见表 2-1。

表 2-1　部分元器件总规范

序　号	规 范 编 号	规 范 名 称
1	GJB 33A—1997	半导体分立器件总规范
2	GJB 597A—1996	半导体集成电路总规范
3	GJB 2438—1995	混合集成电路总规范
4	GJB 63B—2001	有可靠性指标的固体电解质钽电容器总规范
5	GJB 65B—1999	有可靠性指标的电磁继电器总规范

表 2-1 中,序号 1～3 是器件的总规范,包括分立器件、半导体集成电路及混合集成电路,每一类器件只有一个总规范,但是对于同一类的元件,就可以有不止一个总规范。例如,对于电容器这一大类的元件,已发布了 21 个总规范;对于电磁继电器已发布了 3 个总规范。每个器件或元件的总规范下面又有若干个详细规范配套,所以元器件的产品规范(总规范和详细规范)的数量在元器件标准体系中占很大的比例。

(2)标准

标准是指除规范、指导性技术文件以外的另一种形式。它包括的门类很广,对元器件使用方来说,首先要了解有关试验和测量方法的标准。因为这类标准是规范重要的技术支撑,结合产品规范了解这类标准的内容,一方面有助于更深入地掌握元器件承受各种应力的能力,另一方面对元器件使用方正确制订补充筛选(二次筛选)或失效分析的标准或法规性文件提供了参考依据。

试验标准是指导对某一类元器件进行试验、测量或分析的技术性很强的标准,这类标准的数量较少,但对保证元器件的质量起到很大作用。表 2-2 列出已发布的元器件主要方法标准。

表 2-2 中,序号 1～4 所对应的方法标准在半导体分立器件、元件(包括电连接器)、微电路产品规范的鉴定试验、质量一致性检验中被广泛地引用。

表 2-2 元器件主要方法标准

序 号	标 准 编 号	标 准 名 称
1	GJB 128A—1997	半导体分立器件试验方法
2	GJB 360A—1996	电子及电气元件试验方法
3	GJB 548A—1996	微电子器件试验方法和程序
4	GJB 1217—1991	电连接器试验方法
5	GJB 3157—1998	半导体分立器件失效分析方法和程序
6	GJB 3233—1998	半导体集成电路失效分析程序和方法
7	GJB 4027—2000	军用电子元器件破坏性物理分析方法

2. 可靠性表征方式

电子元器件标准和规范中规定的可靠性保证要求有两种表征方式，即失效率等级和产品保证等级。前者用于大多数（并非全部）电子元件可靠性水平的评定，后者则用来评价电子器件（包括部分电子元件）的可靠性保证水平。

（1）失效率等级

用失效率来评定或表征产品可靠性水平的质量等级，是目前大多数电子元件划分质量等级的表征方式之一。失效率是表征电子产品可靠性水平的一种量化特征量。

在很多电子元件的规范或标准中，规定产品的失效率在 $10^{-5}/h \sim 10^{-8}/h$ 范围内分为四个等级（失效率等级见表 2-3）。目前，在做产品定级鉴定试验时，一般仅按 $10^{-5}/h$ 这一等级进行，高于这一等级的则按 $10^{-5}/h$ 等级进行鉴定试验和对维持试验的数据予以确定。无论等级高低，可靠性保证体系方面的要求（可靠性保证大纲标准中统一规定，并为产品规范所具体明确的要求）都是统一的。

我国于 1979 年发布了国家标准 GB/T1772—1979《电子元器件失效率试验方法》，对有可靠性指标（ER）的元件，规定了失效率等级。1996 年发布了国家标准 GJB2649—1996《电子元件失效率抽样方案与程序》，今后标有可靠性指标的贯标元件将主要采用 GJB 2649—1996。

表 2-3 失效率等级

| 失效率等级名称 | 失效率等级代号 | | 最大失效率 |
	GB/T 1772—1979	GJB 2649—1996	（1/h 或 1/10 次）
亚五级	Y	L	3×10^{-5}
五级	W	M	10^{-5}
六级	L	P	10^{-6}
七级	Q	R	10^{-7}
八级	B	S	10^{-8}
九级	J	—	10^{-9}
十级	S	—	10^{-10}

（2）产品保证等级

作为另一种表征方式的产品保证等级，则与失效率等级表征方式有较大不同。其一是产品保证等级没有直观的量化数值，其二是不同产品保证等级有不同的保证要求。采用产品保证等级表征可靠性水平的产品最典型的是半导体器件，包括集成电路。在 GJB33A—1997《半导体器件总规范》中明确规定产品保证等级为 JP（普军级）、JT（特军级）、JCT（超特军级）、JY（宇航级）。在某些电子元件的总规范中虽未明确指出产品保证等级，实际上产品保证等级为一级——J（军级）。还有的规范明确规定供宇航用，如 GJB599—1993《耐环境快速分离高密度圆形电子连接器件总规范》中明确规定供宇航用，即产品保证等级为宇航级。

对于不同的质量保证等级的电子器件或元件，它必定具有与该等级相应的、确定的固有可靠性水平。MIL—STD—11268《电子设备用元器件、材料与工艺》在界定高可靠性元器件时明确指出，凡按失效率表征可靠性的规范供货的 P 级（10^{-6}/h）及其以上的元件，和按规定有产品保证等级的规范供货的 B 级及其以上（对于微电路）和 JANTX 级及其以上（对半导体分立器件）的器件，均属于高可靠性器件，并依据这一界定采购和使用所需要的高可靠元器件。

在国家标准和规范中，对不同产品保证等级规定有不同的保证要求。保证要求的多少和严格程度的高低，决定了保证等级的高低。但应当指出，并不是所有的国家标准或规范都明确标明产品保证等级。当标准和规范只包括一个等级或只包括一个且属较低等级时，标准和规范就仅规定产品鉴定和质量一致性检验要求，而未明确保证等级，因为等级仅用来区别表示两个或两个以上的等级。

电子元器件的产品保证要求所包括的典型内容有产品保证大纲审查、工厂或生产线认证、产品鉴定检验、检验批次构成、可追溯性、生产过程检验、筛选，以及质量一致性检验等。

产品保证等级越高，所涉及的保证要求内容越多和越严格。如用于航天的产品保证等级（S 级集成电路，JANS 级半导体分立器件）的产品保证要求，就涉及了上述内容的全部。而用于航空或类似应用场合的产品保证等级的产品保证要求，在保证要求内容和严格程度上则少于和低于航天用产品保证等级。而不以失效率表征可靠性的元件规范中规定的产品鉴定和质量一致性检验，即是属于产品保证要求内容最少的产品保证等级，标准和规范根据应用场合的不同，在鉴定和质量一致性检验中规定的项目多少和严格要求高低也是不同的。

3. 元器件的质量认证

质量认证包括两方面的内容：对于元器件生产单位质量保证能力的评定；对其所生产的元器件进行鉴定或考核，合格者列入合格产品目录（QPL）或合格生产厂目录（QML）。

除原国防科工委授权的军用元器件质量认证机构外，军工行业也可授权具有认证能力的单位按标准或法规性文件，对元器件生产单位的质量保证能力进行考察，以及对其生产的产品进行鉴定或考核，合格者列入该军工行业合格产品目录。为了区别于由国家授权的质量认证，将军工行业授权的质量认证称为质量认定。由于军工行业是元器件的用户，所以其授权的质量认定也可称为用户认证或第二方认证。

4. 元器件的质量等级

电子元器件质量等级标准化由制定电子元器件相应的标准或规范（一般是总规范）来实现。根据该标准或规范所包括的元器件通用程度和适用范围，规定一个或几个质量等级。这种由标准或规范实现标准化的质量等级，就可作为电子元器件产品研制、生产和使用所必须遵循的共同依据。

根据用途，元器件的质量等级可分为用于元器件生产控制、选择、采购的质量等级和用于电子设备可靠性预计的质量等级两类，两者既有区别，又相互联系。

（1）用于元器件生产控制、选择和采购的质量等级

元器件的质量等级与其生产过程执行的规范是密不可分的，规范要求质量控制的严格程度，决定了元器件质量等级的高低。元件分为有可靠性指标的和无可靠性指标的两类，对于有可靠性指标的元件又分为若干个失效率等级。我国元器件的质量等级包括器件的质量保证等级和有可靠性指标元件的失效率等级，见表2-4。

表2-4 我国元器件质量分级

序 号	元器件类别	依据标准	质量分级（从低到高）
1	半导体分立器件	GJB33A—1997	质量保证等级分为：JP（普军级）、JT（特军级）、JCT（超特军级）、JY（宇航级）
2	半导体集成电路	GJB597A—1996	质量保证等级分为：B1级、B级、S级
3	混合集成电路	GJB2438—1995	质量保证等级分为：H1级、H级、K级
4	有可靠性指标的元件	相应的元件总规范	失效率等级分为：L（亚五级）、M（五级）、P（六级）、R（七级）、S（八级）

进口元器件的质量分级更为复杂，考虑较多的是采用美国军用（MIL）元器件及部分欧洲空间局（ESA）元器件，所以简要介绍美国 MIL 和欧洲空间局空间元器件协调组（ESA/SCC）元器件质量分级的情况。美国军用标准元器件的质量分级见表2-5。

表2-5 美国军用标准元器件的质量分级

序 号	元器件类别	依据标准	质量分级（从低到高）
1	半导体分立器件	MIL—S—19500	质量保证等级分为：JAN（普军级）、JANTX（特军级）、JANTXV（超特军级）、JANS（宇航级）
2	微电路	MIL—M—38510	质量保证等级分为：883级、B级、S级
3	混合集成电路	MIL—PRF—38534	质量保证等级分为：D级、E级、G级、H级、K级
4	半导体集成电路	MIL—I—38535	质量保证等级分为：M级、Q级、V级
5	有可靠性指标的元件	相应的元件总规范	失效率等级分为：L（亚五级）、M（五级）、P（六级）、R（七级）、S（八级）

这里特别要对微电路（包括半导体集成电路及混合集成电路）的质量等级做些说明，其中，B级与S级是微电路的质量保证等级，因此，具有不同信誉的微电路生产单位，电路的质量将有很大差别。在883级微电路中，有些元器件供应商还根据对电路不同的质量控制，分为883B和883S，但其质量等级都不如B级有保证。

ESA/SCC元器件的质量分级较有规律，所有元器件都分为B、C两级，但在采购时还可以选择不同的批验收试验（LAT，相当于质量一致性检验）。由于LAT分为1、2、3类，所以 ESA/SCC 元器件可分为 B1、B2、B3、C1、C2、C3 六个质量等级。

（2）用于电子设备可靠性预计的质量等级

由于质量保证等级及失效率等级有时也可简称为质量等级，所以两者很易混淆。但只有军用级元器件才有质量保证等级及失效率等级，而对于所有元器件都有进行可靠性预计的质量等级，这是两者的主要区别。

现将部分元器件质量等级、质量系数π_Q和质量保证等级分别列于表2-6～表2-24，以便于分析比较。

表 2-6　半导体单片集成电路质量等级

质量等级		质量要求说明	质量要求补充说明	质量系数 π_Q	质量保证等级
A	A_1	符合 GJB597A、列入质量认证合格产品目录的 S 级产品	—	—	S
	A_2	符合 GJB597A、列入质量认证合格产品目录的 B 级产品	—	0.08	B
	A_3	符合 GJB597A、列入质量认证合格产品目录的 B1 级产品	—	0.13	B1
	A_4	符合 GJB4589.1 的 III 类产品，或经中国电子元器件质量认证合格的 II 类产品	按 QZJ840614×《半导体集成电路"七专"技术条件》组织生产的 I、IA 产品；符合 SJ331R 的 I、IA 类产品	0.25	G(QZJ840614~840615)
B	B_1	按 GJB597A 的筛选要求进行筛选的 B2 质量等级产品；符合 GB4589.1 的 II 类产品	按"七专"质量控制技术协议组织生产的产品；符合 SJ331 的 II 类产品	0.50	
	B_2	符合 GB4589.1 的 I 类产品	符合 SJ331 的 III 类产品	1.0	
C	C_1		符合 SJ331 的 IV 类产品	3.0	
	C_2	低档产品		10	

表 2-7　混合集成电路质量等级

质量等级		质量要求说明	质量要求补充说明	质量系数 π_Q	质量保证等级
A	A_1	符合 GJB2438、列入鉴定合格制造厂一览表的 K 级产品	—	—	K
	A_2	符合 GJB2438、列入鉴定合格制造厂一览表的 H 级产品	—	0.08	H
	A_3	符合 GJB2438、列入鉴定合格制造厂一览表的 H1 级产品	—	0.13	G/H1
	A_4	符合 GB8976 和 GB1149、质量评定水平为 D 级的产品	按 QZJ840616《混合集成电路"七专"技术条件》组织生产的产品	0.18	D
	A_5	按军用电子元器件合格制造厂目录（QML）的生产线生产的、符合 GJB2438 的产品	按军用电子元器件合格制造厂目录（QML）的生产线生产的、符合 GJB2438 的产品	0.2	QML
	A_6	符合 GB/T8976 和 GB/T11498、质量评定水平为 K 级的产品	按 QZJ840616《混合集成电路"七专"质量控制技术协议》组织生产的产品	0.25	K(GB/T8976)/G(QZJ840616)
B	B_1	符合 GB/T8976 和 GB1149、质量评定水平为 L 级的产品	按《"七九〇五"七专质量控制技术协议》组织生产的产品；符合 SJ820 的产品	0.50	L(GB/T8976)/G
	B_2	符合 GB8976 和 GB11498、质量评定水平为 M 级的产品		1.0	M(GB/T8976)
C		低档产品		0.50	

表 2-8 美国光电子器件质量等级与质量系数 π_Q

质量系数 质量等级 类型	JNTXV	JNTX	JNT
光电子器件：检测器、隔离器、发射器、字母与数字混合显示器	0.7	1	2.4

表 2-9 美国电阻器和电位器质量等级与质量系数

质量等级	质量系数 π_Q
S	0.03
R	0.1
P	0.3
M	1

表 2-10 晶体管及二极管质量等级

质量等级		质量要求说明	质量要求补充说明	质量保证等级
A	A_1	符合 GJB33A、列入军用电子元器件合格产品目录(QPL) 的 JY 级产品	—	JY
	A_2	符合 GJB33A、列入军用电子元器件合格产品目录(QPL) 的 JCT 级产品	符合 GJB33A、列入军用电子元器件合格产品目录(QPL) 的 GCT 级产品	JCT/GCT
	A_3	符合 GJB33A、列入军用电子元器件合格产品目录(QPL) 的 JT 级产品	符合 GJB33A、列入军用电子元器件合格产品目录(QPL) 的 GT 级产品	JT/GT
	A_4	符合 GJB33A、列入质量认证合格产品目录的 JP 级产品	符合 GJB33A、列入军用电子元器件合格产品目录(QPL) 的 GP 级产品；按 QZJ840611A《半导体、三极管"七专"技术条件》组织生产的产品	JP/GP/G （QZJ840611A）
	A_5	符合 GB4589.1 且经中国电子器件质量认证委员会认证合格的Ⅱ类产品；符合 GB4589.1Ⅲ类的产品	按 QZJ840611、QZJ8406112 组织生产的产品	G(QZJ840611～840612)
B	B_1	符合 GB4589.1Ⅱ类的产品；按军用标准筛选要求等进行筛选的 B_2 质量等级产品	按"七专"质量控制技术协议组织生产的产品	
	B_2	符合 GB4589.1Ⅰ类的产品	符合 SJ614 的产品	
C		低档产品		

表 2-11 美国晶体管和二极管质量等级与质量系数 π_Q

质量系数 质量等级 类型	JNTXV	JNTX	JNT
双极性晶体管	0.7	1	2.4
大功率微波双极性晶体管	0.5	1	5
硅场效应晶体管	0.5	1	1.8
砷化钾场效应晶体管	0.7	1	2.4
单结晶体管	0.7	1	2.4

续表

质量系数　类型 \ 质量等级	JNTXV	JNTX	JNT
闸流晶体管	0.7	1	2.4
普通二极管	0.5	1	2
电压调整、电压基准及电流调整二极管	0.5	1	2
微波二极管	0.5	1	2
变容、阶跃、隧道、PIN、体效应、崩越二极管	0.7	1	2.4
光电子器件：检测器、隔离器、发射器、字母与数字混合显示器	0.7	1	2.4

表 2-12　国产晶体管和二极管的质量等级与质量系数 π_Q

质量系数　类型 \ 质量等级	A_1	A_2	A_3	A_4	A_5	B_1	B_2	C
双极性晶体管	—	0.03	0.05	0.1	0.2	0.4	1	5
大功率微波双极性晶体管		0.03	0.05	0.1	0.2	0.5	1	5
硅场效应晶体管	—	—	0.05	0.1	0.2	0.5	1	5
砷化钾场效应晶体管	—	0.03	0.05	0.1	0.2	0.5	1	5
单结晶体管	—	—	0.05	0.1	0.2	0.5	1	5
闸流晶体管	—	—	0.05	0.1	0.2	0.5	1	5
普通二极管	—	0.03	0.05	0.1	0.2	0.4	1	5
电压调整、电压基准及电流调整二极管	—	0.03	0.05	0.1	0.2	0.5	1	5
微波二极管	—	—	0.06	0.13	0.25	0.5	1	5
变容、阶跃、隧道、PIN、体效应、崩越二极管	—	0.03	0.05	0.1	0.2	0.5	1	5

表 2-13　国产器件质量等级、质量系数 π_Q、质量保证等级

名称	质量等级		质量系数 π_Q	质量保证等级
光电子器件	A	A_1		JY
		A_2	0.05	JCT
		A_3	0.08	JT
		A_4	0.15	JP/G
	B	B_1	0.3	G
		B_2	0.6	G
	C	C_1	1	
		C_2	5	
电阻器	A	A_{1T}		T
		A_{1s}		S/B
		A_{1R}		R/Q

名　　称	质 量 等 级		质量系数 π_Q	质量保证等级
电阻器	A	A_{1p}	0.05	P/L
		A_{1m}	0.1	M/W
		A_2	0.3	G
	B	B_1	0.6	G
		B_2	1	
	C	低档产品	4	
电位器	A	A_{1s}		S/B
		A_{1R}		R/Q
		A_{1p}	0.05	P/L
		A_{1M}	0.1（普通绕线 0.13）	M/W
		A_2	0.3（普通绕线 0.4）	G
	B	B_1	0.5（普通绕线 0.6）	G
		B_2	1	
	C	低档产品	4（合成碳膜 6）	

表 2-14　国产电容器质量等级、质量系数 π_Q、质量保证等级

名　　称	质 量 等 级		质量系数 π_Q	质量保证等级
纸和塑料薄膜电容器	A	A_{1s}		S/B
		A_{1R}		R/Q
		A_{1p}	0.03	P/L
		A_{1m}	0.1	M/W
		A_2	0.3	G
	B	B_1	1	G
		B_2	3	
	C	低档产品		
云母、瓷介、电解质钽电容器	A	A_{1s}		S/B
		A_{1R}		R/Q
		A_{1p}	0.03	P/L
		A_{1M}	0.1	M/W
		A_2	0.3	G
	B	B_1	0.5	G
		B_2	1	
	C	低档产品	5	
玻璃釉电容器	A		0.3	
	B	B_1	0.5	
		B_2	1	
	C	低档产品	5	
铝电解电容器	A	A_{1B}		B
		A_{1Q}		Q
		A_{1L}	0.03	L

续表

名　　　称	质 量 等 级		质量系数 π_Q	质量保证等级
铝电解电容器	A	A$_{1W}$	0.1	W
		A$_2$	0.3	G
	B	B$_1$	0.5	G
		B$_2$	1	
	C	低档产品	5	

表 2-15　美国电容器质量等级、质量系数 π_Q

质 量 等 级	质量系数 π_Q
D	0.001
C	0.01
S、B	0.03
R	0.1
P	0.3
M	1
L	1.5

表 2-16　国产感性元件质量等级、质量系数 π_Q、质量保证等级

名　　　称	质 量 等 级		质量系数 π_Q	质量保证等级
感性元件		A$_1$		
		A$_2$	0.3	
	B	B$_1$	0.6	
		B$_2$	1	
	C	低档产品	3.5/3	
变压器质量系数是 3.5；线圈、电感质量系数是 3				

表 2-17　美国感性元件质量等级、质量系数 π_Q

质 量 等 级	质量系数 π_Q
S、B	0.03
R	0.1
P	0.3
M	1
军用	1
低档	3

表 2-18　国产继电器的质量等级、质量系数 π_Q 与质量保证等级

名　　　称	质 量 等 级		质量系数 π_Q	质量保证等级
机电式继电器	A	A$_{1R}$		R/Q
		A$_{1P}$		P/L
		A$_{1M}$	0.15	M/W
		A$_{1L}$	0.2	L/Y
		A$_2$	0.3	G

名 称	质 量 等 级		质量系数 π_Q	质量保证等级
机电式继电器	B	B_1	0.6	G
		B_2	1	
	C	低档产品	5	
固体继电器	A	A_1	0.15	Y
		A_2	0.3	W
	B	B_1	0.5	
		B_2	1	
	C	低档产品	5	

表 2-19 中国和美国开关质量等级、质量系数 π_Q

国产开关质量等级、质量系数 π_Q		美国开关质量等级、质量系数 π_Q	
质量等级	质量系数 π_Q	质量等级	质量系数 π_Q
A	0.3	军用	1
B_1	0.6	低档	2
B_2	1		
C	5		

表 2-20 美国继电器的质量系数 π_Q、质量等级

质 量 等 级	机电式继电器质量系数 π_Q	固态继电器质量系数 π_Q
R	0.1	
P	0.3	
X	0.45	
U	0.6	
M	1	
L	1.5	
军用	1.5	0.1
低档	2.9	1.9

表 2-21 美国其他类型元器件质量等级、质量系数 π_Q 和质量保证等级

美国电连接器			美国石英晶体		美国电子滤波器	
质量等级	质量系数 π_Q		质量等级	质量系数 π_Q	质量等级	质量系数 π_Q
	普通电连接器	射频同轴电连接器				
军用	1	0.3	军用	2	军用	1
低档	2	1	低档	2.1	低档	2.9
名称	质量等级		质量系数 π_Q	质量保证等级	名称	质量等级		质量系数 π_Q	质量保证等级
电连接器	A	A_1	0.2	QPL	电动机和鼓风机	A	A	0.5	
		A_2	0.4	QPL					
	B	B_1	0.7	G		B	B_1	0.8	
		B_2	1				B_2	1	
	C	低档产品	4			C	低档产品	2.5	

续表

名称	质量等级		质量系数 π_Q	质量保证等级	名称	质量等级		质量系数 π_Q	质量保证等级
低速负载电机	A		0.5		计时器	A		0.5	
	B		1			B		1	
	C	低档产品	2.5			C	低档产品	2.5	
磁性器件	A	A	0.35		谐振器	A	A1	0.2	QPL
	B	B_1	0.65				A2	0.35	G
		B_2	1			B		5	
	C	低档产品	4.5			C	低档产品	4.5	
振荡器	A	A_1	0.2	QPL	电子滤波器	A		0.4	
		A_2	0.35	G		B		1	
	B		1			C	低档产品	5	
	C	低档产品	5						
压电陶瓷、石英晶体和机械滤波器					A			0.4	
					B			1	
					C	低档产品		5	

表 2-22　有可靠性指标的无源元件的质量等级标记

质量标记	失效率（失效数%/1000 小时）	质量标记	说明
L	2.0		
M	1.0		
P	0.1	JANTXV	超特军级
R	0.01	JANTX	特军级
S	0.001	JAN	普军级
C	0.0001		
D	0.00001		

表 2-23　所有微电路的 MIL-STD-217F noticeⅡ 质量等级对照表

级别	说明	质量系数 π_Q
S	1. 完全按照 MIL—M—38510 的 S 级要求采购 2. 完全按照 MIL—I—38535 及其附录 B（U 级）采购 3. 混合微电路：按照 MIL—H—38534 的 S 级要求（质量等级 K）采购	0.25
B	1. 完全按照 MIL—M—38510 的 B 级要求采购 2. 完全按照 MIL—I—38535（Q 级）采购 3. 混合微电路：按照 MIL—H—38534 的 B 级要求（质量等级 H）采购	1.0
B-1	完全符合 MIL—STD—883 的 1.2.1 条的所有要求并根据 MIL 图样、DESC 图样或其他政府批准的文件采购（不包括混合微电路）。对于混合微电路使用用户筛选程序	2.0
B-2(217E)	不完全符合 MIL—STD—883 的第 1.2.1 节的要求，并按照政府批准文件，包括卖方等效的 B 级要求进行采购	5.0
D(217E，217F)	完全密封的具有正规可靠性筛选和制造厂质量保证措施的器件，非密封的用有机材料封装的器件必须承受 160h、125℃老炼，以终点电气控制的 10 个温度循环(-55～125℃) 和 100℃高温连续试验	10.0

表 2-24　GJB/Z299B 与军用产品规范质量等级的对照（举例）

GJB/Z 299B 规定的质量等级		军用标准总规范规定的质量等级（含"七专"）					
		单片集成电路	混合集成电路	半导体分立器件	有可靠性指标的电容器	有可靠性指标的继电器	无可靠性指标的元件
A	A₁	S	K	JCT	S（B）、R（Q）P（L）、M（W）	M（五级 W）	与有可靠性指标的最低一个级别相同，如对于电容器同 A1W，对于继电器与 A2 同，其他依次类推
	A₂	B	H	JT	G	L（亚五级 Y）或 G	G
	A₃	B1	H1	JP 或 Ga	无此种表示		
	A₄	G	G	G			
B	B₁	"七专"有附加质量要求的 B2 质量等级的产品					
	B₂	无相应的军用标准等级，执行国标或行标的产品					
C	C₁	无相应的军用标准等级，执行行标的产品					
	C₂	低档产品，无相应的军用标准等级					

综上所述，各个级别元器件的主要差别是其失效等级有所不同，但不同级别的同一种器件在物理和功能上一般是可以互换的。为了保证设备的可靠性，最基本的方法就是要选择固有可靠性高的元器件。元器件的固有可靠性除要考虑上述质量、可靠性等级外，生产厂商的信誉、技术的成熟程度及元器件的使用历史等都是选择元器时应考虑的因素。

第三节　电子元器件的选用要求与质量标记

元器件的选用就质量等级而言，应符合工程（管理）特点和可靠性设计要求。应规范或正确地标记元器件质量等级。

1. 元器件的选用要求

（1）元器件的综合选用要求

元器件的选用就质量等级而言，首选应符合工程（管理）特点和可靠性设计要求，综合如下：

① 关键、重要的部件应选用质量等级高的元器件；

② 分配可靠性指标高的产品，应选用质量等级高的元器件；

③ 可靠性预计手册中基本失效率高的元器件，应选用质量等级高的产品；

④ 最大限度地压缩电子元器件的品种规格和承制单位的数量；

⑤ 选用经认定合格、质量有保证、供货及时、价格合理、技术服务好的定点供货单位。

（2）设计中选用元器件的要求

设计人员在设计中选用元器件时，除符合上述规定外，还应注意：

① 尽量采用标准的、系列化的元器件；

② 尽量采用符合国家标准的通用、技术成熟的元器件；

③ 在选用元器件前，首先要确定完成所需功能的规格合适的元器件类型及预期的工作环境、质量或可靠性等级，不要片面选择高性能元器件，不可盲目地"以高代低"；

④ 保证电磁兼容性，对元器件的电磁敏感门限或电磁兼容数据应了解；

⑤ 对新型元器件，应经过试验和试用确认满足要求后，并经主持设计师同意；

⑥ 尽量压缩元器件的品种和规格及生产厂家数量，在性能、外形、规格上"力求一致"；

⑦ 有足够的试验和使用历史、能满足供货的产品。

（3）不选用的元器件

建议尽量不选用以下元器件：

① 有特殊要求的元器件；

② 非标准的元器件；

③ 对某些指标要专门挑选的或专制的元器件；

④ 工艺未成熟的试制新品；

⑤ 具有活动触点的、损耗性的、失效率较高的元器件，并限制使用塑封微电子器件、铝电解电容器、液体钽电解电容器。

2. 质量标记

一些不规范或不正确的质量等级，主要表现在不同类别元器件、不同标准元器件的质量等级混用。例如，目前发现质量等级的写法有：军级、军品、普军品、普军级、普军标、B1、B_1、A4、A_4、企军标、国军标、美军标等写法。这些写法有的是对的，但用错了地方，有的不严谨，有的可能是一种习惯，有的则过于简单，有的根本就不是质量等级。虽然原因很多，但根本的是对质量等级的概念、分类不清楚、不理解。

对于集成电路的质量等级"B1"和"B_1"，其所反映的产品质量和价格是完全不同的。B1 是产品生产的控制等级，是指符合 GJB597A—1996《半导体集成电路总规范》且列入质量认证合格产品目录（QPL）的 B1 级产品；B_1 是可靠性预计的质量等级，是 GJB299《电子设备可靠性预计手册》的表示方法。就集成电路而言，B2 是指按 GJB597A 的筛选要求进行筛选的 B2 质量等级的产品或符合 GB4589.1—1996《半导体集成电路总规范》的 II 类产品，它实际上是民用产品按军用要求进行筛选的产品。这两种质量等级的产品在价格上差 10～30 倍，失效率相差 3.5 倍。

因此，在产品的采购文件中或设计文件中所引用的质量等级表示一定要符合 GJB299 和各类元器件总规范的要求，不要互相混淆。在采购文件中应注明其总规范、详细规范、技术条件及质量保证等级。对于元器件生产单位声称其提供的是认证产品时，应查询认证证书，并特别注意认证的质量等级是什么。例如，对于一个晶体管，其认证等级可以是 JP 也可以是 JT，两种等级的要求不同，在证书上会注明。

第四节　电子元器件的选择

1. 电阻器的选择

（1）电阻器、电位器类型的选择原则

① 弄清楚设计电路对电阻器性能和质量等级的要求，了解各种类型电阻器、电位器的特点；

② 从公司的《元器件优选目录》中选择合适的类型。

（2）额定功率值的确定

确定电阻器工作时的额定功耗，并考虑电阻器工作的环境温度对其的影响（按元件负荷特性的曲线要求），以及降额使用的要求。

（3）最大工作电压的确定

允许加到电阻器上的最大连续工作电压（DC 或 AC）称为最大工作电压。工作中，若实际电压超过这个规定值，电阻内部可能会产生火花、引起噪声，最后导致热损坏或击穿。

（4）环境条件的影响

① 热应力的影响：最高工作环境温度，电阻器的最大温升；

② 湿度的影响：在潮湿的环境中工作时应选择绝缘性能良好的电阻器并采取防潮湿措施；

③ 高频特性：应注意电阻值随频率的变化。

（5）电位器输出特性的选择

电位器按照其输出特性的函数关系可分为线性和非线性两类，而非线性电位器又分为指数式、对数式和特殊函数式。作为分压器用的电位器应选线性的；作为音量控制用的电位器应选择指数式；作为音调控制用的电位器应选择对数式。

2. 电容器的选择

（1）各类电容器的特点及应用范围

在选择电容器之前，必须了解各种电容器的特点及应用范围，见表 2-25 和表 2-26。

表 2-25 各类电容器的主要特点

	绝缘电阻	电气强度	介质吸收	损耗	品质因数
空气电容器	很高	低	很小	很微小	很高
I 类陶瓷电容器	高	高	小	微小	高
II 类陶瓷电容器	高	高	小	微小	高
云母电容器	高	高	小	微小	高
薄膜电容器	高	高	小	微小	高
纸及金属化电容器	中	中	中	中	中
铝电解电容器	很低	低	大	大	低
钽电解电容器	低	很低	大	大	低

表 2-26 各类电容器的应用范围

电容器类型	应 用 范 围								
	隔直流	脉冲	旁路	耦合	滤波	调谐	启动交流	温度补偿	储能
空气微调电容器				○	○	○			
微调陶瓷电容器				○		○			
I 类陶瓷电容器				○		○		○	
II 类陶瓷电容器			○	○	○				
云母电容器				○	○	○			
薄膜电容器	○	○	○	○	○				
金属化纸介电容器	○		○	○	○		○		○
铝电解电容器	○			○	○				○
钽电解电容器	○		○	○	○				○

（2）电容器选择的电学考虑

标称容量及其允许偏差：根据电路对电容器电容量要求的精确程度来选择不同的偏差等级。

额定电压：不同介质电容器的直流额定电压是不同的。考虑降额及在使用中可能遇到的瞬变电压的因素，必须选用额定电压足够高的电容器。为安全起见，额定电压值至少应大于实际工作电压的 20%，所施加的交流电压不应超过适用于该频率的和最大周围温度的交流电压额定值。

在选用高压电容器（1000V 以上）时必须特别小心，并且应考虑电晕的影响。电晕除可能损坏设备性能外，还会导致电容器介质损坏，最终导致击穿。电晕是由于在介质/电极层中存在空隙而发生的，因此，要考虑由于局部过热所引起的介质损坏。

绝缘电阻：电容器用于大时间常数的定时，因分压器网络和存储充电电荷等，应选用绝缘电阻很高的电容器。金属化纸介电容器的绝缘电阻小，容易发生介质击穿。绝缘电阻随温度的升高而降低。

频率特性：所有的电容器都有工作频率范围的限制，在选择电容器时应注意电容器的谐振频率。当工作频率超过谐振频率时，电容器会被击穿。

很多种类的电容器都有很大的电感。在实际应用中，它们常被小容量的电容器分流。如果能保证最大的分流效应，最好是将大容量的电容器与小容量的电容器并联使用。

温度影响：电容器的使用寿命、绝缘电阻和介质强度（击穿电压应力水平）随温度升高而降低；电容量根据不同的介质和结构随温度变化而上下变化；过高的温度会使气密密封破坏而导致浸渍剂泄漏，会导致绝缘电阻和抗电强度降低，电晕的电压下降，容量飘移，寿命减小，失效率增加。一般而言，以极性介质制造的电容器具有较高的功率因数，因而易产生内部发热，加速电容器的损坏。

湿度：电容器吸收潮气引起参数变化，引起过早失效，影响最严重的参数是绝缘电阻的降低。对于薄膜介质电容器，薄膜通常不吸收潮气，但潮气会循环地进入电容器，或者停留在薄膜表面附近的空气隙中。当潮气进入电容器时，就会引起电容器绝缘电阻的下降和电容量的变化。纸介质电容器比薄膜介质电容器更容易受潮。在湿度较大的场合应使用密封型电容器。

振动和冲击：如果所选用的电容器不能承受运输途中和现场使用中的振动和冲击，就可能遭到机械操作或破坏，或引起故障。封装外壳内部组件的移动可以引起电容量的变化、介质或绝缘失效。此外，还可能引起引线的疲劳失效导致断裂。

3．二极管的选择

在选择二极管时，一般可按表 2-27 进行选择。

表 2-27　二极管的选择

工 作 性 质	应 用 要 求	类　　型
开关		开关二极管、整流二极管、稳压二极管或肖特基二极管
箝位		
消反电势		
检波		
整流	3kHz 以下	整流二极管
	3kHz～1MHz	快恢复整流二极管、开关二极管或肖特基二极管

续表

工 作 性 质	应 用 要 求	类 型
稳压	1V 以上	稳压二极管
	1V 以下	正向偏置的开关二极管、整流二极管
电压基准		电压基准管、稳压管
稳流		稳流二极管
参数放大压控振荡		变容二极管
脉冲电压保护		瞬变电压抑制二极管
信号显示		发光二极管
光电转换		光敏二极管
光电探测		光电池（光伏探测器）
微波混频检波		肖特基势垒二极管
微波倍频		阶跃恢复二极管
微波移相限幅		PIN 二极管
微波小功率振荡		耿氏二极管
微波功率振荡		雪崩二极管

4. 晶体管的选择

（1）晶体管的一般选择

晶体管是一种具有放大和开关等功能的有源器件。按工艺可分为双极型、场效应、闸流和光电晶体管等类型；按功能可分为放大、开关、斩波和光电晶体管等类型；按工作频率可分为低频、高频和微波晶体管三类。

（2）各种晶体管选择要求和应用考虑

一般可依据工作性质按表 2-28 选择晶体管。

表 2-28 晶体管的选择

工 作 性 质	应 用 要 求	类 型
小功率放大	低输入阻抗（小于1MΩ）	高频晶体管
	高输入阻抗（大于1MΩ）	场效应晶体管
	低频低噪声	场效应晶体管
	微波低噪声	微波低噪声管
功率放大	1 GHz 以上	微波功率管
	10 kHz 以上	高频功率放大
	10 kHz 以下	低频功率放大
开关	通态电阻小	开关晶体管
	通态内部等效电压为零	场效应晶体管
	功率、低频（5kHz 以下）	低频功率晶体管
	大电流或作为可调压电源	闸流晶体管
光电转换、放大		光电晶体管
光电隔离	浮地	光电耦合器

5. 微电路的选择

（1）微电路选择的一般要求

微电路是指具有高密度系数的电路元件和部件，并可作为独立的微电子器件，也可以说是一种高密度等效电路的单元。微电路，从工艺结构角度出发分为单片微电路、混合微电路、薄膜/厚膜微电路及微电路模块；按制造技术分为双极型技术系列和 MOS 技术系列；按功能可分为数字、模拟、接口及微型计算机与存储器等类别。选择的基本原则是，要特别注意选用成熟的、经过使用考验的元器件，控制新品种元器件的使用范围。在元器件选用时应注意以下几点。

① 质量等级：工作失效率和质量系数成正比，质量等级越高，则质量系数值越低，即失效率越低，电路越可靠。

② 封装：微电路的封装形式多种多样，一般分为金属封装、陶瓷双列直插、陶瓷扁平、陶瓷无引出线芯片载体封装、双列直插封装和 QFP（Plastic Quad Flat Package，方形扁平式封装）封装等。金属封装的散热性好、成本较高；双列直插式封装适用性强、体积较大、较重；扁平封装具有很高的封装密度，但散热性较差；无引出线芯片载体封装和 QFP 封装类似于扁平封装。

③ 引出端涂覆工艺：单片微电路引出端涂覆工艺主要有镀金和镀锡两种。镀金的优点是不易氧化，但成本高，工艺控制要求严格；镀锡的优点是成本较低，但较易氧化。

④ 辐射强度保证等级：辐射主要指空间天然粒子辐射和核辐射。

⑤ 内热阻：热阻由内热阻、接触热阻和外热阻三部分相加而成，内热阻主要由电路结构、材料等因素决定。内热阻是影响微电路可靠性的重要参数，热阻大，结温高，电路寿命会下降，这点对功耗大的微电路尤为重要。

⑥ 抗瞬态过载能力：不同的微电路有不同的抗瞬态过载能力。

⑦ 抗锁定能力：微电路选择时，应选最小注入电流及最小过电压满足要求的电路。

⑧ 抗静电能力：同种电路牌号不同的厂家有不同的抗静电能力，选择时应注意。

（2）数字电路选择的一般要求

目前，较常用的数字电路有 TTL 系列（包括 LSTTL 等）、CMOS 系列和 ECL 系列。由于 ECL 系列虽然速度极快，但由于功耗很大和抗干扰能力极低，较少使用。因此，最常用的数字电路有 TTL 系列（包括 LSTTL 等）和 CMOS 系列。在选择数字电路时，应考虑以下因素。

① 速度：工作频率低于 5MHz 时，优先选择 CMOS4000B 系列；工作频率在 5～20MHz 时，可选择 54/74 HC/HCT 系列；工作频率高于 20MHz 时，可选择 54/74 AC/ACT 系列。在具体选择时，所选择器件的最高工作频率，应 2～3 倍于应用部位的最高工作频率。

② 功耗：CMOS 电路的功耗远低于 TTL 电路。

③ 驱动能力：作为电子设备输出接口的应用部位（它们多与较长的信号线相连），应选择输出驱动能力足够强的类型和品种，如缓冲器或线驱动器。

④ 抗干扰能力：作为电子设备输入接口的应用部位（它们多与较长的信号线相连），应选择抗干扰能力足够强的类型和品种，如施密特触发器或线接收器。

（3）运算放大器的选择指南

运算放大器的选择应注意以下问题：

① 在品种选择前，先根据应用部位的要求进行二级类型选择（如精度要求很高时选择精密运算放大器，建立时间要求很短时选择高速运算放大器，信号很微弱时选择低噪声运算放大器等）。

② 输入失调电流在外部电阻上的压降起着与输入失调电压等效的作用，因此，在应用部位对精度有较高要求时，待选品种除输入失调电压应足够小外，其输入失调电流也应足够小（若信号源内阻很高，宜选择场效应管输入运算放大器）。

③ 选择运放时噪声的考虑。输入噪声电流在外部电阻上的压降起着与输入噪声电压等效的作用，因此，在应用部位对噪声有较严要求时，待选品种除输入噪声电压应足够小外，其输入噪声电流也应足够小（若信号源内阻很高，宜选择场效应管输入运算放大器）。运算放大器使用中由于自身的噪声特性（输入噪声电压及输入噪声电流），对输出的影响与外部电路条件有密切的关系。通常，运算放大器的输出随环境温度变化而改变，这是其温度漂移特性所决定的，因此，应该选用温度漂移小的运算放大器。

④ 构成闭环放大器时，运算放大器开环电压增益不为无穷大造成的相对误差等于线路环路增益（等于运算放大器开环电压增益与线路反馈系数的乘积）的倒数，若应用部位的精度要求很高，运算放大器的开环电压增益应足够高。

⑤ 构成同相放大器时，由于运算放大器共模抑制比不为无穷大而造成的相对误差等于共模抑制比的倒数，若应用部位的精度要求很高，运算放大器的共模抑制比应足够高。

⑥ 构成正弦波放大器时，某一频率下的相对误差随该频率下环路增益的减小而增大，若应用部位的高频精度要求很高，运算放大器的单位增益带宽应足够大。

⑦ 构成正弦波放大器时，不出现转换速率限制失真（表现为输出波形趋于三角波）的最高频率与输出电压幅度成反比，并与运算放大器的转换速率成正比，若应用部位要求输出高频大幅度正弦波，则运算放大器的转换速率应足够高。

⑧ 构成多路转换开关后置放大器时，转换开关的允许最高工作频率与规定精度下的建立时间成反比，若应用部位要求转换开关在很高的频率下工作，运算放大器的建立时间应足够短。

⑨ 若应用部位工作频率较高（几十千赫兹以上），对精度要求不高且不要求通过直流信号时，可优先选择线性放大器中的宽带放大器。

⑩ 若应用部位需要差动放大器（输出正比于两个输入之差的放大器），优先选择线性放大器中的仪器用放大器。

6. 微处理器、微控制器与存储器电路的选择

（1）微处理器和微控制器选择的注意事项

① 优先选用 CMOS 工艺制造的品种，以实现低功耗。

② 待选微处理器和微控制器的字长和速度应能满足应用系统对速度和精度的综合要求。

③ 待选微处理器和微控制器的指令集应能满足应用系统的特殊要求（例如，通信系统要求丰富的输入、输出指令）。

④ 待选微处理器和微控制器的中断响应速度应能满足应用系统的要求。

⑤ 待选微处理器和微控制器的随机存储器和只读存储器的容量应能满足应用系统的要求。

⑥ 待选微处理器和微控制器的 I/O 端口的数量和种类应能满足应用系统的要求。

⑦ 待选微处理器和微控制器的质量等级应能满足应用系统的要求。

⑧ 待选微处理器和微控制器的封装形式、引脚尺寸应与采用的工艺水平相一致。

⑨ 待选微处理器和微控制器应有较强的抗瞬态过载能力。

⑩ 待选微处理器和微控制器应有较强的抗闩锁能力。

⑪ 待选微处理器和微控制器应有较强的抗静电能力。

⑫ 待选微处理器和微控制器应有较小的内热阻。

（2）存储器选择指南

① 优先选用 CMOS 工艺制造的器件，以实现低功耗。

② 待选存储器应有较强的抗瞬态过载能力。

③ 待选存储器应有较强的抗闩锁能力。

④ 待选存储器应有较强的抗静电能力。

⑤ 全陶瓷封装的盖板材料有可能发出射线从而导致存储器的错误翻转（单粒子翻转），因此存储器应选择金属盖陶瓷或塑料封装。

⑥ 采用多处理器方案，且各处理器需共享数据时，随机存储器优先选择有多端口的品种。

⑦ 待选存储器的质量等级应能满足应用系统的要求。

⑧ 待选存储器应有较小的内热阻。

7. 混合微电路的选择

一般来讲，混合微电路是把若干个有源器件和若干个无源器件封装在一个陶瓷基片上，它的专用性很强，生产量不大。在混合微电路的选择和应用时，应注意下面几点：

① 混合微电路中所用的元器件的可靠性水平要考虑降额使用。

② 混合微电路的可靠性水平要包括热设计和抗静电设计等。

③ 尽量选择 QPL 表中的产品和 QML 表中的生产厂家的产品。

④ 按照单片微电路的应用注意事项来使用混合微电路。

8. 接口微电路的选择

A/D 转换器（简称 ADC）选择指南如下。

分辨率：第一个也是最主要的因素是必须确定所需转换器的分辨率，它将决定 ADC 可辨认的量化区间的数目。由于所有的 ADC 的基本量化误差都是 $\frac{1}{2}$ LSB（Least Signifcant Bit 最低有效位），因此必须选择具有足够分辨率的 ADC 才能将"数字化的噪声"降低到可接受的程度。一个实用经验规则是：每多一位分辨率可降低量化噪声 6dB。

精度：描述 ADC 精度的指标有直流精度（包括线性误差、差分非线性、偏移误差和增益误差）和动态性能（包括信噪比、总谐波失真、无寄生动态范围、小信号带宽和满刻度带宽）。

（1）直流精度

① 线性误差：线性误差是代码中点与（转换）直线的偏离。线性误差可以用软件修正。

② 差分非线性：它是实际代码宽度与理想代码宽度（1LSB）之差。

③ 偏移误差：也称失调误差或零点误差，它是引起第一个码变化的输入（理想情况是

$\frac{1}{2}$LSB）。

④ 增益误差：也称满刻度误差，它是转换曲线斜率的误差。

⑤ 无丢失码分辨率：一个给定的数字输出对一个小范围的信号输入有效，而不是只对一个点有效，这个范围就是代码的"宽度"。如果一个代码的宽度变窄到使其消失的代码宽度为 $\frac{1}{2}$LSB～$1\frac{1}{2}$LSB 则是可接受的性能。如果一个代码的宽度变窄到使其消失的程度，ADC 将不会将那个代码当作一个输出，它将成为一个"丢失的"代码。无丢失码分辨率就是在没有丢失码情况下的分辨率。

（2）动态性能

ADC 的动态性能包括信噪比、总谐波失真、无寄生动态范围、小信号带宽和满刻度带宽，这些指标在快速转换下使用。

① 信噪比：信噪比是指在输出数据中，基本输入频率的均方根（RMS）值与除信号谐波以外的 ADC 的所有其他输出信号的均方根之比。

② 信号与噪声加失真之比：信号与噪声加失真之比是基本输入频率的均方根（RMS）值与除基本输入频率以外的 ADC 的所有其他输出信号的均方根值之比。

③ 总谐波失真：是指在输出数据中，输入信号的所有谐波（大于 0、低于采样速度一半的频带内）的均方根之和与基频本身之比。

④ 无寄生动态范围：是基波的均方根值与次大的谐波分量（大于 0、低于通过速率一半的频带内）的幅度之比。

（3）速度

ADC 转换电路将模拟信号转换为数字信号的时间包括多路开关的时延、采样建立时间和 A/D 转换的时间。在选择 ADC 速度时应略微高出所需的速率。

ADC 的数据通过速率有三挡，高速 ADC 的数据通过速率在 1Mbps 以上，快速 ADC 的数据通过速率为 10kbps～1Mbps，低速 ADC 的数据通过速率为 100bps 以下。

通常，在视频和高频信号的处理系统中，选用高速 ADC；在直流或低速信号的处理系统中，如果要求高精度，可以选用低速 ADC；在大部分应用场合中，选用快速 ADC。

（4）完整性

一个功能完整的 ADC，除 A/D 转换外，还应包括采样保持电路、基准电压源、转换时钟、多路开关等辅助电路。在选择 ADC 芯片时，应考虑该 ADC 的辅助电路，功能完整的 ADC 可以减小电路板的面积，减小电路的功耗，从而使系统的可靠性提高。但在要求高精度、环境温度变化较大的应用场合，通常不使用片内基准源，所以选择带片内基准源的 ADC 芯片会使成本加大。

（5）输入范围

ADC 的模拟信号的输入范围有 $0\sim V_{CC}$、$0\sim V_{ref}$、$-V_{CC}\sim +V_{CC}$、$-V_{ref}\sim +V_{ref}$ 等多种，应根据要求选择合适的输入范围的 ADC。

（6）数字接口

ADC 与数字系统的接口主要有串行和并行两种。在选择 ADC 时，应根据 I/O 口数和已有的接口进行权衡选择。一般来说，并行接口的好处在于：

● 控制、使用方便；

● 数据传送速度快。

串行接口的优点在于接口线少，使电路的连接减少，因而可节省电路板的空间，并且很容易用光电隔离实现系统的隔离。串行接口选择时，要注意 ADC 提供的接口标准，通常 ADC 提供与 SPI、QSPE 和 Microware 兼容的接口标准。

（7）电源需求

ADC 的电源需求有 3V、3～5V、5V、-5～+5V 和-12～-15V 等多种。在设计时，可以根据系统的电源来选择所需的 ADC，也可以选定 ADC 后再确定系统的电源。有些 ADC 的功耗比较低，有些 ADC 还具有省电模式，在省电模式下，电源电流可降至 A 级。在便携、无人值守等场合，可以选用这类 ADC，以使功耗小、发热少、温漂小。ADC 对电源的要求通常比数字电路要苛刻些，它要求电源稳定、噪声小、电磁干扰小，电源对 ADC 的性能影响不可忽视。

（8）电平转换器选择指南

电平转换器的基本功能是完成逻辑电平不同的数字微电路系列之间的接口。由于数字微电路的主要工艺是 TTL 和 CMOS 两种，电平转换器的主要任务是完成各 TTL 系列和各 CMOS 系列之间的接口。电平转换器的工艺结构与数字微电路相同。

电平转换器选择应注意的问题如下：

① 若驱动的数字微电路属于 CMOS4000 系列，且其电源电压高于 5V，而被驱动的数字微电路属于 TTL 系列，则宜选择 CMOS4000 系列中的电平转换器（如 CC4049、CC4050）来完成电平转换任务。

② 若驱动的数字微电路属于 74HC 系列，而被驱动的数字微电路属于 TTL 系列，则应尽量使 74HC 系列的电源电压取 5V（实际上 74HC 系列的电源电压最高也只有 6V），以实现直接驱动而不需借助转换器。

（9）驱动器选择指南

外围驱动器选择应注意的问题如下：

① 尽量选择带输出短路保护的品种。

② 应用部位有大电容器负载时，应选择输出短路保护有延时响应特性的品种。

③ 应用部位有电感负载时，应选择带内接箝位二极管（用于反电势箝位）的品种。

④ 应用部位的负载电流很大且有载工作时间较长时，选择其输出开关器件导通电阻足够小的品种，以防止过热。

⑤ 应用部位的工作方式为长时间处于空载加电状态时，选择空载功耗足够小的品种，以减小功耗和提高可靠性。

⑥ 显示驱动器选择。显示驱动器的基本功能是在数字信号的激励下驱动各种类型的显示器件。显示驱动器选择应注意的问题如下：

a. 根据被驱动显示器件的特点（高电压、大电流等）选择显示驱动器；

b. 特别注意确认待选显示驱动器与被选驱动显示器件的可连接性。

实践练习二

2-1　根据关键零部件选择原则，上网查找一款电视机开关电源电路，并确定该电视机开关电源电路的关键零部件，试着说明这些关键零部件的选择方法，确定要选择的元器件的质量等级、质量系数 π_Q 及质量保证等级，填写表 2-29。

表 2-29　题 2-1 表

关键零部件	质 量 等 级	质量系数 π_Q	质量保证等级

2-2　根据关键零部件选择原则，选择图 2-2 所示吸尘器电路的关键零部件，并且试着说明这些关键零部件的选择方法，确定要选择的元器件的质量等级、质量系数 π_Q 及质量保证等级，填写表 2-30。

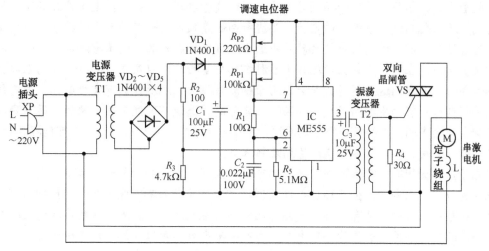

图 2-2　吸尘器电路

表 2-30　题 2-2 表

关键零部件	质 量 等 级	质量系数 π_Q	质量保证等级

2-3　根据关键零部件选择原则，上网查找一款收音机电路，并确定该收音机电路的关键零部件，试着说明这些关键零部件的选择方法，确定要选择的元器件的质量等级、质量系数 π_Q 及质量保证等级，填写表 2-31。

表 2-31　题 2-3 表

关键零部件	质 量 等 级	质量系数 π_Q	质量保证等级

第三章 环境应力筛选

- 环境应力筛选的基本概念。
- 环境应力筛选的基本原理。
- 环境应力筛选方案设计。
- 元器件环境应力筛选的试验方法。

随着工业、军事和民用等领域对电子产品的质量要求日益提高，电子产品的可靠性问题受到了越来越广泛的重视。对电子产品进行筛选是提高电子产品可靠性的最有效措施之一。可靠性筛选的目的是从一批元器件中选出高可靠性的产品，淘汰有潜在缺陷的产品。从广义上来讲，在电子产品生产过程中各种工艺质量检验，以及半成品、成品的电参数测试都是筛选，而我们这里所讲的是专门用于剔除早期失效元器件的可靠性筛选。理想的筛选是希望剔除所有的劣品而不损伤优品，但实际的筛选是不可能完美无缺的。因为受筛选项目和条件的限制，有些劣品很可能漏过，而有些项目有一定的破坏性，有可能损伤优品。但是，可以采用各种方法尽可能地达到理想状态。

电子产品的固有可靠性取决于产品的可靠性设计，在产品的制造过程中，由于人为因素或原材料、工艺条件、生产环境条件的波动，最终的成品不可能全部达到预期的固有可靠性。在每批成品中，总有一部分产品存在一些潜在的缺陷和弱点，这些潜在的缺陷和弱点在一定的应力条件下表现为早期失效。具有早期失效的元器件的平均寿命比正常产品要短得多。电子产品能否可靠地工作，基础是电子元器件能否可靠地工作。如果将早期失效的元器件装上整机产品，就会使得整机产品的早期失效故障率大幅度增加，其可靠性不能满足要求，而且还要付出极大的代价来维修。因此，应该在电子元器件装上整机、产品之前，就要设法把具有早期失效的元器件尽可能地加以排除，为此就要对元器件进行筛选。根据国内外的筛选工作经验，通过有效的筛选可以使元器件的总使用失效率下降 1~2 个数量级，因此不管是军用产品还是民用产品，筛选都是保证可靠性的重要手段。

本章将介绍环境应力筛选的基本概念、基本原理、环境应力筛选试验方法，以及在电子元器件和电子产品中的实际应用。

第一节 环境应力筛选的基本概念

环境应力筛选的目的在于发现和排除产品的早期失效，使其在出厂时便进入随机失效阶段，以固有的可靠性水平交付用户使用。环境应力筛选是通过向电子产品施加合理的环境应力和电应力，将其内部的潜在缺陷加速变成故障，以便人们发现并排除。

环境应力筛选是产品研制生产中的一种工艺手段，筛选效果取决于施加的环境应力、电应力水平和检测仪表的能力。施加应力的大小决定了能否将潜在的缺陷在预定时间内加速变为故障；检测能力的大小决定了能否将已被应力加速变成故障的潜在缺陷找出来，以便加以排除。因此，环境应力筛选又可看作产品质量控制检查和测试过程的延伸。

1. 何为环境应力筛选

环境应力筛选（Environmental Stress Screening，ESS）为现代高科技电子产品一种相当盛行的质量与可靠度保证方法。目前在欧美各国，所有的电子产品，上自太空和国防武器系统，下至一般家电器材，不论是在研发阶段或量产阶段，除传统的质量管理外，环境应力筛选已经是制造过程中必要的工序。

筛选是历史相当悠久的产品管理技术，在今日广泛应用电子产品的时代，所使用的应力以环境应力的功效最突出，1979年以后在可靠性工作方面渐成一独立的领域。环境应力筛选是一种工艺手段，是通过向电子产品施加合理的环境应力和电应力，将其内部的潜在缺陷加速变成故障，并通过检验发现和排除故障的过程。

ESS旨在激发并排除不良元器件、制造工艺和其他原因引入的缺陷造成的早期故障，使产品的可靠性接近设计的固有可靠性水平，应力水平以能激发出缺陷但不损坏产品为原则。

环境应力筛选的使用范围如图3-1所示。

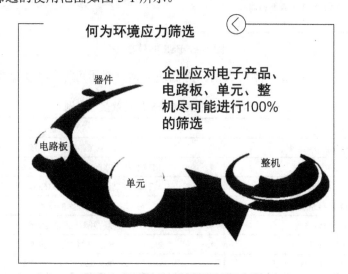

图3-1　环境应力筛选的使用范围

不同组合层次单个失效的平均改进成本（美元）如图3-2所示。

何为环境应力筛选

不同组合层次单个失效的平均改进成本（美元）

组合层次	经验法则	美国海军	休斯飞机公司	ML-HDBK-338
元器件	1	…	…	1～5
电路板	10	345	68	30～50
单机	100	495	346	250～500
系统	1000	1100	1506	500～1000
现场使用	2000～20000	15545	…	1000～10000

图3-2　不同组合层次单个失效的平均改进成本(美元)

ESS的效益如图3-3所示。

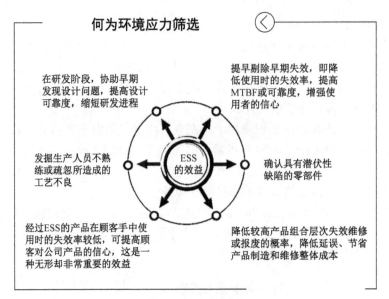

图 3-3　ESS 的效益

采用筛选技术，对提高产品可靠性、降低使用维修费用可取得很大效益，见表 3-1。

表 3-1　ESS 降低使用维修费用的效益（示例）

产　品	效　益
美国卫星	轨道故障减少 30%
ANIUYK20V 计算机	MTBF 从 1500h 提高到 9534h，提高约 7.3 倍
AG3 变换器	MTBF 从 1500h 提高到 44362h，提高约 30 倍
A-A17 惯导系统	内场故障减少 43%
电子燃料喷射系统	外场故障从 23.5%降到 8%
HEWLETT 台式计算机	现场维修次数减少 50%
我国某飞机的大气数据计算机	故障率降低 40%～70%

2. 元器件二次筛选

（1）元器件筛选试验的定义与目的

筛选试验是指为选择具有一定特性的产品或剔除早期失效的产品而进行的试验。它是一种对产品进行全部检验的非破坏性试验，通过按照一定的程序施加环境应力，激发出产品潜在的设计和制造缺陷。元器件的筛选一般应由元器件生产方按照电子元器件规范或供需双方签订的合同进行。一般将元器件生产方进行的筛选称为"一次筛选"。

如果当"一次筛选"的技术条件不能完全满足使用方对元器件的质量要求时，使用方或其委托单位可以进行再筛选以补充生产方筛选的不足。一般将使用方或委托单位进行的筛选称为"二次筛选"或称"补充筛选"。即二次筛选是指已采购的元器件在"一次筛选"试验没有满足使用方规定的项目要求的技术条件时，由使用方进行的筛选。元器件的"一次筛选"和"二次筛选"的目的与试验方法基本相同，但应强调"二次筛选"应是在"一次筛选"的基础上进行。

在一定条件下，虽然二次筛选是提高元器件质量的有效措施之一，但它也有其局限性和风险性，并不是所有的元器件都要进行二次筛选，也不能把二次筛选看作任何情况下都必须的。根据国外的经验，只有在少数采购不到高质量等级的元器件时才需要进行二次筛选。因为筛选只能提高产品的使用可靠性，不能提高产品的固有可靠性。也就是说，产品的固有可靠性是设计进去的、制造出来的，而不是筛选出来的。因此，在选择元器件时，应根据整机产品的质量与可靠性要求，选择相应的高质量等级的元器件。特别是电子整机产品的关键件、重要件，一定要选择最高质量等级的元器件。

（2）元器件二次筛选的适用范围

二次筛选（或补充筛选）主要适用于下列四种情况的元器件：

① 元器件生产方未进行"一次筛选"，或使用方对"一次筛选"的项目和应力不具体了解。

② 元器件生产方已进行了"一次筛选"，但"一次筛选"的项目或应力还不能满足使用方对元器件质量要求。

③ 在元器件的产品规范中未做具体规定、元器件生产方也不具备筛选条件的特殊筛选项目。

④ 对元器件生产方是否已按合同或规范的要求进行了"一次筛选"或对承制方"一次筛选"的有效性有疑问需要进行验证的元器件。

上述①～③种情况，元器件的二次筛选（补充筛选）是很难用其他措施替代的；对于情况④则除了进行二次筛选外，还可采取对元器件生产方"一次筛选"进行监督等措施来替代二次筛选。

3. 缺陷分类

（1）通用定义

产品丧失规定的功能称为失效，对可修复产品通常也称为故障。对产品而言，任一质量特征不符合规定的技术标准即构成缺陷。

绝大多数电子产品的失效都称为故障，依据故障原因对其进行分解可以参阅图 3-4。从图中可知，产品故障分为偶然失效型故障和缺陷型故障两大类。人们认为偶然失效型故障表现为随机失效，是由元器件、零部件固有失效率引起的；而缺陷型故障是由原材料缺陷、元器件缺陷、装配工艺缺陷、设计缺陷引起的。元器件缺陷本身又由结构、工艺、材料等缺陷造成，设计缺陷则包含电路设计缺陷、结构设计缺陷、工艺设计缺陷等内容。

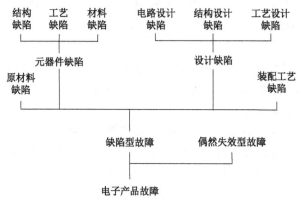

图 3-4　电子产品故障原因分解示意图

（2）电子产品可视缺陷分类

按照 GJB 2082—1994《电子产品可视缺陷和机械缺陷分类》，从影响与后果方面将缺陷分为致命缺陷、重缺陷、轻缺陷；从可视的角度来看，产生缺陷的主要工艺类型有焊接、无焊连接、电线与电缆、多余物、防短路间隙、接点、印制电路板、零件制造安装、元器件、缠绕、标记等，其中多数都可能产生致命缺陷或重缺陷，轻缺陷比较普遍。

致命缺陷是指对产品的使用、维修、运输、保管等人员会造成危害或不安全的缺陷，或可能妨碍某些重要产品（如舰艇、坦克、大型火炮、飞机、导弹等）的战术性能的缺陷。

重缺陷是指有可能造成故障或严重降低产品使用性能，但又不构成致命缺陷的缺陷。

轻缺陷是指不构成重缺陷，但会降低产品使用性能或不符合规定的技术标准，而对产品的使用或操作影响不大的缺陷。

可视缺陷是指通过人的视觉器官可直接观察到的，或采用简单工具对产品质量特征所能判定的缺陷。

承制单位的质量检验人员对大多数可视缺陷都可以发现并交有关部门排除，唯有不可视缺陷需要进行环境应力筛选或采用其他方法才能被发现，否则会影响产品可靠性。

第二节　环境应力筛选的基本原理

通过浴盆曲线、筛选应力及其效应表达式了解环境应力筛选的基本原理。

1. 环境应力筛选的基本原理

产品的失效率随生命周期时间而变化的浴盆曲线如图 3-5 所示。

一般而言，产品若按设计图纸选料和制造，理想中硬件的强度多为由正常群体所构成的单峰分布。然而在实际制造时，由于材料、零部件的质量不稳定，以及制造过程中技术人员素质不一、人为疏忽或突发状况等因素造成的工艺水平不良，而产生一些带有缺陷的产品，在正常群体中混合了一些早夭群体或畸形群体，使产品的强度分布呈双峰或多峰分布。

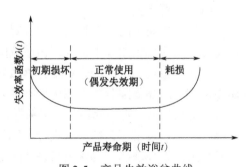

图 3-5　产品失效浴盆曲线

如图 3-6 所示，环境应力筛选的目的就是要筛除其中的早夭及畸形群体部分引起的初期损坏，而保留正常的主群体。这些早夭和畸形群体在遭受正常的环境应力和使用应力时就会发生失效现象，无法与正常群体一样正常使用。因此，必须通过筛选应力的处理和各种检测方法的应用，才能有效地将产品中的缺陷发现并将其剔除。

不论对电子产品的生产过程进行多么严格的生产质量管理，材料、工艺、产品、操作、生产环境等总不可能绝对不变。因此，在一批产品中，不可避免地有一部分产品存在一些潜在的缺陷和弱点。

这一部分存在缺陷和弱点的电子产品即具有早期失效特性，它们的平均寿命比正常产品要短很多，如果不加以分辨与隔离而将之一起组装至系统、产品，就会使得系统与产品的早期失效率大幅度增加；而且当电子产品已组装在系统、产品之后再发生失效时，为寻找失效部位、加以排除、重新调试、检测等的工作量则相当大。因此，应该在电子零件安装到系统与产品之前，就要设法把具有早期失效的零件尽可能地加以剔除。

将浴盆曲线的初期损坏部分放大，如图 3-7 所示。

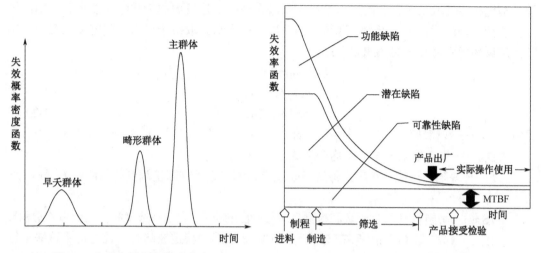

图 3-6　产品失效概率密度分布　　　　图 3-7　浴盆曲线的早夭失效期部分放大

如图 3-8 所示，第一类缺陷在一般功能测试时，很快就可以发现并加以修正。第三类缺陷须靠设计的改进，提高产品的设计能力，才能降低其发生的概率。第二类的缺陷，如果没有经过适当的应力筛选，则会在使用初期渐渐地出现，使产品发生失效。由于这些缺陷的存在，在生产厂内应采取适当的措施，使这一类的缺陷提早暴露出来，配合功能测试发掘这些强度较弱的部分，并予以检修、剔除或报废，使出厂产品维持稳定的质量，使用时具有原设计的固有可靠度。这样既可降低维修成本，又可避免因失效而导致的不必要损失，这就是环境应力筛选最主要的目的。

（一）功能缺陷： 此类缺陷是由于生产过程中材料或工艺不良而产生、能够以一般简单的功能测试而发现的产品缺陷。	（二）潜在缺陷： 此类缺陷也是由于生产过程中材料或工艺不良而产生，但必须要有外加的应力，才能加速使失效提早暴露出来的产品缺陷。	（三）可靠性缺陷： 此类缺陷是设计时就存在的产品缺陷。在产品的生命周期中随机发生。除非修改设计，否则无法以任何适当的程序消除这种缺陷。

图 3-8　初期损坏的产品缺陷依据测试能力分类

2. 电子产品筛选应力及其效应表达式

1）常规筛选与定量筛选

常规筛选是指不要求筛选结果、产品可靠性目标与成本阈值间建立定量关系的筛选。筛选方法是凭经验确定的，筛选中不估计产品引入的缺陷数量，也不知道所用应力强度和检测效率的定量值，对筛选效果好坏和费用是否合理不做定量分析，仅以能筛选出早期失效为目标。筛选后的产品不一定到达其故障率恒定的阶段。

定量筛选是要求筛选的结果、产品的可靠性目标与成本阈值间建立定量关系的筛选。与定量筛选有关的主要变量有：引入缺陷密度、筛选检出度、缺陷析出量或残留缺陷密度。引入缺陷密度取决于制造过程中从元器件和制造工艺两个方面引进到产品中的潜在缺陷数量；筛选检出度取决于筛选的应力把引入的潜在缺陷加速发展成为故障的能力和所用的检测仪表把这些故障检出的能力；残留缺陷密度和析出量则取决于引入缺陷密度和筛选检出度。定量环境应力筛选关系式如下：

$$D_R=D_{IN}-F$$
$$=D_{IN}(1-TS) \tag{3-1}$$
$$TS=SS \times DE \tag{3-2}$$

式中，D_R——残留缺陷密度，平均个/产品；

    D_{IN}——引入缺陷密度，平均个/产品；

    F——缺陷析出量（在应力筛选期间或应力筛选之后立即检测到的故障数），平均个/产品；

    TS——筛选检出度（用筛选和检测将缺陷析出的概率，它是筛选度和检测效率的乘积）；

    SS——筛选度（产品中存在对某一特定筛选敏感的特定缺陷时，该筛选将该缺陷以故障形式析出的概率）；

    DE——检测效率（检测充分程度的度量，它是由规定检测程序发现的缺陷数与总缺陷数之比值）。

在进行定量筛选之前，首先要按照可靠性要求，确定残留缺陷密度的目标值 D_R，然后通过适当地选择筛选应力种类及其量值的大小、检测方法、筛选所在等级等参数设计筛选大纲。实施此大纲时，要进行监测和评估，确定 D_{IN}、SS、D_R 的观察值，并与设计估计值比较，以便及时采取措施保证实现定量筛选目标，并使之最经济有效。

2）恒定高温应力

（1）参数的计算

① 筛选度计算。

设恒定高温筛选的应力参数是所加应力温度 T_U、筛选时间 t、环境温度 T_E（一般取25℃），其筛选度 SS 的表达式为

$$SS=1-\exp[-0.0017(R+0.6)^{0.6}t] \tag{3-3}$$

式中，$R=T_U-T_E=T_U-25$——温度变化范围，℃；

    t——恒定高温的持续时间，h。

按式（3-3）计算的恒定高温筛选度数据见表3-2。

② 筛选故障率计算。

恒定高温筛选时缺陷的故障率表达式如下：

$$\lambda_D=[-\ln(1-SS)]/t \tag{3-4}$$

式中，λ_D——故障率，次/h；

    SS——筛选度。

根据式（3-4）计算的恒定高温故障率（λ_D）见表3-2。

表 3-2 恒定高温筛选度（SS）和故障率（λ_D）

时间	温度变化范围 $R/{}^\circ\!C$								
h	0	10	20	30	40	50	60	70	80
10	0.0124	0.0677	0.0991	0.1240	0.1452	0.1639	0.1809	0.1964	0.2108
20	0.0247	0.1808	0.1885	0.2326	0.2693	0.3010	0.3290	0.3542	0.3772
30	0.0368	0.1896	0.2689	0.3278	0.3754	0.4256	0.4504	0.4810	0.5084
40	0.0488	0.2445	0.3414	0.4112	0.4661	0.5114	0.5498	0.5830	0.6121
50	0.0606	0.2956	0.4067	0.4842	0.5436	0.5915	0.6312	0.6649	0.6938
60	0.0723	0.3433	0.4655	0.5481	0.6099	0.6584	0.6979	0.7807	0.7884
70	0.0839	0.3877	0.5185	0.6042	0.6665	0.7144	0.7525	0.7836	0.8093
80	0.0953	0.4292	0.5663	0.6533	0.7149	0.7612	0.7973	0.8261	0.8495
90	0.1065	0.4678	0.6093	0.6963	0.7563	0.8004	0.8339	0.8602	0.8812
100	0.1176	0.5038	0.6480	0.7339	0.7917	0.8331	0.8640	0.8877	0.9063
110	0.1286	0.5374	0.6829	0.7669	0.8219	0.8605	0.8880	0.9097	0.9260
120	0.1394	0.5687	0.7144	0.7968	0.8478	0.8833	0.9087	0.9275	0.9416
130	0.1501	0.5979	0.7427	0.8211	0.8699	0.9025	0.9252	0.9417	0.9539
140	0.1607	0.6251	0.7687	0.8433	0.8888	0.9184	0.9388	0.9532	0.9639
150	0.1711	0.6505	0.7912	0.8628	0.9049	0.9318	0.9498	0.9624	0.9713
160	0.1814	0.6742	0.8119	0.8798	0.9187	0.9430	0.9589	0.9697	0.9774
170	0.1916	0.6962	0.8305	0.8947	0.9325	0.9523	0.9663	0.9757	0.9821
180	0.2017	0.7168	0.8473	0.9077	0.9406	0.9602	0.9724	0.9805	0.9859
190	0.2116	0.7360	0.8625	0.9192	0.9492	0.9667	0.9774	0.9843	0.9889
200	0.2214	0.7538	0.8761	0.9292	0.9566	0.9721	0.9815	0.9874	0.9912
λ_D	0.0013	0.0070	0.0104	0.0132	0.0157	0.0179	0.0199	0.0219	0.0237

（2）恒定高温应力激发的故障模式或影响

恒定高温能激发的故障模式（或对产品的影响）主要有：

① 使未加防护的金属表面氧化，导致接触不良或机械卡死，在螺钉连接操作时用力不当或保护涂层上有小孔和裂纹都会出现这种未防护的表面。

② 加速金属之间的扩散，如基体金属与外包金属、钎焊焊料与元件，以及隔离层薄弱的半导体与喷镀金属之间的扩散。

③ 使液体干涸，如电解电容器和电池因高温造成泄漏而干涸。

④ 使热塑料软化，如该热塑料件处于太高的机械力作用下，则产生蠕变。

⑤ 使某些保护性化合物与灌封蜡软化或蠕变。

⑥ 提高化学反应速度，加速与内部污染物的反应过程。

⑦ 使部分绝缘损坏处绝缘击穿。

3）温度循环应力

（1）温度循环应力参数

温度循环应力参数有：上限温度、下限温度、循环次数、温度变化速率。

（2）温度循环应力筛选度计算

$$SS = 1 - \exp\{-0.0017(R+0.6)^{0.6}\,[\ln(e+v)]^3 \cdot N\} \tag{3-5}$$

式中，$R=T_U-T_L$——温度变化范围，℃；

    T_U——上限温度，℃；

    T_L——下限温度，℃；

    v——温度变化速率，℃/min；

    N——循环次数；

    e =2.71828——自然对数的底。

按式（3-5）计算的温度循环应力筛选度见表 3-3。

表 3-3　温度循环应力筛选度

次数	速率 ℃/min	温度变化范围/℃								
		20	40	60	80	100	120	140	160	180
2	5	0.1683	0.2349	0.2886	0.3324	0.3697	0.4023	0.4312	0.4572	0.4809
2	10	0.2097	0.4031	0.4812	0.5410	0.5891	0.6290	0.6629	0.6920	0.7173
2	15	0.3911	0.5254	0.6124	0.6752	0.7232	0.7612	0.7920	0.8175	0.8388
2	20	0.4707	0.6155	0.7034	0.7636	0.8075	0.8407	0.8665	0.8871	0.9037
4	5	0.2998	0.4147	0.4939	0.5543	0.6027	0.6427	0.6765	0.7054	0.7305
4	10	0.4969	0.6437	0.7308	0.7893	0.8312	0.8624	0.8863	0.9051	0.9201
4	15	0.6292	0.7748	0.8498	0.8945	0.9234	0.9430	0.9567	0.9667	0.9740
4	20	0.7198	0.8522	0.9120	0.9441	0.9629	0.9746	0.9822	0.9873	0.9907
6	5	0.4141	0.5222	0.6400	0.7025	0.7496	0.7884	0.8160	0.8401	0.8601
6	10	0.6431	0.7873	0.8603	0.9033	0.9306	0.9409	0.9617	0.9708	0.9774
6	15	0.7742	0.8931	0.9418	0.9657	0.9789	0.9864	0.9910	0.9939	0.9958
6	20	0.8517	0.9432	0.9739	0.9868	0.9929	0.9960	0.9976	0.9986	0.9991
8	5	0.5095	0.6574	0.7439	0.8014	0.8422	0.8723	0.8953	0.9132	0.9274
8	10	0.7469	0.8731	0.9275	0.9556	0.9715	0.9811	0.9871	0.9910	0.9936
8	15	0.8625	0.9493	0.9774	0.9889	0.9941	0.9967	0.9981	0.9989	0.9993
8	20	0.9215	0.9781	0.9923	0.9969	0.9986	0.9997	0.9997	0.9998	0.9999
10	5	0.5898	0.7379	0.8178	0.8674	0.9005	0.9273	0.9405	0.9929	0.9623
10	10	0.8204	0.9242	0.9624	0.9796	0.9883	0.9930	0.9956	0.9912	0.9982
10	15	0.9163	0.9759	0.9913	0.9964	0.9984	0.9992	0.9996	0.9998	0.9999
10	20	0.9585	0.9916	0.9977	0.9993	0.9997	0.9999	0.9999	0.9999	0.9999
12	5	0.6568	0.7994	0.8704	0.9115	0.9373	0.9544	0.9661	0.9744	0.9804
12	10	0.8726	0.9548	0.9805	0.9906	0.9852	0.9974	0.9985	0.9991	0.9995
12	15	0.9490	0.9886	0.9966	0.9988	0.9996	0.9998	0.9999	0.9999	0.9999
12	20	0.9780	0.9968	0.9993	0.9998	0.9999	0.9999	0.9999	0.9999	0.9999

（3）温度循环应力故障率计算

$$\lambda_D = [-\ln(1-SS)]/N \tag{3-6}$$

式中，λ_D——故障率，次/h；

    SS——筛选度；

    N——循环次数。

（4）各参数组对应的故障率

各参数组对应的故障率见表 3-4。

温度循环应力激发的故障模式或影响，使涂层、材料或线头上各种微细裂纹扩大；使黏结不好的接头松弛；使螺钉连接或铆接不当的接头松弛；使机械张力不足的压配接头松驰；使质量差的焊点接触电阻加大或开路；粒子污染；密封失效。

表 3-4　温度循环故障率（λ_D）

温度变化速率	温度变化范围/℃								
℃/min	20	40	60	80	100	120	140	160	180
5	0.0891	0.1339	0.1703	0.2020	0.2308	0.2573	0.2821	0.3055	0.3278
10	0.1717	0.2580	0.3281	0.3893	0.4447	0.4958	0.5436	0.5888	0.6317
15	0.2480	0.3726	0.4739	0.5623	0.6423	0.7161	0.7852	0.8504	0.9125
20	0.3181	0.4779	0.6077	0.7212	0.8237	0.9184	1.0070	1.0906	1.7702

4）扫频正弦振动应力

（1）扫频正弦振动应力的筛选度计算

$$SS = 1 - \exp[-0.000727(G)^{0.863} \cdot t] \tag{3-7}$$

式中，G——高于交越频率的加速度量值，g（1g = 9.8 m/s^2）；

　　　t——振动时间，h。

按式（3-7）计算的结果见表 3-5。

（2）扫频正弦振动应力的故障率

$$\lambda_D = [-\ln(1-SS)]/t \tag{3-8}$$

式中，λ_D——故障率，次/h；

　　　t——时间，h。

按式（3-8）计算的结果见表 3-5。

表 3-5　扫频正弦振动筛选度和故障率

时间	加速度值/g													
h	0.5	1.0	1.5	2.0	2.5	3.0	3.5	4.0	4.5	5.0	5.5	6.0	6.5	7.0
5	0.0020	0.0036	0.0051	0.0066	0.0080	0.0099	0.0107	0.0120	0.0132	0.0145	0.0157	0.0169	0.0181	0.0193
10	0.0040	0.0072	0.0103	0.0131	0.0519	0.0186	0.0212	0.0238	0.0263	0.0287	0.0312	0.0355	0.0359	0.0382
15	0.0060	0.0108	0.0154	0.0196	0.0289	0.0278	0.0316	0.0354	0.0391	0.0428	0.0464	0.0499	0.0534	0.0568
20	0.0080	0.0144	0.0204	0.0261	0.0316	0.0368	0.0420	0.0470	0.0519	0.0566	0.0614	0.0660	0.0705	0.0750
25	0.0099	0.0180	0.0255	0.0325	0.0393	0.0458	0.0522	0.0584	0.0644	0.0703	0.0761	0.0818	0.0874	0.0929
30	0.0119	0.0216	0.0305	0.0389	0.0470	0.0547	0.0623	0.0696	0.0768	0.0838	0.0906	0.0937	0.1039	0.1101
35	0.0139	0.0251	0.0355	0.0452	0.0546	0.0636	0.0723	0.0807	0.0890	0.0970	0.1049	0.1122	0.1201	0.1275
40	0.0159	0.0287	0.0404	0.0515	0.0621	0.0723	0.0822	0.0917	0.1010	0.1101	0.1189	0.1276	0.1361	0.1444
45	0.0178	0.0322	0.0454	0.0578	0.0696	0.0810	0.0919	0.1026	0.1129	0.1230	0.1328	0.1424	0.1517	0.1609
50	0.0198	0.0357	0.0503	0.0640	0.0770	0.0895	0.1016	0.1133	0.1246	0.1357	0.1464	0.1569	0.1671	0.1771
55	0.0217	0.0392	0.0552	0.0701	0.0844	0.0980	0.1112	0.1239	0.1362	0.1482	0.1598	0.1711	0.1822	0.1980
60	0.0237	0.0427	0.0600	0.0763	0.0917	0.1065	0.1207	0.1344	0.1476	0.1605	0.1730	0.1852	0.1970	0.2089
λ_D	0.0240	0.0436	0.0619	0.0793	0.0962	0.1126	0.1286	0.1443	0.1597	0.1749	0.1899	0.2048	0.2194	0.2339

（3）扫频正弦振动应力激发的故障模式或影响

① 使结构部件、引线或元器件接头产生疲劳，特别是导线上有微裂纹或类似缺陷的情况下。

② 使电缆磨损，如在松弛的电缆结处存在尖缘似的缺陷时。

③ 使制造不当的螺钉接头松弛。

④ 使安装加工不当的 IC 离开插座。

⑤ 使受到高压力的汇流条与电路板的钎焊接头的薄弱点出故障。

⑥ 使未充分消除应力的可做相对运动的桥形连接的元器件引线造成损坏，例如电路板前板的发光二极管或背板散热板上的功率晶体管。

⑦ 已受损或安装不当的脆性绝缘材料出现裂纹。

5）随机振动应力

（1）随机振动应力的参数

随机振动应力的参数有：频率范围、加速度功率谱密度（PSD）、振动时间、振动轴向数。随机振动谱示意图见图 3-9。

（2）随机振动应力筛选度

随机振动应力筛选度的计算式如下：

$$SS=1-\exp[-0.0046(G_{rms})^{1.71} \cdot t] \qquad (3-9)$$

式中，G_{rms}——加速度均方根值，g；

$$G_{rms}=(A_1+A_2+A_3)/2 \qquad (3-10)$$

A_1、A_2、A_3——随机振动谱的面积；

t——振动时间，h。

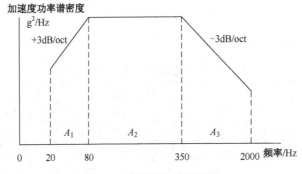

图 3-9　随机振动谱示意图

注：oct 为倍频程。

（3）随机振动应力故障率计算

随机振动应力的故障率计算式如下：

$$\lambda_D = [-\ln(1-SS)]/t \qquad (3-11)$$

式中，λ_D——故障率，次/h；

t——振动时间，h。

按照式（3-9）计算的随机振动筛选度和按照式（3-11）计算的故障率数值见表 3-6。

（4）随机振动应力激发的故障模式或影响

随机振动应力激发的故障模式或影响与正弦扫频振动应力相同，但故障机理更复杂，发展故障的速度要比扫频正弦振动应力快得多，这是由于随机振动能同时激励许多共振点的原因。

表 3-6 随机振动筛选度和故障率

时间	加速度均方根值/g													
h	0.5	1.0	1.5	2.0	2.5	3.0	3.5	4.0	4.5	5.0	5.5	6.0	6.5	7.0
5	0.007	0.023	0.045	0.012	0.104	0.140	0.178	0.218	0.260	0.303	0.346	0.389	0.431	0.478
10	0.014	0.045	0.088	0.140	0.198	0.260	0.324	0.389	0.452	0.514	0.572	0.627	0.677	0.723
15	0.021	0.067	0.129	0.202	0.282	0.363	0.444	0.522	0.595	0.661	0.720	0.772	0.816	0.854
20	0.028	0.088	0.168	0.260	0.356	0.452	0.543	0.626	0.700	0.764	0.817	0.861	0.896	0.923
25	0.035	0.109	0.206	0.314	0.424	0.529	0.625	0.708	0.778	0.835	0.880	0.915	0.941	0.959
30	0.041	0.129	0.241	0.363	0.484	0.595	0.691	0.772	0.836	0.885	0.922	0.948	0.966	0.979
35	0.048	0.149	0.275	0.409	0.538	0.651	0.746	0.882	0.878	0.920	0.949	0.968	0.981	0.989
40	0.055	0.168	0.308	0.452	0.586	0.700	0.791	0.860	0.910	0.944	0.966	0.981	0.989	0.994
45	0.061	0.187	0.339	0.492	0.629	0.742	0.829	0.891	0.933	0.961	0.978	0.988	0.994	0.997
50	0.068	0.205	0.369	0.529	0.668	0.778	0.859	0.915	0.951	0.973	0.986	0.993	0.996	0.998
55	0.074	0.224	0.397	0.563	0.702	0.809	0.884	0.938	0.964	0.981	0.991	0.996	0.998	0.999
60	0.081	0.241	0.424	0.595	0.734	0.836	0.905	0.948	0.973	0.987	0.994	0.997	0.999	10.00
λ_D	0.084	0.276	0.552	0.903	1.32	1.80	2.35	2.95	3.61	4.32	5.09	5.90	6.77	7.69

6）筛选效果对比

（1）温度应力对比

① 对恒定高温应力的分析。

恒定高温筛选的筛选度与温度变化范围、筛选时间密切相关，但其量值很小。由表 3-2 查得当温度变化范围为最大（80℃）、老炼筛选时间最长（200h）时，筛选度为 0.9912。恒定高温的故障率只与温度变化范围有关，其值也很小，同样从表 3-2 查得温度变化范围最大（80℃）时故障率为平均 0.0237 次/h。即为了暴露 1 个缺陷，用温度变化范围为 80℃的恒定高温进行筛选平均需要 42h。如果按有些产品以 45℃（温度变化范围为 20℃）高温进行老炼筛选的话，其故障率为平均 0.0104 次/h，需要平均老炼 100h 才能暴露 1 个缺陷。因此可见，为了达到消除早期失效的目的，用于恒定高温的老炼筛选时间要很长，不仅筛选效率低下，而且有可能要影响产品的使用寿命。

故障率低和可能影响产品的使用寿命是恒定高温筛选应力的致命缺点。

② 对温度循环应力的分析。

温度循环应力的筛选度与温度变化范围、循环次数有关，并且与温度变化速率关系最密切，即温度升降速率越大，其筛选度也越大。由表 3-3 可查得温度范围为 180℃、循环次数为 4、温度变化速率为 20℃/h 时，筛选度为 0.9907。归一化后其故障率与温度变化范围和温度变化速率成正相关。由表 3-4 可查得，当温度范围为 80℃、温度变化速率为 5℃/min 时温度循环应力的故障率为平均 0.2020 次/h，一般每个循环时间在 3.5～4.0h 之间，因此该应力的故障率相当于平均 0.0505～0.0577 次/h 之间。

因此，故障率高、筛选效率高、不会影响产品使用寿命是温度循环应力的特点。

③ 温度应力的比较。

由以上分析可知，温度交变为 80℃、温度变化速率为 5℃/min 的温度循环应力的故障率是温度变化范围为 80℃的恒定高温应力的 2 倍多（0.0505 与 0.0237 之比），而且在工程上要实现前者比后者容易得多。温度变化范围为 80℃的恒定高温应力要让产品经受 105℃（80℃＋25℃）高温的相当长时间的工作过程，平均 42h 才能暴露 1 个故障。而温度循环应力,通常采用温度交变试验箱,此类产品对温度交变为 80℃（由−35℃变化到＋45℃）、温变速率为 5℃/min 的性能参数是最低的要求,轻易便可实现,此应力可使产品平均筛选 20h 便可以暴露 1 个故障,比恒定高温应力的筛选效率高很多。

为了进一步提高温度循环应力的筛选效率,可以通过提高温度变化速率的应力参数来实现。由表 3-4 可知,当温度变化范围仍为 80℃、温度变化速率由 5℃/min 提高到 20℃/min 时,其故障率由平均 0.2020 次/h 提高到平均 0.7212 次/h,后者是前者的 3.5 倍多,即平均 5h 便可以暴露 1 个缺陷。

当然,温度交变试验箱要实现 20℃/min 的温变速率,需要大幅度地增加升降温系统的功率,甚至要在机械制冷的基础上加装液态氮制冷系统及其控制装置,这需要增加投入。为了提高筛选效率、减少筛选对产品寿命的影响,提高温变速率是最好的方法,为此而增加投入也是适宜的。

（2）振动应力对比

一般说来,振动应力是定量环境应力筛选方法才采用的应力,它可以暴露温度循环应力暴露不了的某些缺陷。据统计,对电子产品而言,温度应力平均可以暴露 79%的缺陷,而振动应力平均可以暴露 21%的缺陷。因此,振动是不可缺少的筛选应力。扫频正弦振动台和随机振动台都可以作为振动环境应力筛选的装备,由表 3-4 和表 3-5 的数据可以比较它们的故障率（即筛选效率）。

我们按照 GJB1032—1990《电子产品环境应力筛选办法》要求的典型的随机振动谱（见图 3-9）算得其加速度均方根值为 7.2g,取为 7g；设持续时间为 5h；查表 3-6 得筛选度为 0.478,故障率为平均 7.69 次/h。同样设扫频正弦振动的加速度为 7g、持续时间为 5h,查表 3-5 可得筛选度为 0.0193、故障率平均为 0.2339 次/h。两种振动应力的故障率相差甚大,随机振动是扫频正弦振动的 33 倍。几种应力的筛选度和故障率的对比见表 3-7。

表 3-7　筛选应力和故障率效果对比

项　　目	恒温 45℃	恒温 105℃	交变 80℃,5℃/min	交变 80℃,20℃/min	扫频 75 G_{rms}	随机 75 G_{rms}
SS	0.8761	0.9912	中等	高	0.0193	0.478
λ_D（次/h）	0.0104	0.0237	0.2020	0.7212	0.2339	70.692
h/次故障	100	42	5	2	40.3	0.13
影响寿命	较大	较大	基本不影响	不影响	不影响	不影响
试验产品造价	低	低	较低	较高	低	较高

当然,只有随机振动控制设备和与之配套的电磁振动台才能提供随机振动应力,其设备价格要比扫频正弦振动台昂贵,但是为了提高筛选效率,最大限度地消除早期故障,这个投入还是合算的。

（3）结论

① 经典的老炼工艺与常规的恒温筛选对暴露产品的缺陷有一定的作用,但其筛选度和故障率数值很小,效率十分低,需要用相当长的时间才能达到暴露早期失效（缺陷）的效果,因而可能会影响产品的使用寿命,有必要改用定量环境应力筛选方法。

② 定量环境应力筛选,需要采用温度循环应力,其效率已比恒定高温老炼筛选大为提高。就温度循环筛选而言,提高温变速率又是进一步提高筛选效率、减少筛选对产品使用

寿命影响的最佳方法，我们要为此项筛选创造条件。

③ 定量环境应力筛选，需要采用振动应力，其中又可以采用扫频正弦振动或随机振动方式，但从筛选效率对比可知，随机振动方式是最佳的应力。为了提高筛选效率、减少振动应力筛选对产品结构件寿命的影响，应创造条件采用随机振动方式。

第三节　环境应力筛选方案设计

本节主要介绍环境应力筛选的设计原则、环境应力筛选的设计依据、筛选应力方案的确定。

1. 环境应力筛选的设计原则

环境应力筛选试验方案的设计原则：使筛选应力能激发出由于潜在设计缺陷、制造缺陷、元器件缺陷引起的故障；所施加的应力不必模拟产品规定的寿命剖面、任务剖面、环境剖面；在试验中，应模拟设计规定的各种工作模式。

根据条件和是否必要来确定是采用常规筛选还是采用定量筛选，根据不同阶段和产品的特征制定筛选方案。

（1）研制阶段的筛选

研制阶段一般按照经验得到的筛选方法进行常规筛选，其主要作用是：一方面用于收集产品中可能存在的缺陷类型、数量及筛选方法的效果等信息；另一方面，在可靠性增长和工程研制试验前进行了常规试验，可节省试验时间和资金；同时利于设计成熟快捷的研制试验方法。

研制阶段的常规筛选要为生产阶段的定量筛选收集数据，为定量筛选做准备，设计定量筛选的大纲。

（2）生产阶段的筛选

生产阶段的筛选主要是实施研制阶段设计的定量筛选大纲；通过记录缺陷析出量并和设计估计值进行比较，提出调整筛选和制造工艺的措施；参考结构和成熟度相似产品的定量筛选经验数据，完善或重新制定定量筛选大纲。这些经验数据主要有：

① 故障率高的元器件和组件型号；

② 故障率高的产品供货方；

③ 元器件接收检验、测试和筛选的数据；

④ 以往筛选和测试的记录；

⑤ 可靠性增长试验记录；

⑥ 其他试验记录。

2. 环境应力筛选的设计依据

1）依据产品缺陷确定筛选应力

（1）影响产品缺陷数量的因素

如前文所述，产品在设计和制造过程引入的缺陷主要是：设计缺陷、工艺缺陷、元器件缺陷。这些缺陷可归纳为两种类型，一是固有缺陷，它是存在于产品内部的缺陷，如材料缺陷、外购元器（部）件缺陷和设计缺陷；二是诱发缺陷，它是人们在生产或修理过程中引入的缺陷，如虚焊、连接不良等。这些缺陷是可视缺陷或用常规检测手段便可发现的缺陷，可在生产中被排除。除此之外的缺陷便成为潜在缺陷，构成产品的早期故障根源。产品的早期故障一般要经过 100h 以内的工作才能暴露，从而被排除。

影响产品缺陷数量的主要因素有：

① 产品的复杂程度。产品越复杂，包含的元器件类型和数量越多，接头类型和数量越多，则设计和装焊的难度越大，设计制造中引入缺陷的可能性越大。同时也增加环境防护设计的难度。

② 元器件质量水平。元器件质量水平是产品缺陷的主要来源，元器件质量水平包括质量等级和缺陷率指标两个方面，后者用 PPM 表示，一般生产厂要在说明书中标明，这是定量筛选方案设计的重要依据。

③ 组装密度。组装密度高，元器件排列拥挤，装焊操作难度大，易碰伤元器件，工作中散热条件差，易引入工艺缺陷和使缺陷加速扩大。

④ 设计和工艺成熟程度。设计和工艺成熟程度的提高，可以大大地减少产品的设计缺陷和工艺缺陷的种类及其数量。一般在研制阶段，在结构设计定型之前，设计缺陷占主导地位；在生产阶段，设计缺陷减少，元器件缺陷和工艺缺陷比例增加，并且随着设计的改进和工艺的不断成熟，元器件缺陷将占主导地位。

⑤ 制造过程控制。制造过程控制主要是质量控制，包括采用先进的工艺质量控制标准和管理制度，管理控制得越严格，引入缺陷的机会就越少。

（2）环境应力对缺陷的影响

现场环境应力是影响缺陷发展成为故障的主要因素。任何缺陷发展成为故障都需要受到一定强度应力并经过一定时间的作用，产品只有受到能产生等于或大于阈值的环境应力才能使某些缺陷变为故障；在某些温和的环境应力中，许多缺陷不会发展为故障。因此，只有选择能暴露某些缺陷的应力作为筛选的条件，才能达到筛选的目的。常用的应力所能发现的典型缺陷见表 3-8。据统计温度应力可筛选出 79%左右的缺陷，振动应力可筛选出 21%左右的缺陷。

表 3-8　常用应力所能发现的典型缺陷

温度循环应力	振动应力	温度加振动应力
元器件参数漂移，电路板开路、短路	粒子污染	焊接缺陷
	压紧导线磨损	硬件松脱
	晶体缺陷	
元器件安装不当	混装	元器件缺陷
错用元器件	邻近板摩擦	紧固件问题
密封失效	相邻元器件短路	元器件破损
	导线松脱	电路板蚀刻缺陷
导线束端头缺陷	元器件黏结不良	
夹接不当	机械性缺陷	
	大质量元器件紧固不当	

2）根据缺陷分布确定筛选等级

（1）缺陷分布

缺陷在产品研制生产的不同阶段的类别和分布是变化的，因此在制定筛选大纲时要根据产品缺陷的分布确定筛选等级。在研制阶段，设计缺陷的比例最大；在生产初期，设计缺陷比例下降，工艺缺陷比例增加，占最大比例；在生产成熟阶段，设计和工艺趋于成熟，个人操作熟练，元器件缺陷比例变得最大，此时设计缺陷一般只占 5% 以下，工艺缺陷在 30% 以下，而元器件缺陷可占 60% 以上。表 3-9 是不同产品在单元或模块组装等级进行环境应力筛选暴露的缺陷比例，反映了缺陷的分布情况，可作参考。

表 3-9　各种产品筛选的缺陷比例

硬 件 类 型	筛选组装等级	温度筛选故障/%	振动筛选故障/%
飞机发电机	单元	55	45
计算机电源	单元	88	12
航空产品计算机	单元	87	13
舰载计算机	单元	93	7
接收处理机	单元	71	29
惯性导航装置	单元	77	23
接收系统	单元	87	13
机载计算机	模块	87	13
控制指示器	单元	78	27
接收、发射机	模块	74	26
平均	综合	79	21

（2）筛选组装等级的选择

为了保证基本消除产品的早期故障，最好在各个装配等级上都安排环境应力筛选。任何筛选都不可能代替高一装配等级上的筛选。而任何高一级的筛选虽然可以代替低一级的筛选，但筛选效率会降低，筛选成本会提高。一般产品分成产品或系统级（包括电缆和采购的单元）、单元级（包括采购的组件和布线）、组件级（包括印制电路板和布线）、元器件等 4 个级别。据经验介绍，如果对元器件的筛选成本需要 1～5 货币单位的话，组件级筛选则需要 30～50 货币单位，单元级需要 250～500 货币单位，产品或系统级需要 500～1000 货币单位。

从多数单位的情况来看，设计筛选时取组件级及以下和取单元级及以上的较多。

从综合的角度来看，组件级筛选的优点：每检出一个缺陷的成本低，可在不通电情况下进行成批筛选，效率高；组件的热惯性低，可进行更高温度变化率的筛选，筛选效率提高。其缺点：由于不通电，难以检测性能，筛选寻找故障的效率低；如果改成通电筛选检测，需要专门设计产品，成本高；不能筛选出该组装等级以上的组装引入的缺陷。

单元级以上的筛选优点：筛选过程易于安排通电监测，检测效率高；通常不用专门设计检测产品；单元中各组件的接口部分也得到筛选，能筛选各组件级引入的潜在缺陷。其缺点：由于热惯性较大，温度变化速率不能大，温度循环时间需要加长；单元级包含了各种元部件，温度变化范围较小，会降低筛选效率；每检出一个缺陷的成本高。

3）根据检测效率确定定量筛选目标

检测效率是环境应力筛选工作的重要因素。给产品施加应力把潜在缺陷变成明显的故障后，能否准确定位和消除，就要取决于检测手段及其能力。当选择在较高组装等级进行筛选时，有可能利用现成的测试系统或机内检测系统；在选择高组装级筛选时，能准确地模拟各种功能接口，也便于规定合理的验收准则，容易实现高效率的检测，提高检测效率。

表3-10列出了不同组装等级情况的检测效率,表3-11列出了不同测试系统的检测效率范围,可用于计算缺陷析出量的估计值。需要指出的是,综合利用各种检测系统能提高检测效率。

表 3-10　不同组装等级情况的检测效率

组 装 等 级	测 试 方 式	检测效率/%
组件	生产线工序间合格测试	0.85
组件	生产线电路测试	0.90
组件	高性能自动测试	0.95
单元	性能合格鉴定测试	0.90
单元	工厂检测测试	0.95
单元	最终验收测试	0.98
系统	在线性能监测测试	0.90
系统	工厂检测测试	0.95
系统	定购方最终验收测试	0.99

表 3-11　不同测试系统的检测效率范围(%)

电 路 类 型	负载板短路测试	电路分析仪	电路测试仪	功能板测试仪
数字式	45～65	50～75	85～94	90～98
模拟式	35～55	70～2	90～96	80～90
混合式	40～0	60～0	87～94	83～95

3. 筛选应力方案的确定

1）应力类型

定量环境应力筛选一般选用温度循环和随机振动应力,对电子产品而言,一般都可以满足筛选要求。某些有特殊要求的产品可选用特定的筛选应力。

2）应力组成

温度循环和随机振动应力各自激发的缺陷类型是不相同的,因此不能互相取代。然而,它们在激发缺陷的能力上却可以互相补充和加强,由振动加速发展的缺陷可能在温度循环中以故障的形式暴露出来;同样,由温度循环加速发展的缺陷也可能在振动中以故障形式暴露出来。因此,环境应力筛选的试验剖面应把温度循环和随机振动组合起来,即随机振动—温度循环—随机振动或温度循环—随机振动—温度循环。

3）应力量值

筛选应力的量值以不能超过产品的设计极限,能激发潜在缺陷又不损坏产品中完好的部分为原则。

（1）温度循环参数的选择

确定温度循环的上、下限温度:

采用加电检测性能的筛选方案时,温度循环的上、下限温度不高于和低于设计的最高和最低的工作温度。

采用非加电检测性能的筛选方案时,温度循环的上、下限温度不高于和低于产品储存的高温和低温。

采用只在上限（或下限）温度加电和检测性能的筛选方案时，温度循环的上限（或下限）温度不高于（不低于）设计的最高（最低）工作温度，另一侧的温度不低于（或高于）储存温度。其示意图见图3-10。

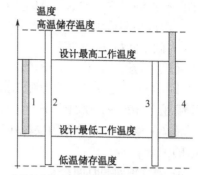

只对组件进行筛选时，要找出组件中分组件（元器件）各自的最高和最低工作温度、最高和最低储存温度，温度循环的上、下限温度以这些高温中的最低者和低温中的最高者组成温度组，参照上述原则进行设计。一般设计的工作温度和储存温度同设计的极限温度还有一定差值，为了提高筛选效率，有时扩大温度变化幅度，向设计的极限温度靠拢。

1—产品加电筛选时检测性能的温度循环范围；
2—产品不加电筛选时的温度循环范围；
3—产品加电筛选时检测性能的上限温度循环范围；
4—产品加电筛选时检测性能的下限温度循环范围；

图3-10　温度循环筛选温度范围示意

[例3.1] 某组件由5个分组件组成，其设计的各项温度列于表3-12中，确定其定量环境应力筛选温度。从表中可得到筛选的工作温度组为60℃和-30℃，储存的温度组为80℃和-40℃。

表3-12　例3.1表

分　组　件　号	设计工作高温/℃	设计工作低温/℃	设计储存高温/℃	设计存储低温/℃
1	80	-40	100	-55
2	90	-45	100	-50
3	100	-50	120	-40
4	110	-30	150	-55
5	60	-50	80	-55

① 确定温度变化速率：

温度变化速率对筛选效果影响极大，应尽可能加快温度变化速率。标准规定的产品或部件筛选的温度变化速率不小于5℃/min。由于受筛选产品本身的热惯性影响，产品的实际温度变化速率远低于试验箱内的空气温变平均速率，因此要根据试验箱的能力尽量提高温度变化速率。在条件不具备，进行非定量环境应力筛选时，可采用两箱法进行温度冲击筛选。在定量环境应力筛选过程中，可按定量要求和观察到的故障数调节已选定的温度变化速率，以保证实现定量目标。

② 确定上、下限温度的持续时间：

温度循环中上、下限温度的持续时间取决于产品在此温度下达到稳定的时间和检测性能所需的时间，可通过对产品的热测定和对试验箱温度稳定时间的测定后确定。

③ 确定温度循环次数：

温度循环次数实际就是筛选的持续时间。电子产品早期故障一般在交付的前50～100h暴露，它与产品的复杂程度有关。一般初始筛选和单元级的筛选采用10～20个循环，组件级筛选采用20～40个循环。

（2）振动应力的选择

① 确定振动量值：

筛选的振动量值一般应低于产品环境鉴定试验的合格值，以不损坏产品为准。常规筛选的随机振动量值一般选为 0.04g²/Hz，把握不大的产品可通过测定摸清产品对振动的响应特性，由低到高适当调整，最后确定振动量值。

② 确定随机振动频谱：

随机振动频谱应采用 GJB1032—1990《军用电子产品环境应力筛选方法》或 GJB/Z34—1993《电子产品定量环境应力筛选指南》规定的频谱，频率范围为 20～2000Hz，对少数情况可缩小到 100～1000Hz。应对受筛选产品进行振动测定，确定产品共振频率、优势频率，对产品响应大的频率段要减小输入，反之加大输入，以保证不损坏产品和实施规定量值的筛选。

③ 确定轴向和时间：

随机振动一般要在三个轴向上进行，每个轴向振动 5～10min，最少不少于 5min。如果产品中多数印制板呈同一个方向排列，则可仅在垂直于印制板方向进行 10 min 的随机振动。正弦振动也应在三个轴向上进行，一般进行 30min，不超过 60min。

随机振动的最大效果发生在 15～20min 内，延长振动时间不仅无益于筛选，反而会引起疲劳损伤，一般采用 0.04g²/Hz 振动量值振动 20min。我们可按此数据进行等效振动时间的计算：

$$T=20(W_0/W_1)^3 \tag{3-12}$$

式中，T——等效时间，min；

W_0——0.04 g²/Hz；

W_1——所用振动量值，g²/Hz。

表 3-13 列出按式（3-12）计算的数据。

表 3-13　功率谱密度、加速度均方根值和等效时间对照

加速度均方根值/G_{rms}	功率谱密度/（g²/Hz）	等效时间/min
6.06	0.04	20
5.2	0.03	47
4.24	0.02	160
3.0	0.01	1280

（3）加电和性能检测时间的选择

① 一般原则：

为保证筛选效果，筛选中应尽量进行加电和性能检测，以便发现间歇故障和电应力缺陷。从可行性和经济性出发，一般在高装配等级筛选时进行间歇加电和性能检测；低装配等级可能不具备性能检测的条件，需专门设计制造一套检测仪表，费用太大，筛选时只好不进行加电和性能检测。

② 温度循环的加电和性能检测：

为了不影响降温速率，在降温过程不加电，为了发现间歇性故障也可加电；尽量在其他温度段加电，期间如果不能做到连续进行性能检测，也应尽量频繁的进行，以便及时发现故障和节省筛选时间。

③ 随机振动的加电和性能检测：

在振动过程中，应加电和进行性能检测，以保证及时发现故障、不漏检间歇故障；如果出现故障后不影响加电和检测，则在振动结束后再修理。

[例 3.2] 在某厂于 1991～1992 年对某厂家生产的 6 部某型号短波自适应电台进行环境应力筛选,共暴露了 23 个故障,连同无故障验收试验共进行了 123h 的试验,获得圆满结果,使电台可靠性水平得到提高,收到了生产厂家预料之外的效果。

① 环境应力筛选方案:由于某厂引进技术生产该型号电台,技术性能和可靠性指标都照抄原机的,国产化后许多内容尚未定量化,因此没有条件进行定量环境应力筛选,而采用环境应力筛选方案。

② 筛选应力的确定:按照环境应力筛选标准 GJB1032—1990,采用高低温循环和随机振动两种应力组合。

a. 温度循环应力:

根据电台设计的工作环境条件温度范围-40～60℃和试验产品的能力确定:产品通电工作筛选温度范围为-40～60℃,温度变化率为-11℃/min、+7℃/min;根据性能检测要求,确定高、低温停留时间各为 1.5h,一个温度循环时间为 3.5h;暴露缺陷的循环次数为 10,无故障验收试验循环次数为 20。

b. 随机振动应力:

按照 GJB1032—1990 的规定和随机振动产品的能力确定:频率范围为 20～2000Hz,功率谱密度为 $0.04g^2$/Hz(在 80～350Hz 之间),20～80Hz 和 350～2000Hz 功率谱密度变化率为±3dB/倍频程。

③ 应力施加步骤:

根据 GJB1032—1990 的规定,应力施加的顺序是:随机振动 15min→温度循环 10 个周期(暴露缺陷过程)→温度循环 20 个周期(无故障验证试验)→随机振动 5～15min。

图 3-11 为筛选应力示意图,图(a)为温度循环剖面示意,图(b)为随机振动谱示意。

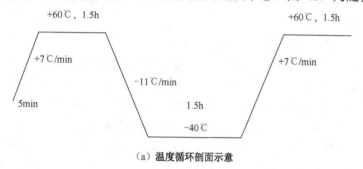

(a) 温度循环剖面示意

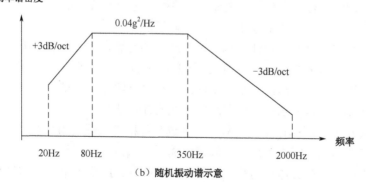

(b) 随机振动谱示意

图 3-11　筛选应力示意

④ 筛选记录。

a. 故障记录。

6 部电台按照环境应力筛选方案和标准规定的程序实施性能检测和环境应力筛选，在剔除缺陷阶段共暴露了 23 个故障，列于表 3-14。在无故障验收试验阶段未发现故障，6 部电台的筛选工作顺利完成。

表 3-14　某型号电台环境应力筛选和性能检测故障记录

序　号	应力条件	故障现象及发生次数	原因分析	消除措施
1	随机振动	机箱盖板螺钉脱落 2 次	装配缺陷	加强检验
2	随机振动	电容器 C_{39} 脱落 2 次	电路板孔距不匹配	改进设计
3	随机振动	A7 单元一连线碰地 1 次	装配工艺缺陷	加强检验
3	随机振动	A7 单元地线断 1 次	装配工艺缺陷	加强检验
4	随机振动	A6 单元控制线断 1 次	装配工艺缺陷	加强检验
5	随机振动	晶体滤波器损坏 4 次	器件工艺缺陷	加捆绑措施
6	随机振动	可充电电池 G 脚断 1 次	装配工艺缺陷	加捆扎措施
7	随机振动	机箱后板熔断器脱落 1 次	装配工艺缺陷	加强检验
8	温度循环	功放管损坏 1 次	设计缺陷	加散热设计
9	温度循环	集成电路损坏 2 次	设计缺陷	加散热设计
10	温度循环	集成电路接触不良 1 次	装配工艺缺陷	加强检验
11	温度循环	A2 单元输出下降 1 次	晶体三极管失效	更换元件
12	随机振动	A7 单元电感脱落 3 次	装配工艺缺陷	增加胶黏工艺次数
13	温度循环	A1 单元电感脱落 1 次	装配工艺缺陷	增加胶黏工艺次数
13	温度循环	无调单元电感脱落 1 次	装配工艺缺陷	增加胶黏工艺次数

b. 故障分析。

对 23 个故障进行分析，可以得到以下认识：

随机振动应力筛选效率高，暴露产品的结构和装配工艺缺陷效果很好。该电台的环境应力筛选共暴露了 23 个故障，其中有 16 个是在随机振动应力筛选下暴露的，占 70%；有 7 个故障是温度循环应力筛选暴露的，仅占 30%。在随机振动应力暴露的 16 个故障中，有 15 个属于工艺缺陷，可见该应力对此类缺陷的暴露效果极佳。

温度循环应力筛选对暴露半导体器件的缺陷效果良好。温度循环应力筛选虽然只暴露了 7 个故障，但都属于半导体器件的（IC）故障，其中有 2 个是整机设计的缺陷，有 1 个是装配工艺的缺陷，有 1 个是器件失效（器件本身是否有缺陷未做进一步分析）。可见温度循环应力对此类器件缺陷的筛选作用是十分显著的。

环境应力筛选能够暴露设计缺陷，可为产品的可靠性增加提供依据。

本筛选试验暴露的 23 个故障中有 5 个属于设计缺陷，需要采取纠正设计措施才能消除这类故障，并可使电台可靠性水平获得增加。这里介绍 4 个典型例子。

其一，晶体滤波器内部晶体片的固定工艺设计缺陷。

筛选中共发生 4 次晶体滤波器故障，经过解剖检查发现其内部晶体片的固定工艺设计有缺陷，只在晶体的一端靠电路引线固定，而另一端悬空，受到振动应力的激励后脱落。后来改进结构设计，在晶体片的另一端增加固定措施，此后再未发现这种故障。

其二，可充电电池的安装设计缺陷。

筛选中发生了可充电电池受振脱落的故障，经分析该电池重量超过 14g，工艺设计没有按规范采取捆绑固定措施，而是依靠电池两端的自焊引线与印制电路板连接（波峰焊接），结果经不起随机振动应力的激励。后来采取加捆绑设计而解决。

其三，IC 热设计缺陷。

筛选中发生 2 次 IC 烧坏的故障，经查该器件消耗的功率较大，设计上又没有加装散热片，在温度循环高温停留段发生过热而损坏，这是热设计的缺陷。后来设计增加散热片，该故障消除。

其四，印制电路板某电容器的安装孔距离设计缺陷。

筛选中发生过某单元的 C_{39} 电容器脱落故障 2 次，经查是印制电路板的安装孔距离与电容器不匹配，安装时电容器的引线必须歪斜才能插入，导致焊接后两极的长度不一，固定不牢，在随机振动应力的激励下便发生脱落。这是印制电路板结构设计的缺陷，改进后可以消除这个故障。

由此可见，环境应力筛选不仅可以暴露元器件和工艺的缺陷，消除产品的早期失效，还可以暴露某些设计缺陷，起到增加可靠性的作用；经过分析并采取有效的纠正措施后，同样可以使产品实现可靠性增加，从而使产品可靠性水平比设计时大大地提高。

第四节 元器件环境应力筛选的试验方法

1. 筛选试验方法及筛选应力的确定

1）筛选试验方法

常规筛选方法主要有如下几种：

① 检查筛选。检查筛选可采取镜检、红外线筛选、X 射线筛选。红外线筛选可以剔除体内或表面热缺陷严重的器件；X 射线筛选主要用于检查管壳内有无外来物和装片、键合或封装工序的缺陷以及芯片裂纹。

② 密封性筛选（如气泡法、氦质谱仪法、放射性气体、示踪检漏法）。用于剔除管壳及密封工艺中存在的缺陷（如裂纹、微小漏孔、气孔以及封装对位欠佳）。

③ 环境应力筛选（如振动加速度、冲击加速度、离心加速度、温度循环和热冲击等）。

④ 寿命筛选（高温储存、低温储存、老炼筛选、精密筛选、线性判别）。

⑤ 电测试筛选（对晶体管的补充筛选手段）。

在实际中也常采用物理筛选（非破坏性的）和老炼筛选（破坏性的）相结合的方式进行。老炼筛选效果好，但成本高；物理筛选虽成本低，但效果差。

2）筛选的有效性与筛选试验的应力确定

（1）筛选的有效性

根据以往产品筛选的试验数据积累，确定对剔除早期失效品筛选有效（在非破坏性应力作用下，淘汰率较高的）的试验项目。对筛选淘汰率极低或根本不能把有缺陷产品筛选出来的试验项目应不列入筛选试验中。评价一个筛选方案是否有效，可以用筛选效果和筛选淘汰率等指标来衡量，而筛选的有效性又主要取决于筛选项目和应力的选取是否合理，要获得完全理想的筛选效果绝非易事。同样，要获得筛选效果的数据也需要做大量的摸底试验，人们经过大量的试验积累了丰富的经验，现已对这些实践经验进行了总结，形成了标准。因此，一般产品均根据其质量与可靠性保证等级所规定的筛选要求进行筛选，但当某种产品经筛选后经常出现质量一致性检验不合格时，则应考虑采用的筛选方案是否合适。

（2）筛选试验的应力的确定原则

筛选试验的应力条件首要是非破坏性的，即通过筛选不能对产品的质量与可靠性产生影响，但试验应力也不能偏低，低了起不到筛选作用。原则上，确定筛选项目和应力条件应依据相应的标准。对于新研制的元器件产品，筛选试验应力的大小可通过摸底试验或类似产品的现场使用信息来确定。选择筛选试验应力的主要原则是：

① 筛选应力类型应选择能激发早期失效的应力，根据不同产品所掌握的信息及失效机理来确定。

② 筛选应力应以能激发出早期失效为宗旨，使产品各种隐患和缺陷尽快暴露出来。

③ 筛选应力不应使正常产品失效。

④ 筛选应力去掉后，不应使产品留下残余应力或影响产品的使用寿命。

⑤ 应力筛选试验持续时间应以能充分暴露早期失效为原则。

表 3-15 列举了集成电路常见的缺陷与主要筛选试验项目的相关性。

表 3-15　集成电路常见的缺陷与主要筛选试验项目的相关性

试验项目常见缺陷	镜检	非破坏性键合拉力	检漏	恒定加速度	进行冲击	变频振动	振动疲劳	温度循环	湿热试验	X射线检查	PIND	高温储存	高温老炼
可动电荷	●												
反型层沟道导通	●												
键合松动或键合断开	●	●	●	●	●	●	●						
键合强度不能达到标准要求	●	●											
键合位置不当	●	●											
芯片与管座连接不好	●	●	●							●			
布线缺陷	●							●					
金属化缺陷	●												
氧化层缺陷	●												
芯片裂纹	●									●			
装配缺陷	●	●											
内部残存可动多余物	●	●	●								●		
管壳缺陷	●		●						●				

2. 元器件二次筛选的基本程序

（1）晶体管筛选程序

依据 GJB128A—1997《半导体分立器件试验方法》进行如下筛选项目：

① 电参数测试（室温）。

② 温度循环。

③ 恒定加速度。

④ 外部目检及机械检查。

⑤ 粒子碰撞噪声检测（PIND）。

⑥ 高温反偏（HTRB）、晶体管、场效应晶体管检测。

⑦ 老炼前电参数测试（室温）。

⑧ 老炼（室温）。

⑨ 老炼后电参数测试（室温）。

⑩ 电参数测试（高温）。

⑪ 电参数测试（低温）。

⑫ 密封检测。

（2）单片集成电路补充筛选（二次筛选）程序

依据 GJB548A—1996《微电子器件试验方法和程序》进行如下筛选项目：

① 电参数测试（室温）。

② 温度循环。

③ 恒定加速度。

④ 外部目检。

⑤ 粒子碰撞噪声检测（PIND）。

⑥ 老炼前电参数测试（室温）。

⑦ 老炼。

⑧ 老炼后电参数测试（室温）。

⑨ 电参数测试（高温）。

⑩ 电参数测试（低温）。

⑪ 密封检测。

（3）混合集成电路二次筛选（补充筛选）程序

依据 GJB548A—1996 进行如下筛选项目：

① 电参数测试（室温）。

② 温度循环或热冲击。

③ 机械冲击或恒定加速度。

④ 粒子碰撞噪声检测（PIND）。

⑤ 老炼前电参数测试（室温）。

⑥ 老炼。

⑦ 老炼后电参数测试（室温）。

⑧ 电参数测试（高温）。

⑨ 电参数测试（低温）。

⑩ 密封。

（4）电阻器二次筛选程序

电阻器二次筛选程序见表 3-16。若无其他规定，二次筛选应 100%进行。由于电阻器的质量较其他元器件高，所以二次筛选一般不做功率老炼。Ⅰ级，PDA≤1%（PDA——批允许不合格品率）（或 1 只，取大值）；Ⅱ、Ⅲ级，PDA≤2%（或 1 只，取大值）。片状电阻器应放在充氮的密封容器内进行高温储存和温度冲击试验。

表 3-16　电阻器二次筛选程序

序号	筛选项目	依据 GJB360A—1996	筛选条件或测量参数			说　明
			Ⅰ	Ⅱ	Ⅲ	
1	直流电阻初测	303	一般在室温条件下测试			
2	高温储存	—	125±2℃，96h			
3	温度冲击试验	107	试验条件：B			低温可提高至-55±3℃
4	外观及机械检查	—	目检本体及引出端质量			
5	直流电阻终测	303	一般在室温条件下测量			需要时应计算不合格品率

（5）电容器二次筛选程序

电容器二次筛选程序见表 3-17 和表 3-18。若无其他规定，筛选应 100%进行，由于电解电容器与非电解电容器二次筛选的程序不完全相同，所以在两个表中分别列出。片状电容器应放在充氮的密封容器内进行高温老炼。

（6）电磁继电器二次筛选程序

电磁继电器二次筛选程序见表 3-19。若无其他规定，筛选应 100%进行。由于电磁继电器触点易电蚀，可动部分易磨损，所以属于"有限寿命"的机电元件。因此，动作次数过多的二次筛选项目可不做或少做。

表 3-17　电解电容器二次筛选程序

序号	筛选项目	依据 GJB360A—1996	筛选条件			说　明
			Ⅰ	Ⅱ	Ⅲ	
1	编序列号（需要时）					需检测参数变化量时对应编号
2	电参数初测（室温）	测试的参数及其合格判据依据合同、详细规范或手册确定				
3	老炼	—	85±2℃			实际老炼时间可为表列时间减去"一次筛选"的老炼时间，但不少于24h
			192h	144h	96h	
4	电参数测试（高温）	85±2℃，测试的参数及其合格判据依据合同、详细规范或手册确定				
5	X 射线检查	209	互成 90℃的两个方向			仅适用于固体电解电容器
6	真空检漏	真空度大于 5×10⁻³Pa，温度 70±2℃，电容器加额定电压，时间 48h				仅适用于非固体电解电容器
7	外观及机械检查	—	用 10 倍放大镜或显微镜检查			
8	电参数终测（室温）	同序号 2，计算不合格品率（必要时）				Ⅰ级，PDA≤50%（或 1 只，取大值）；Ⅱ、Ⅲ级，PDA≤100%（或 1 只，取大值）

表 3-18 非电解电容器二次筛选程序

序号	筛选项目	依据 GJB360A—1996	筛选条件			说 明
			I	II	III	
1	外观及机械检查		目检			
2	电参数初测（室温）	测试的参数及其合格判据依据详细规范或手册确定				
3	高温储存	—	85±2℃，96h			
4	温度冲击实验	107	试验条件:A			
5	外观及机械检查	—	用 10 倍放大镜或显微镜检查			
6	电参数终测（室温）	同序号2，计算不合格品率（必要时）				I 级，PDA≤50%(或 1 只，取大值)；II、III 级，PDA≤100%(或 1 只，取大值)

表 3-19 电磁继电器二次筛选程序

序号	筛选项目	依据 GJB360A—1996	筛选条件			说 明
			I	II	III	
1	编序列号					当需要时
2	振动（正弦）	4.8.11.1	—	要求	—	当生产方已做过，可不做；在振动过程中应按 GJB360A-1996 方法 310 进行触点抖动检测
3	振动（随机）	4.8.11.2	要求	—	—	
4	内部潮湿	4.8.3.1	要求	要求	—	
5	运行前常温电性能测试	4.8.8	所有等级都要求			PDA≤5%（或 1 只，取大值）
6	运行	4.8.3.2	I、II 全部要求，III 仅做常温运行			
7	微粒碰撞噪声检测（PIND）	4.8.23	要求			
8	绝缘电阻	4.8.6	要求			
9	介质耐压	4.8.7	要求			
10	运行后常温电性能测试	4.8.8	要求			
11	密封	4.8.5	要求			剔除不合格品
12	外观和机械检查	4.8.1	计算不合格品率			全部 PDA≤5%（或 1 只，取大值）

注：① 序号 8、9、10 项目的顺序可以变换。

② 若无其他规定，高、低温各运行 3000 次，生产方与使用方高低温运行总次数应接近 8000 次，触点负载电流大于 10A 的应接近 900 次。

（7）电连接器二次筛选程序

电连接器（包括低频和同轴电连接器）二次筛选程序见表 3-20。若无其他规定，筛选项目中除外观、机械检查和电性能测试的部分需 100%进行外，其他筛选项目均抽样 5 只进行验证性的筛选，抽样筛选不通过时，再进行 100%筛选。本二次筛选程序主要适用于关键部位用的电连接器，I、II、III 级的筛选程序相同。

3. 元器件筛选项目要求

（1）测试性筛选

主要指对器件关键性能（包括电和机械等性能）的测试，包括在筛选前后对器件的性能进行测试，以判断器件在筛选试验前后性能的变化。测试性筛选对于性能或性能稳定性不合格的器件有筛选作用。

表 3-20　电连接器二次筛选程序

序号	筛 选 项 目	试验方法和条件	说　明
1	外观及机械检查	用 10 倍放大镜或显微镜检查材料、设计结构、标记、加工质量	
2	电性能测试	按适用的电连接器规范	接触电阻抽样 $n/c=5/0$
3	介质耐压	按 GJB360A—1996《电子及电气元件试验方法》	
4	绝缘电阻	按 GJB360A—1996《电子及电气元件试验方法》	
5	互换性检查	按 GJB1217—1997《电连接器试验方法》规定的试验方法	
6	单孔分离力	按 GJB1217—1997《电连接器试验方法》规定的试验方法	
7	分离功能检查	按 GJB1217—1997《电连接器试验方法》规定的试验方法	适用于分离脱落电连接器
8	密封性检查	按 GJB1217—1997《电连接器试验方法》规定的试验方法	适用于密封电连接器

（2）检查性筛选

① 显微镜检查。

显微镜检查对半导体器件是重要的筛选措施，适用于器件在封帽前的筛选。通常采用 30～200 倍的双筒立体显微镜按有关规范规定进行检查，必要时应采用扫描电子显微镜进行检查。封帽前镜检属半成品筛选，除用显微镜检查外，还可进行键合拉力、芯片剪切力的无损检测。可剔除芯片本身固有缺陷或芯片装配、引线键合缺陷。采用 3～10 倍的放大镜或显微镜对成品器件进行外观及机械检查。

② X 射线检查。

器件密封后若不进行解剖，其内部缺陷就很难发现。采用 X 射线照相方法，可以透过外壳观察器件内部是否有多余物、引线断裂、芯片歪斜以及其他严重缺陷。X 射线非破坏性检查是器件封装后替代一般镜检的有效手段。

③ 密封性检查。

器件的密封性是保证器件内部封装的保护气体不致泄漏、外部有害气体不致侵入的重要性能，这种性能对长期工作或储存的器件尤为重要。采用细检漏和粗检漏两种方法可对器件的密封性进行检查，检查的程序是先做细检后做粗检，不能以细检代替粗检。当有规定时，器件内腔超过一定体积（一般为 $1cm^3$）可仅做粗检。

以上两种检漏方法用得较多，此外还有其他的检漏方法，各有优缺点，具体的检验方法详见 GJB128A—1997《半导体分立器件试验方法》中的 1071、GJB360A—1996《电子及电气元件试验方法》中的 112、GJB548A—1996《微电子器件试验方法和程序》中的 1014A。

④ 粒子碰撞噪声检测（PIND）。

当有空腔器件的内部有可动多余物时，有可能造成内部引线的短路。宇航用器件在失重的空间运行，可动多余物可能造成的危害就更大。所以我国军用标准对宇航级器件规定了要做粒子碰撞噪声检测（PIND）筛选，以剔除内部有可动多余物的器件。对于非宇航的元器件，则根据具体使用情况，将 PIND 作为选作的筛选项目。PIND 筛选时应根据半导体器件腔体的高度按规定施加适当的机械应力，使附着在器件内部的可动多余物脱落。具体的试验方法和合格判据分别见 GJB128A—199 中的 2052、GJB548A—1996 中的 2020A 和 GJB360A—1996 中的 217。

（3）环境应力筛选

① 恒定加速度筛选。

恒定加速度筛选也可称为离心加速度筛选。器件在高速旋转时将承受离心力作用，离心力大到一定程度将对引线键合、芯片黏结有缺陷的器件起筛选作用。恒定加速度作为筛选项目，仅要求做 Y1 方向（芯片脱离方向）的试验。但在做恒定加速度试验时必须注意采用合适的夹具，否则很可能造成被试器件结构的损坏。恒定加速度筛选时应根据器件的质量或额定功率加相应的离心加速度。半导体分立器件、集成电路的恒定加速度试验方法和合格判据分别见 GJB128A—1996 中的 2006 和 GJB548A—1996 中的 2001A。

② 温度循环筛选。

被试的器件不加电应力，温度按一定规律，由低温突变为高温，随后又由高温突变为低温。这种筛选通常称为温度循环或温度交变。这项试验对材料温度系数不匹配形成的缺陷或芯片有裂纹的器件有筛选作用。所加应力根据器件的材料和制造工艺而定。半导体分立器件和集成电路温度循环的试验方法和合格判据分别见 GJB128A—1996 中的 1051 和 GJB548A—1996 中的 1010A。

（4）寿命筛选

① 高温储存筛选。

这是一种加速的储存试验，被筛选的器件不加电应力，在高温试验箱中存放一定时间。这项试验由于简单易行，所以被广泛应用于半导体器件的筛选。半导体分立器件和集成电路高温储存的试验方法和合格判据分别见 GJB128A—1996 中的 1032 和 GJB548A—1996 中的 1008A。

② 功率老炼筛选。

被筛选的器件一般加额定功率，温度基本恒定。一般分立器件在常温下老炼；集成电路在 $125\pm2℃$ 下老炼，在高温下加功率的老炼通常称为高温电老炼。这项试验是具有加速性的筛选，它能提前暴露器件潜在缺陷，从而把早期失效的器件剔除。筛选达到规定的时间后，应在规定时间内进行电性能测试，以判断被测元器件是否失效。功率老炼是元器件最有效的筛选项目，对不同的元器件有不同的试验方法，所加应力包括电应力（电压、电流、功率等）、环境应力（温度等）。不同元器件的老炼方法见表 3-21。

表 3-21　元器件老炼方法

元器件门类	老炼方法名称	老炼方法标准	
		标　准　号	方　法　号
半导体分立器件	老炼二极管整流管和稳压管	GJB128A-1996	1038
	老炼晶体管		1039
	老炼闸流晶体管		1040
	老炼和寿命试验功率场效应晶体管和绝缘栅双极晶体管		1042
微电路	老炼试验条件 A—稳态、反偏	GJB548A-1996	1015A
	老炼试验条件 B—稳态、正偏		
	老炼试验条件 C—稳态功率和反偏		
	老炼试验条件 D—并行激励		
	老炼试验条件 E—环形振荡器		
	老炼试验条件 F—温度加速试验		

4. 筛选试验设备

某企业用于电子元器件及电路板筛选的设备如图 3-12 所示。关于筛选实验设备不做详细介绍，可查阅相关资料。

图 3-12 某企业用于电子元器件及电路板筛选的设备

实践练习三

3-1 试着编制空调室内控制器的筛选程序。

3-2 试着编制手机的环境应力筛选方法。

3-3 简述元器件老炼方法。

3-4 如何做环境应力筛选？

3-5 电磁继电器二次筛选的程序是什么？

3-6 图 3-13 为某电源的电路原理图，市电经 VD_1 整流及 C_1 滤波后得到约 300V 的直流电压，加在变压器的①脚（L_1 的上端），同时此电压经 R_1 给 VT_1 加上偏置后使其微导通，有电流流过 L_1；同时反馈线圈 L_2 的上端（变压器的③脚）形成正电压，此电压经 C_4、R_3 反馈给 VT_1，使其更导通，乃至饱和；最后随反馈电流的减小，VT_1 迅速退出饱和并截止。如此循环形成振荡，在次级线圈 L_3 上感应出所需的输出电压。L_2 是反馈线圈，同时也与 VD_4、VD_3、C_3 一起组成稳压电路。当线圈 L_3 经 VD_6 整流后在 C_5 上的电压升高后，同时也表现为 L_2 经 VD_4 整流后在 C_3 负极上的电压更低，当低至约为稳压管 VD_3(9V)的稳压值时 VD_3 导通，使 VT_1 有基极短路到地，关断 VT_1，最终使输出电压降低。电路中，R_4、VD_5、VT_2 组成过流保护电路。当某些原因引起 VT_1 的工作电流大太时，R_4 上产生的电压互感器经 VD_5 加至 VT_2 基极，VT_2 导通，VT_1 基极电压下降，使 VT_1 电流减小。VD_3 的稳压值理论为 9V+0.5～0.7V，在实际应用时，若要改变输出电压，只要更换不同稳压值的 VD_3 即可，稳压值越小，输出电压越低，反之则越高。

要求：（1）确定关键部件；

（2）确定 2 个关键部件的应力筛选方法。

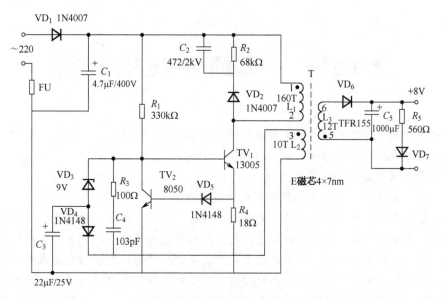

图 3-13 某电源电路原理图

第四章 元器件失效分析

- 元器件的主要失效模式、失效机理和失效原因。
- 元器件破坏性物理分析。
- 电子元器件失效分析技术。
- 假冒、翻新器件及电子元器件失效分析方法。

电子元器件的失效主要是在产品的制造、试验、运输、存储和使用等过程中发生的，与原材料、设计、制造、使用密切相关。电子元器件的种类很多，相应的失效模式和机理也很多。失效模式是指失效的外在直观表现形式和过程规律，通常指测试或观察到的失效现象、失效形式，如开路、短路、参数漂移、功能失效等。失效机理是指失效的物理、化学变化过程，微观过程可以追溯到原子、分子尺度和结构的变化，但与此相对的是它迟早也要表现出的一系列宏观（外在的）性能、性质变化，如疲劳、腐蚀和过应力等。

从现场失效和试验失效中收集尽可能多的信息（包括失效形态、失效现象及失效结果等）进行归纳和总结电子元器件的失效模式，分析和验证失效机理，并针对失效模式和失效机理采取有效措施，是不断提高电子元器件可靠性水平的过程。

本章将主要介绍元器件的主要失效模式、失效机理和失效原因，以及元器件破坏性物理分析方法、元器件的失效分析工作的原则和程序等内容。

第一节 元器件的主要失效模式、失效机理和失效原因

1. 元器件失效分析的目的和意义

电子元件失效分析的目的是借助各种测试分析技术和分析程序确认电子元器件的失效现象，分析其失效模式和失效机理，确定其最终的失效原因，提出改进设计和制造工艺的建议，防止失效的重复出现，提高元器件的可靠性。失效分析是产品可靠性工程的一个重要组成部分，广泛应用于确定研制、生产过程中产生问题的原因，鉴别测试过程中与可靠性相关的失效，确认使用过程中的现场失效机理。

在电子元器件的研制阶段，失效分析可纠正设计和研制中的错误，缩短研制周期；在电子器件的生产、测试和试用阶段，失效分析可找出电子元器件的失效原因和引起电子元件失效的责任方。根据失效分析结果，元器件生产厂改进元器件的设计和生产工艺；元器件使用方改进电路板设计，改进元器件和整机的测试、试验条件及程序，甚至以此更换不合格的元器件供货商。因而，失效分析对加快电子元器件的研制速度，提高元器件和整机的成品率和可靠性有重要意义。失效分析对元器件的生产和使用都有重要的意义，如图 4-1 所示。

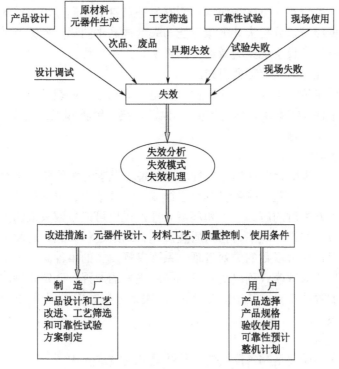

图 4-1　失效分析对元器件的生产和使用的重要意义

元器件的失效可能发生在其生命周期的各个阶段，发生在产品研制阶段、生产阶段到使用阶段的各个环节，通过分析工艺废次品、早期失效、试验失效及现场失效的失效产品，明确失效模式，分折失效机理，最终找出失效原因。因此，元器件的使用方在元器件的选择、整机计划等方面，元器件生产方在产品的可靠性方案设计过程中，都必须参考失效分析的结果。通过失效分析，可鉴别失效模式，弄清失效机理，提出改进措施，并反馈到使用、生产中，将提高元器件和设备的可靠性。

2. 失效分析的基本内容

对电子元器件失效机理、原因的诊断过程叫失效分析。进行失效分析往往需要进行电测量并采用先进的物理、冶金及化学的分析手段。失效分析的任务是确定失效模式和失效机理，提出纠正措施，防止这种失效模式和失效机理的重复出现。因此，失效分析的主要内容包括：明确分析对象、确定失效模式、判断失效原因、研究失效机理、提出预防措施及设计改进方法。

（1）明确分析对象

失效分析首先应明确分析对象及失效发生的背景。失效分析人员应该了解失效发生时的状况，确定在设计、生产、检测、储存、传送或使用的哪个阶段发生的失效；如有可能，应知道失效发生时的现象以及失效发生前后的操作过程，在条件许可的情况下，尽可能地复现失效。

（2）确定失效模式

失效的表面现象或失效的表现形式就是失效模式。失效模式的确定通常采用两种方法，即电学测试和显微镜观察。根据测试、观察到的现象与效应进行初步分析，确定出现这些现象的可能原因，或者与失效样品的哪一部分有关。同时，通过显微镜观察失效样品的外观标记是否完整、是否存在机械损伤、是否有腐蚀痕迹等；通过电特性测试，判断其电参数是否与原始数据相符，分析失效现象可能与失效样品中的哪一部分有关；利用金相显微镜和扫描电子显微镜等设备观察失效部位的形状、大小、位置、颜色、机械和物理结构、物理特性等，准确地描述失效特征模式。

失效模式可以定位到电（如直流特性、漏电）或物理（如裂纹、侵蚀）失效特征，根据失效发生时的条件（如老化、静电放电、环境），结合经验知识，区分失效位置，减少诊断失效机理要求的工作量。

（3）判断失效原因

根据失效模式、失效元器件的材料性质与制造工艺理论和经验，结合观察到的相应失效部位的形状、大小、位置、颜色以及化学组成、物理结构、物理特性等因素，参照失效发生的阶段、失效发生时的应力条件和环境条件，提出可能导致失效的原因。失效可能由一系列的原因造成，如设计缺陷、材料质量问题、制造过程问题、运输或储存条件不当，在操作时的过载等，而大多数的失效包括一系列串行发生的事件。对一个复杂的失效，需要根据失效元器件和失效模式列出所有可能导致失效的原因，确定正确的分析次序，并且指出哪里需要附加数据来支撑某个潜在性因素。失效分析时应根据不同的可能性逐个分析，最终发现问题的根源。

（4）研究失效机理

对于失效机理的研究是非常重要的，需要更多的技术支撑。

在确定失效机理时，需要选用有关的分析、试验和观测设备对失效样品进行仔细分析，验证失效原因的判断是否属实，并且能把整个失效的顺序与原始的症状对照起，有时需要用合格的同种元器件进行类似的破坏试验，观察是否产生相似的失效现象。通过反复验证，确定真实的失效原因。以电子元器件失效机理的相关理论为指导，对失效模式、失效原因进行理论推理，并结合材料性质、有关设计和工艺理论及经验，提出在可能的失效条件下导致该失效模式产生的内在原因或具体物理化学过程。如有可能，应以分子、原子学观点加以阐明或解释。

（5）提出预防措施及设计改进方法

根据分析判断，提出消除产生失效的办法和建议，及时地反馈到设计、工艺、使用单位等各个方面，以便控制乃至完全消除失效的主要失效模式的出现。

3. 失效分析要求

随着科技水平的发展和工艺的进步，电子产品越来越微型化、复杂化和系统化，而其功能却越来越强大，集成度越来越高，体积越来越小。随着科技的发展，各种新材料、新器件也不断出现，对失效分析的要求也越来越高；用于失效分析的新技术、新方法和新设备也越来越多。但在实际的失效分析过程中，遇到的样品多种多样，失效情况也各不相同。因此，根据失效分析的目的与实际情况，选择合适的分析技术与方法，从大到小，从外到内，从非破坏到破坏，从定性到定量，使失效分析迅速、准确、可靠。

电子元器件失效分析应做到模式准确、原因明确、机理清楚、措施得力、模拟再现、举一反三。以下只介绍前三点。

（1）模式准确

如前文所述，失效模式是指失效的外在直观失效表现形式和过程规律，通常指测试或观察到的失效现象、失效形式。例如，开路、短路、参数漂移、功能失效等。模式准确，就是要将失效的性质和类型判断准确。

失效模式的判断应首先从失效环境的分析入手，细心收集失效现场数据。失效现场数据反映了失效的外部环境，对确定失效的责任方有重要意义。有些看来与现场无直接关系的东西可能是决定性的。例如，失效现场数据表明，工作人操作无误，供电系统正常，而整机上的器件出现了早期失效，说明元器件生产厂应对元器件失效负责，应负责整改，排除工艺缺陷，提高产品可靠性。

收集失效现场的数据主要包括：失效环境、失效应力、失效发生期、失效现象及过程和失效样品在失效前后的电测量结果。

失效环境包括：温度、湿度、电源环境，元器件在电路图中的位置、作用，工作条件和偏置状况。

失效应力包括：电应力、温度应力、机械应力、气候应力和辐射应力。如样品经可靠性试验而失效，需了解样品经受试验的应力种类和时间。

失效发生期包括：失效样品的经历、失效时间、失效发生的阶段，如研制、生产、测试、试验、储存、使用等。

（2）原因明确

失效原因的判断通常是整个失效分析的核心和关键，对于确定失效机理、提出预防措施具有重要的意义。

失效原因通常是指造成电子元器件失效的直接关键性因素，其判断建立在失效模式判断的基础上。通过失效原因的分析判断，确定造成失效的直接关键因素处于设计、材料、制造工艺、使用及环境的哪个环节。

失效现场数据为确定电子元器件的失效原因提供了重要线索。失效分为早期失效、随机机效和耗损失效。而早期失效主要由工艺缺陷、原材料缺陷、筛选不充分引起。随机失效主要由整机开关时的浪涌电流、静电放电、过电损伤引起。耗损失效主要由电子元器件自然老化引起。根据失效发生期，可估计失效原因，加快失效分析的进度。此外，根据元器件失效前或失效时所受的应力种类和强度，也可大致推测失效的原因，加快失效分析的进程。表4-1为在不同试验方法中施加不同试验应力可能出现的主要失效模式或机理。

表4-1　不同试验方法、试验应力与对应的失效模式或机理

应力类型	试验方法	可能出现的主要失效模式或机理
电应力	静电、过电、噪声	MOS元器件的栅击穿，双极型器件的PN结击穿、功率晶体管二次击穿，CMOS电路的闩锁效应
热应力	高温储存	金属-半导体接触的Al-Si互溶，欧姆接触退化，PN结漏电，Au-Al键合失效
低温应力	低温储存	芯片断裂
低温电应力	低温工作	热载流子效应
高低温应力	高低温循环	芯片断裂，芯片黏结失败
热电应力	高温工作	金属电迁移，欧姆接触退化
机械应力	振动、冲击、加速度	芯片断裂，引线断线
辐射应力	X射线辐射、中子辐射	电参数变化，软错误，CMOS电路的闩锁效应
气候应力	高温、盐雾	外引线腐蚀，金属化腐蚀，电参数漂移

然而失效原因的确定是相当复杂的，其复杂性表现为失效原因具有的一些特点。如原因的必要性、多样性、相关性、可变性和偶然性，需要综合多方面情况及元器件特点进行

确认。

（3）机理清楚

失效机理是指失效的物理、化学变化过程。微观过程可以追溯到原子、分子尺度和结构的变化，但与此相对的是它迟早也要表现出一系列宏观（外在的）性能变化、性质变化，如疲劳、腐蚀和过应力等。失效机理是对失效的内在本质、必然性和规律性的研究，是人们对失效内在本质认识的理论提高和升华。

失效原因通常可以分为内因和外因两种。失效机理就是失效的内因，它是导致电子元器件发生失效的物理、化学或机械损伤过程。失效机理研究失效的深层次内因或内在本质，即酿成失效的必然性和规律性的研究。要清楚地判断元器件失效原因就必须对其失效机理有所了解和掌握。如在集成电路中金属化互连系统可能存在着电迁移和应力迁移失效，这两种失效的物理机制是不同的，产生的应力条件也是不同的。对于失效机理的研究和判断需要物理方面的专业知识。

失效分析应遵循先光学后电学、先面后点、先静态后动态、先非破坏后破坏、先一般后特殊、先公用后专用、先简单后复杂、先主要后次要的基本原则，反复测试、认真比较，同时结合电子元器件结构、工艺特点进行分析，避免产生错判、误判。

4. 主要失效模式及其分布

电子元器件的种类很多，相应的失效模式和失效机理也很多。总体来说，电子元器件的失效主要是在产品的制造、试验、运输、储存和使用等过程中发生的，与原材料、设计、制造、使用密切相关。电子元器件的失效即为特性的改变，表现为激烈或缓慢变化、不能正常工作。失效模式是元器件失效时的表现形式。失效机理是指引起电子元器件失效的实质原因，即引起电子元器件失效的物理或化学过程，通常是指由于设计上的弱点（容易变化和劣化的材料的组合）或制造工艺中形成的潜在缺陷，在某种应力作用下发生的失效及其机理。表 4-2～表 4-15 分别给出常见元器件的主要失效模式、分布及其机理。

表 4-2 电磁继电器的主要失效模式、分布和失效机理

序号	主要失效模式	失效模式分布/%	可能失效机理
1	触点断开	44	1）引出端接触不良 2）引出端振动疲劳面脱落 3）弹簧机构老化使触点压力受损 4）壳体内有害气体对触点的污染 5）壳体内有可动绝缘体多余物
2	触点黏结	40	1）由于局部电流密度过高造成触点熔结 2）壳体内有可动导电体多余物
3	线圈短路、断路	14	1）线圈引出端因振动疲劳而脱落 2）线圈导线绝缘物热老化 3）线圈受潮、电解腐蚀 4）线圈引出端接触不良
4	参数漂移	2	1）壳体内有害气体对触点的污染，造成接触电阻增大 2）线圈导线老化造成线圈电阻变化

电磁继电器主要的失效模式是触点断开、触点黏结。

表4-3 电阻器与电位器的主要失效模式和分布

类 别	失效模式/% 开 路	短 路	参 数 漂 移	接 触 不 良
金属膜电阻器	91.9	—	8.1	—
碳膜电阻器	83.4	—	16.6	—
绕线电阻器	97	—	3	—
电阻网络	92.0	8.0	—	—
功率绕线电阻器	97.1	—	2.9	—
普通绕线电位器	48.6	12.1	—	39.3
微调绕线电位器	10	10	—	80
有机实芯电位器	60.6	5.6	—	33.8
合成碳膜电位器	34.2	8.7	17.1	40

电阻器的主要失效模式为开路。

表4-4 金属膜电阻器的主要失效模式和失效机理

主要失效模式	可能的失效机理
短路、开路或阻值超规范	● 焊点污染、焊接工艺不良、材料成分不当等缺陷造成引线与帽盖虚焊 ● 帽盖与基体尺寸配合不良，造成帽盖脱落 ● 基体材料有杂质或外力过大，造成基体断裂 ● 碱金属离子侵蚀或膜层附着力差，造成膜层大块脱落 ● 热不匹配，造成膜层开裂 ● 缺陷部分高阻过热或过电应力，造成膜层烧毁 ● 制造中有杂质玷污，造成膜层和基体被污染 ● 由于机械应力造成膜层划伤或有孔洞 ● 膜层材料有杂质造成膜层氧化 ● 基体材料不良造成基体不平、厚薄不均、有杂质

表4-5 感性元件的主要失效模式和分布

种 类	失效模式/% 开 路	短 路	参 数 漂 移	其 他
线圈	39.4	18.3	25.4	16.9
变压器	40.2	28	8.4	23.4

感性元件主要失效模式为开路。

表4-6 混合集成电路的失效机理

应力类别	过载失效	耗损失效	应力类别	过载失效	耗损失效
热/机械失效	脆性/韧性 开裂 界面分层 塑性位移 屈服 翘曲	疲劳裂纹 萌生和扩展 蠕变、磨损 应力扩散空洞 晶粒边界迁移 解聚	电致失效	静电放电 过电应力 二次击穿 闩锁 信号失真	与时间有关的介质击穿 表面电荷扩展 热电子、接触尖峰 电迁移
			化学失效	离子玷污	氧化腐蚀、应力腐蚀 枝晶生长、界面扩散

表 4-7　半导体分立器件的主要失效模式和分布

失效模式/% 种　类	短路	开路	参数漂移	失效模式/% 种　类	短路	开路	参数漂移
普通二极管	17.0	50.0	33.0	双极型晶体管	36.0	44.0	20.0
整流二极管	51.0	29.0	20.0	场效应晶体管	35.0	40.0	25.0
微波二极管	9.0	80.0	11.0	GaAs 场效应晶体管	61.0	26.0	13.0
电压调整二极管	13.0	18.0	69.0				

半导体分立器件的主要失效模式是短路和开路。

表 4-8　半导体分立器件的主要失效模式和失效机理

主要失效模式	可能的失效机理
正向漏电流大或短路	（1）表面氧化层缺陷、布线间绝缘层缺陷（针孔、裂纹、厚度不均匀） （2）受潮或器件内部气体不良 （3）管壳内部进入灰尘、导电性杂物或有机碳化物 （4）应力释放导致芯片裂纹 （5）Na^+离子玷污或 H^+离子玷污 （6）热氧化过程中的杂质分凝引起反型 （7）SiO_2 与 Si 表面结合不良等造成高界面态密度，集电极空间电荷区内的界面态在反向偏压下产生空穴-电子对 （8）辐射损伤
击穿特性裂变	（1）Cu、Fe、Au 等重金属离子在结区位错上沉淀，引起微等离子体低击穿、管道击穿或 C-E 击穿 （2）PN 结反向偏压增大时，空间电荷区展宽，对反向电流起作用的界面态密度增加，界面态密度越大，其击穿特性越软 （3）由于 Na^+离子等可动离子玷污而形成的反型沟道，除使漏电流增加，也使击穿电压下降 （4）氧化层中较多的氧离子空穴和可动正电荷，使 V_{cbo} 随时间增加而蠕变上升 （5）制造过程和管壳漏气的玷污使 SiO_2 层吸附水汽和其他正负离子，引起击穿电压蠕变 （6）氧化层、布线间绝缘层缺陷
饱和压降劣变	（1）芯片与管壳烧结不良、焊料热疲劳等 （2）对于二重扩散式硅晶体管，集电区是厚高电阻率层，易造成正向压降或输出特性的大电流部分曲线倾斜 （3）引线键合不良 （4）水分、内涂料引起芯片与焊料、键合点界面之间的电化学腐蚀 （5）辐射损伤
电流增益的劣变	（1）氧化层 Na^+离子引起的基区表面反型，反型层使基区与发射区之间形成直接通道 （2）发射结空间电荷区的界面态起着表面复合中心作用，使小电流增益下降 （3）铝-硅互熔使发射结退化 （4）铝-二氧化硅反应使发射结退化 （5）辐射损伤

续表

主要失效模式	可能的失效机理
短路、开路或高阻	（1）金属化缺陷或腐蚀 （2）键合点焊点脱落或位移形成金属间化合物 （3）内引线断裂或碰接 （4）芯片脱落或有裂纹 （5）壳内有导电的可动多余物 （6）过电压击穿、过电流（电浪涌）熔通或熔断 （7）光刻针孔、小岛 （8）金属玷污与 PN 结区缺陷相结合形成 PN 结管道穿通、短路 （9）基片、外延层的位错或层错等缺陷以及外延层电阻率不均匀引起击穿 （10）腐蚀导致引脚脆裂，内部引线键合开路或高阻

表4-9　单片集成电路的主要失效模式和分布

类　型	失效模式	百分比/%	类　型	失效模式	百分比/%
线性集成电路	输出超差	77.0	RAM	短路	29.5
	无输出	23.0	双极性数字电路	逻辑输出失效	32
运算放大器	电性能失效	60.0		性能退化	43
	过电应力	9.1		开路	20
	功能失效	1.5		短路	5
	机械失效	19.2	MOS 数字电路	性能退化	60
	开路	2.1		开路	25
	参数超差	8.1		短路	15
RAM	数据溢出故障	12.9	双极与 MOS 模拟电路	模拟输出失效	15
	污染	4.0		性能退化	50
	电性能失效	35.2		开路	25
	功能失效	14.7		短路	10
	机械失效	3.7			

单片集成电路的主要失效模式是输出失效（功能失效）、性能退化、开路、短路。

表4-10　单片集成电路的典型失效模式和主要失效机理

失效模式	主要失效机理
开路	过电应力（EOS）、静电放电（ESD）、电迁移（EM）、应力迁移（SM）、腐蚀、键合点脱落、机械应力、热应力
短路（漏电）	PN 结缺陷、PN 结穿钉、过电应力、与时间相关的介质击穿（TDDB 效应）、水汽、金属迁移、界面态
性能退化	氧化层电荷、钠离子玷污、表面离子、芯片裂纹、热载流子（HC）、辐射损伤
功能失效	过电应力（EOS）、静电放电（ESD）、闩锁效应（Latch-up）

表 4-11　光电子器件的主要失效模式和分布

类　　型	失效模式	百分比/%	类　　型	失效模式	百分比/%
发光二极管	开路	70.0.	光电耦合器	过电应力	5.9
	短路	30.0		不能转换	27.5
光电耦合器	引线故障	3.9		开路	5.9
	污染	2.0	光电传感器	开路	50.0
	退化	54.7		短路	50.0

发光二极管的主要失效模式为开路，光电耦合器的主要失效模式为退化，光电传感器的主要失效模式为开路和短路。

表 4-12　光电子器件的失效模式与失效机理

失效模式	失效机理
结构损伤	（1）机械振动、冲击使结构变形、毁坏、外引线脱落等 （2）热应力作用下结合部位热膨胀系数不匹配导致形变、结构漏气、光纤移位 （3）潮湿环境下器件金属表面电化学腐蚀造成漏气、绝缘电阻降低等
光纤断裂	（1）轴向拉力、径向扭力、光纤弯曲超过弯度极限 （2）热机械应力导致光纤纤芯断裂或损伤
开路	（1）器件芯片从管座上脱落 （2）电极压焊点脱落 （3）内引线折断 （4）器件芯片延伸电极脱落与主电极断开 （5）光照造成光敏区烧毁 （6）过大光电流导致电极压焊点烧断
短路	（1）器件两电极内引线接触 （2）残余应力或热应变引起缺陷或破裂 （3）表面玷污或表面钝化层失效导致短路 （4）焊点焊料因电迁移导致极间短路 （5）因静电、热电击穿等造成器件芯片内结击穿
性能参数退化	（1）因漏电流增大、暗电流增大、串联电阻增大、击穿电压下降造成的电性能参数变化 （2）因机械损伤、玷污等造成光学响应度降低 （3）接触电阻、N 结正向压降增大，内外引线接触电阻增大导致器件线性相应范围变小

表 4-13　电容器的主要失效模式和分布

类　　别 ＼ 失效模式%	开　路	短　路	参数漂移	电解液泄漏
纸/薄膜电容器	13.0	74.0	13.0	—
玻璃釉电容器	25.0	53.0	22.0	—
云母电容器	10.0	83.0	7.0	—
瓷介电容器（1类、2类）	16.0	73.0	11.0	—
瓷介电容器（3类）	22.0	56.0	22.0	—
固体钽电解电容器	—	75.0	25.0	—
非固体钽电解电容器	17.0	69.0	14.0	—
铝电解电容器	35.0	53.0	2.0	10.0

电容器的主要失效模式是短路。

表 4-14　电容器的主要失效模式和失效机理

电容器门类	失效模式	失效机理
铝电解电容器	漏液	密封不佳、橡胶老化龟裂、高温高压下电解液挥发
	炸裂	工作电压中交流成分过大、氧化膜介质缺陷、存在氯离子或硫酸根之类的有害离子、内气压高
	开路	电化学腐蚀、引出箔片和焊片的铆接部分氧化
	短路	阳极氧化膜破裂、氧化膜局部破损、电解液老化或干涸、工艺缺陷
	电容量下降损耗增大	电解液损耗较多、低温下电解液黏度增大
	漏电流增加	氧化膜致密性差、氧化膜损伤、铝离子严重玷污、工业电解液配方不佳、原材料纯度不高、铝箔纯度不高
	漏液	密封工艺不佳、阳极钽丝表面粗糙、负极镍引线焊接不当
液体钽电解电容器	瞬时开路	电解液数量不足
	电参数变化	电解液消耗、在储存条件下电解液中的水分通过密封橡胶向外扩散，在工作条件下水分产生电化学离解
固体钽电解电容器	短路	氧化膜缺陷、钽块与阳极引出线产生相对位移、阳极引出钽丝与氧化膜颗粒接触
瓷介电容器	开裂	热应力、机械应力
	短路	介质材料缺陷、生产工艺缺陷、银电极迁移
	低电压失效	介质内部存在空洞、裂纹和气孔等缺陷

表 4-15　电连接器的主要失效模式和分布

部位或名称	失效模式	所占比例%	部位或名称	失效模式	所占比例%
连接器	开路	61.0	端接装置	断裂	61.5
	工作不连接	23.0		输出错误	30.8
	短路	16.0		参数正漂移	7.7
微波连接器	插损高	80.0	接插件	倾斜	11.1
	开路	20.0		引线断	7.4
连接器插针	倾斜	5.0		污染	22.2
	污染	15.0		插损偏高	37.1
	不连续	5.0		开路	14.8
	不对准	30.0		短路	7.4
	开路	15.0			
	缺针	30.0			

5. 各种电子元器件的失效原因和老化机理

1）电容器的失效原因

（1）电解电容器的失效原因

电解电容器主要应用于电源滤波，一旦短路后果严重。它的优点是电容量大、价格低；缺点是寿命短、漏电流大、易燃。

在经过大量的研究后发现，电解电容器的失效原因主要有以下几点。

● 漏液：电容量减小，阳极氧化膜损伤难以修补，漏电流增大；

- 短路放电：大电流烧坏电极；
- 电源反接：大电流烧坏电极，阴极氧化，绝缘膜增厚，电容量下降；
- 长期放置：不通电，阳极氧化膜损伤难以修补，漏电流增大。

（2）固体钽电容器的失效原因

过流烧毁，正负极反接。

（3）陶瓷电容器的失效原因

电路板弯曲引起芯片断裂，漏电流增大；银迁移引起边缘漏电和介质内部漏电。

2）微电子器件的失效原因

微电子器件的失效原因主要有如下几种情况。

① 开路的可能失效原因：过电烧毁、静电损伤、金属电迁移、金属的电化学腐蚀、压焊点脱落、CMOS 电路的闩锁效应。

② 漏电和短路的可能失效原因：颗粒引发短路、介质击穿、PN 结等离子击穿、Si-Al 互熔。

③ 参数漂移的可能失效原因：封装内水汽凝结、介质的离子玷污、欧姆接触退化、金属电迁移、辐射损伤。

3）ZnO 压敏电阻器的失效原因

ZnO 压敏电阻器由于具有优良的非线性伏安特性和冲击能量吸收能力，在高、中、低压电气工程领域均有广泛的应用，用以限制过电压对回路或系统的危害。ZnO 压敏电阻器在电力系统中主要用作 ZnO 避雷器的关键器件，ZnO 压敏电阻器的电气性能决定了 ZnO 避雷器限制过电压的水平。ZnO 压敏电阻器的失效原因主要包括离子迁移、载流子陷阱、偶极子极化、化学反应等。

4）发光二极管（LED）的失效原因

通过国内外众多科研机的研究得出 LED 的失效原因有如下几点：

① 芯片材料缺陷引起器件光输出的衰减。

② 封装材料热退化造成失效。温度升高及蓝光和紫外线照射会使环氧树脂的透明度严重下降。150℃左右时环氧树脂的透明度降低，LED 光输出减弱，在 135～145℃范围内还会引起树脂严重退化。在大电流情况下，封装材料甚至会碳化，在器件表面形成导电通道，使器件失效。

③ 荧光粉的退化造成失效。PN 结高温会造成 LED 光谱波长的红移（指由于 PN 结高温波长增加的现象，表现为光谱的谱线朝红端移动了一段距离，即波长变长、频率降低），而荧光粉在热效应下也会产生退化，从而导致荧光粉的受激发光光谱区与芯片的发光光谱区不匹配，荧光粉吸收光而不发光的部分增加，荧光粉激发的光减少，从而导致失效。荧光粉的不透明性会造成光的大量散射，还会对光产生阻隔作用。

④ 散热不良导致电极缓慢或灾变性失效。电极引线一般具有较强的承受电流冲击和震动能力，但是由于环氧树脂、电极引线与芯片材料的热膨胀系数有差异，在高温下产生的不同形变会导致引线断裂，造成灾变性失效。

⑤ P 型欧姆接触的金属电迁移和退化。大电流下 P 型欧姆接触的金属会沿着缺陷通道电迁移到达结区造成短路，从而导致了器件失效。

⑥ 静电导致器件灾变性失效。由于 LED 芯片内部串联的电阻值较低，在无静电防护

情况下，人体等产生的静电通过 LED 放电，会导致 LED 局部击穿。

第二节　元器件破坏性物理分析

1. 元器件破坏性物理分析的概念和试验依据

电子元器件是在电子线路或电子设备中执行电子、电磁、机电和光电功能的基本单元。该基本单元可由多个零件组成，通常不破坏是不能将其分解的。破坏性物理分析（Destructive Physical Analysis，DPA）是为验证元器件设计、结构、材料和制造质量是否满足预定用途或有关规范的要求，对元器件样品进行解剖，以及在解剖前后进行一系列检验和分析的全过程。破坏性物理分析的方法是通过微观物理手段确定产品质量的一种分析方法。破坏性物理分析的目的是验证电子元器件的设计、结构、材料和制造质量是否满足预定用途或有关规范的要求。根据 DPA 的结果促使生产厂改进工艺和加强质量控制，使使用者最终能得到满足使用要求的元器件。

（1）可酌情进行 DPA 试验的元器件

电阻器、电容器、敏感元器件和传感器、滤波器、开关、电连接器、继电器、线圈和变压器、石英晶体和压电元件、半导体分立器件、半导体集成电路、混合集成电路、光电器件、声表面滤波器件等。

（2）DPA 试验依据

根据不同的元器件类型选择不同的试验项目和标准，主要标准如下：

GJB179A—1996《逐批检验计数抽样程序及抽样表》；

GJB4027A—2006《军用电子元器件破坏性物理分析方法》；

GJB548A—2005《微电子器件试验方法和程序》；

GJB360A—1996《电子和电气元器件试验方法》；

GJB128A—1996《半导体分立器件试验方法》。

2. 元器件破坏性物理分析的工作程序

（1）DPA 一般工作程序

样品抽样——制定 DPA 实施方案——进行 DPA 试验分析及数据记录——编写 DPA 报告——DPA 样品和资料保存。

（2）DPA 抽样

除产品规范另有规定外，用于 DPA 的样品应从生产批次或采购批次中随机抽取并按 DPA 的不同用途规定相应的抽样方案。

DPA 用于质量一致性检验时，抽样方案应以产品标准为准；当产品标准未做规定时，按 GJB4027—2006 的规定进行。DPA 用于交货检验或到货检验时，抽样方案可与质量一致性检验相同，使用方也可根据需要提出其他抽样要求。

3. DPA 主要项目及其基本要求

（1）DPA 的环境要求

DPA 检验应在规定的温度、湿度和防静电的洁净区域进行。

（2）DPA 主要项目及其基本要求

除另有规定外，DPA 项目应按 GJB4027A—2006《军用电子元器件破坏性物理分析方法》

第 5 章中各门类的元器件规定进行，对于不同的产品有不同的 DPA 试验分析方法和程序。

① 不同门类产品 DPA 主要检验项目。

微电子器件：外部目检、X 射线检验、粒子碰撞噪声检测、密封检验、内部水汽含量分析、内部目检、扫描电子显微镜检查、键合强度检验、剪切强度检验。

电阻器和电容器等元件：外部目检、引出端强度检验、内部目检、制样镜检。

连接器：外部目检；X 射线检验、物理检查、制样镜检和接触件检查等。

② 检测项目的基本要求。

外部目检：检验已封装元器件的外观质量是否符合要求，检查其标记、外观、封装、镀层或涂敷层等外部质量是否符合要求。该项检验是非破坏性的。

X 射线检验：主要检验元器件内部多余物、内引线开路或短路、芯片或基片焊接（黏结）空洞等内部缺陷，但难以检查铝丝的状况。该项检验是非破坏性的。

粒子碰撞噪声检测（PIND 试验）：检查器件封装腔体内有无可动的多余物。PIND 试验是非破坏性的。如不合格可通过对整批器件进行针对性筛选，剔除有缺陷的器件。

密封试验：检查密封器件的封装质量是否符合要求。如不合格可通过对整批器件进行针对性筛选，剔除有缺陷的器件。该项检验是非破坏性的。

内部气体分析：定量检测密封器件封装内部的水汽含量。内部水汽含量超标一般是批次性的。该项检验是破坏性的。

内部目检：检查器件内部结构、材料和生产工艺是否符合相关的要求。该项检验对元器件的开封技术与检查技术均要求较高。检出缺陷是否是批次性，需对缺陷的种类认真分析后才能确定。

扫描电子显微镜（SEM）检查：主要用于判断元器件芯片表面互连金属化层的质量，可确定器件某些需确认部分的材料成分和对多余物的成分分析。

键合强度试验：检验元器件内引线的键合强度是否符合规定的要求。键合强度退化往往是批次性的，出现"零克力"的批次一般不可使用。该项检验是破坏性的。

剪切强度试验：检验半导体芯片或表面安装的无源元件附着在管座或其他基片上所使用的材料和工艺的完整性。剪切强度不合格常有批次性倾向。该项检验是破坏性的。

样品的开封和制备：应保证在开封解剖前能够获取到可获得的信息后再进行开封解剖。样品的开封解剖和制备期间应避免引入污染或产生异常损伤。

4. DPA 主要缺陷判据

1）外部目检（放大 50 倍检查样品的外表面）的缺陷判据

（1）标记

标记不清晰、缺损或缺项。

（2）端电极（外镀层、内镀层和基体）

① 端电极宽度小于 250μm 或大于 400μm；

② 端电极空白或脱落面积大于 5%；

③ 端电极浮起或有锈斑；

④ 端电极棱边处不连续；

⑤ 可锡焊端电极表面隆起或黏附外来物的长度大于 80μm；

⑥ 可黏结端电极表面隆起或黏附外来物的长度大于 20μm；

⑦ 溅落、黏附或嵌入外来物；

⑧ 端电极上的裂纹或缺口宽度大于 80μm。

（3）基体

① 裂纹或缺口宽度大于 80μm；

② 溅落、黏附或嵌入端电极材料或外来物；

③ 空隙、裂缝、气泡、划痕的最大限度大于对应宽度的 25%；

④ 内电极外露或明显地分隔或分层。

2）制样镜检的缺陷判据

制样镜检：将样品制成剖面以检查内部结构，剖面分纵向和横向，均应垂直于样品的内电极和端电极平面，每种各半。放大 50 倍检查每个样品的剖面，阻挡层检查用 500 倍。

（1）基体

① 有长度大于 80μm 的裂纹、杂质和空洞；

② 有长度大于 25μm 并指向内电极的裂纹；

③ 在靠近内电极或端电极 25μm 以内有裂纹。

（2）端电极

① 端电极浮起或锈斑；

② 端电极棱边处不连续；

③ 单个或成串空洞或裂纹使其厚度减少 50% 以上；

④ 阻挡层缺陷（适用时）：观察不到阻挡层、阻挡层不连续或厚度小于 1.3μm；

⑤ 端电极外镀层（锡铅层）剥离或厚度小于 25μm 的区域在宽度方向上线度累计超过 250μm；

⑥ 溅落、黏附或嵌入外来物。

5. 混合集成电路（含多芯片组件）的 DPA 项目和程序

① 外部目检：按 GJB548B—2005 中的方法 2009.1 进行，目的是检验气密性封装器件的工艺质量及已封装器件在装运、安装、试验过程中引起的损坏。

② X 射线检验：按 GJB548B—2005 中的方法 2012.1 进行，用非破坏性的方法检测封装内的缺陷，特别是密封工艺引起的缺陷，诸如多余物、错误的内引线连接和芯片附着材料中、玻璃密封的玻璃中的空洞等内部缺陷。

③ 粒子碰撞噪声检测：GJB548B—2005 中的方法 2020.1 进行，目的在于检测器件封装腔体内存在的自由粒子，是非破坏性的。

④ 密封：按 GJB548B—2005 中的方法 1014.2 进行，目的是确定具有空腔的器件封装的气密性。

内部水汽含量分析：按 GJB548B—2005 中的方法 1018.1 进行，目的是测定在金属或陶瓷封装器件内部气体中的水汽含量。

⑤ 内部目检：首先开封，即用适当的方法除去封盖，然后按 GJB548B—2005 中的方法 2017.1 进行检查。目的是检查混合集成电路、多芯片微电路和多芯片组件微电路的内部材料、结构和制造工艺。

⑥ 键合强度：按 GJB548B—2005 中的方法 2011.1 进行检测，目的是测量键合强度，评估键合强度分布或测定键合强度是否符合适用的产品标准或订购文件的要求。

⑦ 扫描电子显微镜检查：按 GJB548B—2005 中的方法 2018.1 进行检查。本方法提供

了一种判定集成电路晶圆或芯片表面上器件互连线金属化层质量是否可以接收的手段，特别适合识别那些在批量生产中形成的特定类型的缺陷，不能用来检查那些用方法 2010 就能识别的由操作引起的以及其他形式的缺陷。

⑧ 剪切强度：按 GJB548B—2005 中的方法 2019.2 进行检测，目的是确定将半导体芯片或表面安装的无源器件安装在管座或其他基板上所使用的材料和工艺步骤的完整性。通过测量对芯片所加力的大小、观察在该力作用下产生的失效类型以及残留的芯片附着材料和基板/管座金属层的外形来判定器件是否可以接收。

第三节　电子元器件失效分析技术

本节主要介绍常见的电子元器件失效分析技术。

1. 光学显微镜分析技术

光学显微镜主要有立体显微镜和金相显微镜。立体显微镜放大倍数小，但景深大；金相显微镜放大倍数大，从几十倍到一千多倍，但景深小。把这两种显微镜结合使用，可观测到元器件的外观，以及失效部位的表面形状、分布、尺寸、组织、结构和应力等。例如，用来观察芯片的烧毁和击穿现象、引线键合情况、基片裂缝、玷污、划伤、氧化层的缺陷、金属层的腐蚀情况等。显微镜还可配有一些辅助装置，可提供明场、暗场、微分干涉相衬和偏振等观察手段，以适应各种需要。

2. 红外分析技术

红外显微镜的结构和金相显微镜相似，但它采用的是近红外（波长为 0.175～3μm）光源，并用红外变像管成像。由于锗、硅等半导体材料及薄金属层对红外辐射是透明的，利用红外显微镜，不剖切器件的芯片也能观察芯片内部的缺陷及焊接情况等。它还特别适于塑料封装半导体器件的失效分析。红外显微分析法是利用红外显微技术对微电子器件的微小面积进行高精度非接触测温的方法。器件的工作情况及失效会通过热效应反映出来。器件设计不当、材料有缺陷、工艺差错等都会造成局部温度升高。发热点可能小到微米以下，所以测温必须针对微小面积。为了不影响器件的工作情况和电学特性，测量必须是非接触的。找出热点，并用非接触方式高精度地测出温度，对产品的设计、工艺过程控制、失效分析、可靠性检验等，都具有重要意义。红外热像仪是非接触测温设备，它能测出表面各点的温度，给出试样表面的温度分布。红外热像仪用振动、反射镜等光学系统对试样高速扫描，将发自试样表面各点的热辐射会聚到检测器上，变成电信号，再由显示器形成黑白或彩色图像，以便用来分析表面各点的温度。

3. 声学显微镜分析

超声波可在金属、陶瓷和塑料等均质材料中传播。用超声波可检验材料表面及表面下边的断裂，可探测多层结构完整性等较为宏观的缺陷。超声波是检测缺陷、进行失效分析的很有效的手段。将超声波检测同先进的光、机、电技术相结合，还发展了声学显微分析技术，用它能观察到光学显微镜无法看到的样品内部情况，能提供 X 光透视无法得到的高衬度图像，常应用于非破坏性分析。

4. 液晶热点检测技术

如前文所述，半导体器件失效分析中，热点检测是有效手段。液晶是一种液体，但温度低于相变温度时则变为晶体。晶体会显示出各向异性，当它受热温度高过相变温度，就会变成各向同性的液体。利用这一特性，就可以在正交偏振光下观察液晶的相变点，从而找到热点。液晶热点检测设备由偏振光显微镜、可调温度的样品台和样品的电偏置控制电路组成。液晶热点检测技术可用来检查针孔和热点等缺陷。若氧化层存在针孔，它上面的金属层和下面的半导体就可能短路，而造成电学特性退化甚至失效。把液晶涂在被测管芯表面上，再把样品放在加热台上，若管芯氧化层有针孔，则会出现漏电流而发热，使该点温度升高。利用正交偏振光在光学显微镜下观察热点与周围颜色的不同，便可确定器件上热点的位置。由于功耗小，此方法灵敏度高，空间分辨率也高。

5. 光辐射显微分析技术

半导体材料在电场激发下，载流子会在能级间跃迁而发射光子。半导体器件和集成电路中的光辐射可以分成三大类：一是少子注入 PN 结的复合辐射，即非平衡少数载流子注入势垒，并与多数载流子复合而发出光子；二是电场加速载流子发光，即在强电场的作用下产生的高速运动载流子与晶格上的原子碰撞，使之电离而发光；三是介质发光，在强电场下，有隧道电流流过二氧化硅和氮化硅等介质薄膜时，就会有光子发射。光辐射显微镜利用微光探测技术，将光子探测灵敏度提高 6 个数量级，与数字图像技术相结合，以提高信噪比。20 世纪 90 年代后，又增加了对探测到的光辐射进行光谱分析的功能，从而能够确定光辐射的类型和性质。做光辐射显微镜探测，首先要在外部光源下对样品局部进行实时图像探测，然后对这一局部施加偏压，在不透光的屏蔽箱中，探测样品的光辐射。半导体器件中，多种类型的缺陷和损伤在一定强度电场作用下会产生漏电，并伴随载流子的跃进而产生光辐射，这样对发光部位的定位就可能是对失效部位的定位。目前，光辐射显微分析技术能探测到的缺陷和损伤类型有漏电结、接触尖峰、氧化缺陷、栅针孔、静电放电损伤、闩锁效应、热载流子、饱和态晶体管以及开关态晶体管等。

6. 微分析技术

微分析是对电子元器件进行深入分析的技术。元器件的失效同所用材料的化学成分、器件的结构、微区的形貌等有直接关系。失效也与工艺控制的起伏和精确度、材料的稳定性及各种材料的理化作用等诸多因素有关。为了深入了解和研究失效的原因、机理、模式，除了采用上述技术外，还应把有关的微区情况弄清楚，取得翔实的信息。随着元器件所用材料的多样化、工艺的复杂和精细化、尺寸的微细化，对微分析的要求越来越迫切。目前，在国外已广泛应用这项技术进行可靠性和失效分析。改革开放以来，我国引进大量大型分析测试仪器，已完全具备了开展微分析的条件。微分析技术是用电子、离子、光子、激光束、X 射线与核辐射等作用于待分析样品，激发样品发射出电子、离子、光子等，用精密的仪器测出它们的能量、强度、空间分布等信息，从而用来分析样品的成分、结构等。微分析工作的第一步，多数是看形貌，看器件的图形、线系以及定位失准等。为此可用扫描电子显微镜（SEM）和透射电子显微镜（STM）来观测，STM 的放大倍数可达几十万倍，几乎能分辨出原子。为了了解制作元器件所用的材料，可用俄歇电子能谱（AES）、二次离子质谱（SIMS）和 X 光光电子谱（XPS）等仪器进行探测。还可在使用 SEM 和 STM 进行形貌观察时，用它们附带的 X 光能谱或波谱做成分分析。AES 还能给出表面上成分分布。为了了解成分的深度分布，AES 和 XPS 等仪器还有离子枪，边做离子刻蚀边做成分测试，便可得知成分按深度如何分布。为了得到更高的横向分辨率，做 AES 测试时，电子束的焦斑要小，要用小光斑的 XPS。电子元器件所用的材料包括从轻元素到金铂和钨等重元素，探测不同的元素常常采用不同的仪器。如用 AES 探测轻元素时，就不那么灵敏。器件检测的一个重要方面是对薄膜和衬底的晶体结构进行分析，包括了解衬底的晶体取向，探测薄膜是单晶还是多晶，多晶的择优取向程度、晶粒大小、薄膜的应力等，这些信息主要由 X 光衍射仪（XRD）来获取。转靶 X 光衍射仪发出很强的 X 射线，是结构探测很灵敏的仪器。SEM 和 STM 在做形貌观察的同时，还能得到有关晶体结构的信息，如观察薄膜的晶粒。还可在 STM 上做电子衍射，它比普通的 X 光衍射更加灵敏。

第四节　假冒、翻新器件及电子元器件失效分析方法

一、假冒、翻新器件

（一）伪劣 IC（Integrated Circuit，集成电路）识别

伪劣元器件类型：与合格电子元器件相比，内部结构不正确（如芯片、制造商、引线键合等）；将已使用过的、返修过的、回收的电子元器件充当新产品；与合格电子元器件相比，具有不同封装类型或引线涂覆；实际未完全按照原始器件制造商（OCMs）的产品进行完整生产和测试流程，但表层已经完全按照 OCMs 生产和测试流程执行的电子元器件；表层是升级筛选的产品，但未实现成功的完整升级筛选；修改标签或标记，在产品的外形、安装、功能和等级等方面做假。图 4-2 为假冒、翻新器件实例。

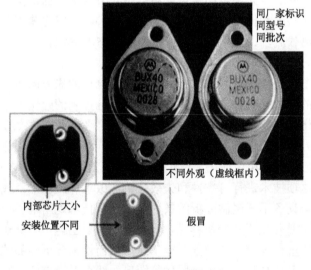

图 4-2　假冒、翻新器件实例

（二）翻新 IC 识别

1. 翻新 IC 引起产品故障的案例

[例 4.1] 某公司为某设备配套的部件，在交付试验中多次出现故障，每次故障均定位到部件中的存储 IC，经失效分析确认：

失效 IC 是翻新 IC；

装备配套的整机使用了翻新 IC；

同型号、不同批次的未用 IC，大部分是翻新 IC；

这些翻新 IC 内部在以前的使用过程中已经受到损伤。

图 4-3 为翻新 IC 图片。

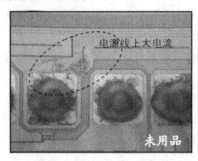 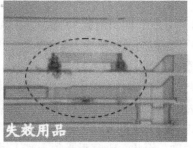

（a）未用品　　　　　　　　　　　　（b）失效用品

图 4-3　翻新 IC 图片

控制前后：

该公司对 IC 进行 100%的 DPA，共 520 型号批次。通过对翻新的识别，有效地控制翻新 IC，翻新 IC 的比例从 25%下降到 4%，剔除翻新 IC 21 个型号批次。同时，通过 DPA 还剔除 C-SAM（超声波扫描）不合格 83 个型号批次，产品可靠性得到了有效的控制。

[例 4.2] 某单位整机潮热试验（温度为 30～60℃，湿度为 90%～95%，48h）过程出现失效，表现为无输出、无增益，其主要原因是使用了翻新 IC。图 4-4 为翻新 IC 的案例。

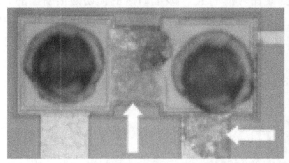 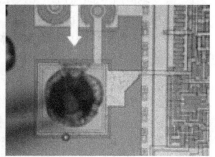

（a）芯片表面钝化破损、金属腐蚀

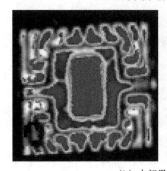 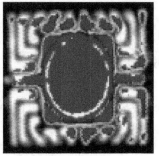

（b）内部界面严重分层

图 4-4　翻新 IC 的案例

2. 翻新 IC 的鉴别方法

（1）翻新 IC 的"货源"

① 电子用品淘汰更新周期越来越短，淘汰的大量电子产品提供了充足的翻新货源。

② 来自"山寨"。

③ 来自库存品，低质量低档次品、甚至次品。

④ 各电子制造企业的剩余品，IC 制造商的低质量低档次品，非法渠道的次品。

（2）翻新的本质

① 取得一致的标识：相同的制造商、相同的型号标识、相同的批次标识。

② 掩盖使用特征。原来的 IC 已经有标识，翻新时必须掩盖原来的标识。IC 标识主要采用激光烧蚀，要去掉具有一定深度的激光标识，就只能对 IC 表面进行研磨；研磨的表面极其容易被发现，因此，研磨后必须上漆。另外，翻新 IC 主要来源于拆机，拆卸下来的 IC 引脚的焊锡必须经过处理及成型。

（3）翻新 IC 来料的特点

整机装配不需要剪脚：翻新后 IC 要充当新产品销售，已经剪脚的任何器件均难以进行翻新，就算翻新，也可以通过外形不完整而被采购者肉眼鉴别。

翻新与 IC 常规工艺的矛盾：塑封 IC 经注塑→打标识→引脚电镀→断连筋→测试→入库等工序，但翻新时研磨、上漆、连筋断开处被再次电镀等现象与常规的 IC 工艺矛盾。

翻新工序与 IC 的可靠性常识的矛盾：翻新时对封装的研磨，使 IC 内部芯片受到压力的作用，会导致芯片表面损伤，尤其是封装比较薄的 IC，表面研磨的损伤是很明显的。

（4）翻新 IC 的鉴别方法

根据翻新 IC 的来料特点、翻新的本质、翻新与 IC 常规工艺的矛盾以及翻新与 IC 可靠性常识的矛盾，鉴别翻新 IC 就不难了。

① 新近投入市场的 IC 型号通常不可能是翻新品；

② 专用 IC 通常不是翻新品；

③ IC 表面经过上漆并在上漆面上打标识；

④ IC 表面经研磨、上漆，并在上漆面上打标识；

⑤ IC 引脚断筋处被上锡（也可能是存储时间长，为了可焊性的问题而做上锡处理，应结合其他信息综合判断）。

二、常见的电子元器件失效分析

（一）静电失效分析方法

（1）静电主要产生模式——摩擦、感应、剥离

静电放电（Electro-Static Discharge，ESD）：处于不同静电电位的两个物体间的静电电荷的转移就是静电放电。这种转移的方式有多种，如接触放电、空气放电。一般来说，静电只有在发生静电放电时，才会对元器件造成伤害和损伤。如人体带电时只有接触金属物体或与他人握手时才会有电击的感觉。

对于微电子器件而言，通常有三种放电模式，可以用三种模型来描述，即带电人体的静电放电模型（HBM）、带电机器的静电放电模型（MM）、充电器件的静电放电模型（CDM）。常用的是 HBM，放电时间 $\tau = R_b C_b$ 和总能量 $E = C_b V_0^2 / 2$ 是主要参数，它决定了放电功率。

（2）静电损害的形式

力学作用：静电吸附灰尘，降低元器件绝缘电阻（缩短寿命）。

电学作用：静电放电（产生）破坏，造成电子元器件失效或功能退化 。

电磁作用：静电放电产生的电磁场幅度很大（达几百伏/米）、频谱极宽（从几十兆到几千兆），对电子产品造成干扰甚至损坏（电磁干扰）。

（3）静电放电损伤途径

电弧注入的电荷/电流产生以下损坏和故障：

① 穿透元器件内部薄的绝缘层，损毁 MOSFET 和 CMOS 元器件的栅极，常见；

② CMOS 器件中的触发器锁死，常见；

③ 反偏的 PN 结短路，也就是 PN 结反向击穿，常见；

④ 正向偏置的 PN 结短路，较少见；

⑤ 熔化有源器件内部的连接（键合）线或铝（金属化）线，较少发生。

静电放电会通过各种各样的耦合途径找到设备的薄弱点。

（4）单片机静电放电击穿

单片机静电放电击穿示例如图 4-5 所示。

图 4-5　单片机静电放电击穿示例

（5）射频、微波器件静电放电击穿

射频、微波器件静电放电击穿示例如图 4-6 所示。

图 4-6　射频、微波器件静电放电击穿示例

（6）静电放电损害的特点

① 隐蔽性（不可视性）；

② 潜在性和累积性；

③ 随机性；

④ 复杂性。

（7）静电击穿的失效特征

静电电压大、作用时间短，使得尺寸小的静电敏感器件发生喷射、飞弧、表层变形等现象。下层击穿，表层变形，用光学显微镜观察其颜色变化，电子显微镜无效；击穿发生在表层，面积小，用电子显微镜观察，光学显微镜无效。利用静电放电台进行放电试验，对比试验样品所发生的位置和击穿点的形貌特征，以进一步分辨失效样品是静电击穿还是脉冲（浪涌）电压击穿。

（8）静电失效判断的特点和盲点

静电失效的特点：

① 针对静电敏感器件。

② 首次（整机和器件）测试失效。

③ 小尺寸，发生喷射、飞弧现象。

静电失效判断的盲点：

① 使用或试验过程失效。静电损伤后，样品功能仍然正常，经过电压应力的作用后，损伤点逐步扩大，产生漏电甚至短路，最后影响功能、参数。这种状态雷同于缺陷引起的漏电失效。

解决途径：良品 ESD 评价、环境静电控制情况评价，评估受到静电损伤的可能性；检测击穿点发生的位置——是否发生在与外引脚直接电气连接的部位等。

② 静电与浪涌（窄脉冲）电压击穿。静电击穿与窄电压脉冲没有本质的差别，但其来源是完全不同，控制方法也完成不同。静电电压来自环境，脉冲电压来自电路。因此，应从应用电路入手，确认或排除脉冲电压的来源。

（9）常见的静电敏感器件

极敏感器件有：高频器件（微波器件、射频器件），场效应器件（场效应管、VDMOS、结型场效应管），光电器件（激光器件、发光管），肖特基二极管等。

一般敏感器件：二极管、三极管、数字集成电路、模拟集成电路等。

（二）闪锁效应失效分析方法

所谓闪锁（latch-up），是指 CMOS 电路中固有的寄生可控硅结构被触发导通，在电源和地之间形成低阻值大电流通路的现象。

1. CMOS 电路闪锁诱发条件

闪锁诱发条件就是可靠性触发导通的条件。

（1）阳极－阴极之间诱发

① 电源过电压超过 IC 电源的耐压（波动电压、脉冲电压）。

② 输入、输出端过电压，超过端口的耐压。

③ 输入、输出端高于电源正端电压。

④ 输入、输出端低于电源负端电压。

（2）触发端诱发

射线和高能离子诱生内部载流子，内部触发闪锁。

2. CMOS 电路闪锁特征

IC 中有很多 n 沟道、p 沟道推挽对管（基本的电路单元），每个推挽对管均有可控硅寄生结构；每个寄生可控硅都是非理想的可控硅——难触发导通、导通电压大、维持电流大等（与可控硅产品相比）；闪锁被诱发，推挽对管失去本来作用，变为性能较差的可控硅，这时 IC 功能失效；一个推挽对管被触发闪锁，由于电流在电阻器中的压降，可能触发邻近推挽对管被触发闪锁，从而，发生大面积的闪锁。一个性能较差的可控硅所提供的电流并不大，但很多个这种电流汇集到 IC 的电源端就变得很大。

CMOS 集成电路发生闪锁后的典型特征：

① 保护网络通常有电压击穿现象。

② 电路单元通常没有烧毁特征。

③ 电源供电回路出现大电流特征。

大电流可以引起 IC 烧毁（失效）；也可能未导致 IC 烧毁，IC 停止供电后，下次开机又能正常使用。

闪锁通常有损伤，多次发生闪锁，最终 IC 将失效。图 4-7 所示为驱动 IC（SN74AHCT16245DGG）闪锁失效。

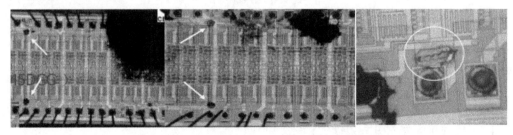

图 4-7 驱动 IC（SN74AHCT16245DGG）闪锁失效

3. CMOS 电路闪锁的外部条件

① 电源浪涌电压峰值超过器件的击穿电压和使 IC 的电源端对地间进入二次击穿状态。

② 输入或输出电压（V_o 或 V_i）高于 V_{DD} 或低于 V_{SS}。

4. 静电和闩锁保护

① 通过电路分析或 ESD 检测确定电路中抗静电的薄弱部位和薄弱器件以及外部可能产生过电压的端口。

② 对薄弱部位加外部抗静电保护和过电压释放电路。

③ 使用抗静电能力、抗闩锁性能好的器件。

④ 在电路制造过程中采取静电防护措施。

⑤ 在 IC 电源端就近并接去耦电容器，消除电源的杂散干扰电压。

5. 常见端口保护元器件

瞬变电压抑制二极管：特点是响应时间短，动态电阻小，承受瞬时功率容量大，1ms 可吸收脉冲功率高达 1000W 以上。

压敏电阻器：是一种电阻随外加电压变化敏感元件。特点为：当电压增大到阈值时电阻值急剧下降，有很好的大电流容量和耐大功率冲击的能力。是混合电路和整机理想的静电保护元件。

铁氧体磁环：将导线穿绕磁环，可减小静电放电峰值电流。

6. 外部保护电路

外部保护电路的要点：

① 泄放大电流——旁路释放保护电路：将静电荷、浪涌能量通过该保护电路释放掉，避免对功能器件的损伤。

② 电压箝位——限压保护电路：减缓静电、浪涌作用到器件端口的电压，电压限定在某个值以下，限制释放的电流较小，钳制器件端口的电位。

③ 介质隔离技术——最有效的 ESD 保护方法是，采用绝缘介质如塑料机箱、空气间隙及绝缘材料等把内部系统和元器件与外界隔离屏蔽，如使用金属屏蔽外壳，防止大的 ESD 电流冲击内部电路。

④ 电气隔离技术——PCB 板上安装光耦合器或者变压器（电源）、光纤/无线和红外线（信号通路），实现电气隔离。

⑤ 使用 ESD 泄放回路、RC 网络、外接 ESD 保护器件、合理的 PCB 板布局布线也是闩锁的抑制措施。

实践练习四

4-1 简述闩锁效应失效分析方法。

4-2 简述翻新 IC 的鉴别方法。

4-3 混合集成电路有哪些 DPA 项目？

4-4 简述微电子器件的失效原理。

4-5 简述电容器常见失效模式和失效机理。

第五章　降额设计方法

● 降额设计基本概念及一般要求。

● 降额准则及应用。

降额设计就是使元器件或产品工作时承受的工作应力适当低于元器件或产品规定的额定值，从而达到降低基本失效率（故障率），提高使用可靠性的目的。20世纪50年代，日本的技术人员发现，温度降低10℃，元器件的失效率可降低一半以上。实践证明，对元器件的某些参数适当降额使用，就可以大幅度提高元器件的可靠性。因电子产品的可靠性对其电应力和温度应力比较敏感，故而降额设计技术和热设计技术对电子产品显得尤为重要。它是可靠性设计中必不可少的组成部分。

对于各类电子元器件，都有其最佳的降额范围，在此范围内工作应力的变化对其失效率有明显的影响，在设计上也较容易实现，并且不会在产品体积、质量和成本方面付出过大的代价。当然，过度的降额并无益处，会使元器件的特性发生变化，或导致元器件数量的不必要增加，或无法找到适合的元器件，反而对产品的正常工作和可靠性不利。

第一节　降额设计的概念及一般要求

降额设计就是使元器件在使用中所承受的应力（电、热、机械应力等）低于其设计的额定值，通过限制元器件所承受的应力大小，降低元器件的失效率，提高使用可靠性。若元器件一直在额定应力下工作，其性能退化较快。降额设计能延缓其参数退化，增加工作寿命，使设计有一定的安全余量。

（一）降额设计的基本概念

降额（derating）：元器件使用中承受的应力低于其额定值，以达到延缓其参数退化、提高使用可靠性的目的。通常用应力比和环境温度来表示。

额定值（rating）：元器件允许的最大使用应力值。

应力（stress）：影响元器件失效率的电、热、机械等负载。

应力比（stress ratio）：元器件工作应力与额定应力之比。应力比又称降额因子。

（二）降额设计的一般要求

1. 降额等级的划分

通常，元器件有一个最佳降额范围。应按设备可靠性要求、设计的成熟性、维修费用和难易程度、安全性要求，以及对设备质量和尺寸的限制因素，综合权衡确定其降额等级。在最佳降额范围内推荐采用三个降额等级。

（1）Ⅰ级降额

Ⅰ级降额是最大的降额，对元器件使用可靠性的改善最大。超过它的更大降额，通常对元器件可靠性的提高有限，且可能使设备设计难以实现。Ⅰ级降额适用于下述情况：设备的失效将导致人员伤亡或装备与保障设施的严重破坏；对设备有高可靠性要求，且采用新技术、新工艺的设计；由于费用和技术原因，设备失效后无法或不宜维修；系统对设备的尺寸、质量有苛刻的限制。

（2）Ⅱ级降额

Ⅱ级降额是中等降额，对元器件使用可靠性有明显改善。Ⅱ级降额在设计上较Ⅰ级降额易于实现。Ⅱ级降额适用于下述情况：设备的失效将可能引起装备与保障设备的损坏；有高可靠性要求，且采用了某些专门的设计；须支付较高的维修费用。

（3）Ⅲ级降额

Ⅲ级降额是最小的降额，对元器件使用可靠性改善的相对效益最大，但可靠性改善的绝对效果不如Ⅰ级和Ⅱ级降额。Ⅲ级降额在设计上最易实现。Ⅲ级降额适用于下述情况：设备的失效不会造成人员的伤亡和设施的破坏；设备采用成熟的标准设计；故障设备可迅速、经济地加以修复；对设备的尺寸、质量无大的限制。

2. 不同应用推荐的降额等级

根据降额等级的规定，军品对不同应用推荐的降额等级见表5-1。

表 5-1　军品不同应用推荐的降额等级

应 用 范 围	降 额 等 级	
	最　　高	最　　低
航天器与运载火箭	Ⅰ	Ⅰ
战略导弹	Ⅰ	Ⅱ
战术导弹系统	Ⅰ	Ⅲ
飞机与舰船系统	Ⅰ	Ⅲ
通信电子系统	Ⅰ	Ⅲ
武器车辆系统	Ⅰ	Ⅲ
地面保障设备	Ⅱ	Ⅲ

3. 降额的限度

降额可以有效地提高元器件的使用可靠性，但降额是有限度的。通常，超过最佳范围的更大降额，元器件可靠性改善的相对效益下降，而设备的质量、体积和成本却会有较大的增加。有时过度的降额会使元器件的正常特性发生变化，甚至有可能找不到满足设备或电路功能要求的元器件。过度的降额还可能引入元器件新的失效机理，或导致元器件数量不必要的增加，结果反而会使设备的可靠性下降。

4. 降额量值的调整

不应将标准所推荐的降额量值绝对化，降额是多方面因素综合分析的结果。标准规定的降额值考虑了设计的可行性与可靠性要求相吻合的设计限制。在实际使用中由于条件的限制，允许降额值做一些变动，即某降额参数可与另一参数彼此综合调整，但不应轻易改变降额等级（如从Ⅰ级降额变到Ⅱ级降额）。某些情况下，超过标准所提出的降额量值的选择可能是合理的，但也应在认真权衡的基础上做出。还应指出，与标准规定的降额量值间的小偏差，通常对元器件预计的失效率不会有大的影响。

5. 确定降额量值的工作基础

确定降额量值的工作基础可分为以下三种情况，在应用中应予以注意：

对大量使用数据进行分析，并对元器件应力与可靠性关系有很好的认识（见表 5-2 中的 A 类）；供分析的使用数据有限，或结构较复杂，但对元器件的应力可靠性关系有一定的认识（见表 5-2 中的 B 类）；由于技术较新，或受到器件所在设备中组合方式的限制，至今尚无降额的应用数据可供参考，但研究了它们的结构和材料，做出降额的工程判断（见表 5-2 中的 C 类）

表 5-2　降额量值确定的基础

降额工作基础分类	元器件类别
A	集成电路、半导体分立器件、电阻器、电位器、电容器
B	电感元件、继电器、开关、旋转电器、电连接器、线缆、灯泡、电路断路器、熔断器
C	电真空器件、晶体管、声表面波器件、激光器件、纤维光学器件

6. 元器件的质量水平

必须根据产品可靠性要求选用适合质量等级的元器件，不能用降额补偿的方法解决低质量元器件的使用问题。

第二节　降额准则及应用

一、集成电路降额准则

1. 概述

集成电路分模拟电路和数字电路两类。根据其制造工艺的不同，可按双极型和 MOS（CMOS）型，以及混合集成电路分类。集成电路芯片的电路单元很小，在导体断面上的电流密度很大，因此在有源结点上可能有很高的温度。高结温是对集成电路破坏性最大的应力。集成电路降额的主要目的在于降低高温集中部分的温度，降低由于器件的缺陷而可能诱发失效的工作应力，延长器件的工作寿命。中、小规模集成电路降温的主要参数是电压、电流或功率，以及结温；大规模集成电路主要是降低结温。

2. 应用指南

① 所有为维持最低结温的措施都应考虑，可采取以下措施：

◆ 元器件应在尽可能小的实用功率下工作；

◆ 为减少瞬态电流冲击采用去耦电路；

◆ 当工作频率接近器件的额定频率时，功耗将会迅速增加，因此元器件的实际工作频率应低于元器件的额定频率；

◆ 应实施最有效的热传递，保证与封装底座间的低热阻，避免选用高热阻底座的器件。

② 双极型数字电路电源电压须稳定，其容差范围如下。

◆ Ⅰ 级降额：±3%；

◆ Ⅱ 级降额：±5%；

◆ Ⅲ 级降额：符合相关规范要求。

③ 主要参数的设计容差是为了保证设备长期可靠的工作,设计时应允许集成电路参数容差为下列情况。

a. 模拟电路。

◆ 电压增益：-25%（运算放大器），-20%（其他）；

◆ 输入失调电压：+50%（低失调器件可达 300%）；

◆ 输入失调电流：+50%或+5nA 输入；

◆ 偏置电压：±1mV（运算放大器和比较器）；

◆ 输出电压：±0.25%（电压调整器），负载调整率为±0.20%（电压调整器）。

b. 数字电路。

◆ 输入反向漏电流：+100%；

◆ 扇出：-20%；

◆ 频率：-10%。

3. 降额准则

① 模拟电路降额准则见表 5-3，其中：

◆ 电源电压从额定值降额；

◆ 输入电压从额定值降额；

◆ 输出电流从额定值降额；

◆ 功率从最大允许值降额；

◆ 结温降额给出了最高允许结温。

表 5-3　模拟电路降额准则

降 额 参 数	放 大 器			比 较 器			电压调整器			模 拟 开 关		
	降 额 等 级			降 额 等 级			降 额 等 级			降 额 等 级		
	I	II	III	I	II	III	I	II	III	I	II	III
电源电压①	0.70	0.80	0.80	0.70	0.80	0.80	0.70	0.80	0.80	0.70	0.80	0.85
输入电压②	0.60	0.70	0.70	0.70	0.80	0.80	0.70	0.80	0.80	0.80	0.85	0.90
输入/输出电压差③	—	—	—	—	—	—	0.70	0.80	0.85	—	—	—
输出电流	0.70	0.80	0.80	0.70	0.80	0.80	0.70	0.75	0.80	0.75	0.80	0.85
功率	0.70	0.75	0.80	0.70	0.75	0.80	0.70	0.75	0.80	0.70	0.75	0.80
最高结温/℃	80	95	105	80	95	105	80	95	105	80	95	105

注：① 电源电压降额后不应小于推荐的正常工作电压。

② 输入电压在任何情况下不得超过电源电压。

③ 电压调整器的输入电压在一般情况下即为电源电压。

② 双极型数字电路降额准则见表 5-4，其中：

◆ 电源电压给出了额定值的容差；

◆ 频率从额定值降额；

◆ 输出电流从额定值降额；

◆ 结温降额给出了最高允许结温。

表 5-4　双极型数字电路降额准则

降 额 参 数	降 额 等 级		
	I	II	III
频率	0.80	0.90	0.90
输出电流①	0.80	0.90	0.90
最高结温/℃	85	100	115

注：① 输出电流降额将使扇出减少，可能导致使用器件的数量增加，反而使设备的预计可靠性下降。降额时应防止这种情况发生。

③ MOS 型数字电路降额准则见表 5-5，其中：

◆ 电源电压从额定值降额；

◆ 输出电流从额定值降额；

◆ 频率从额定值降额；

◆ 结温降额给出了最高允许结温。

表 5-5 MOS 型数字电路降额准则

降 额 参 数	降 额 等 级		
	I	II	III
电源电压[①]	0.70	0.80	0.80
输出电流[②]	0.80	0.90	0.90
频率	0.80	0.80	0.9
最高结温/℃	85	100	115

注：① 电源电压降额后不应小于推荐的正常工作电压，输入电压在任何情况下不得超过电源电压。
② 仅适用于缓冲器和触发器，从 I_{OL} 的最大值降额；工作于粒子辐射环境的器件需要进一步降额。

④ 组成混合集成电路的器件均应按有关标准规定实施降额。混合集成电路基体上的互连线，根据采用工艺的不同，其功率密度及最高结温应满足表 5-6 的规定。

表 5-6 混合集成电路降额准则

降 额 参 数	降 额 等 级		
	I	II	III
厚膜功率密率/（W/cm²）	7.5		
薄膜功率密度/（W/cm²）	6		
最高结温/℃	85	100	115

⑤ 大规模集成电路由于其功能和结构的特点，内部参数通常允许的变化范围很小，因此其降额应着重于改进封装散热方式，以降低器件的结温。使用大规模集成电路时，在保证功能正常的前提下，应尽可能降低其输入电压、输出电流和工作频率。

4. 降额准则的应用

表 5-3～表 5-6 给出了各种集成电路的降额因子及允许的最高结温。除另有说明外，一般仅需以电参数的额定值乘以相应的降额因子，即得到了降额后的电参数值。得到降额参数值后，还须计算相应电参数降额后的结温。如结温不能满足表中所示的最高结温降额要求，在可能的情况下电参数须进一步降额，以尽可能满足结温的降额要求。

二、晶体管降额准则

1. 概述

晶体管按结构可分为双极型晶体管、场效应晶体管、单结晶体管等类型；按工作频率可分为低频晶体管、高频晶体管和微波晶体管；按耗散功率可分为小功率晶体管和大功率晶体管（简称功率晶体管）。所有晶体管的降额参数是基本相同的，它们是电压、电流和功率。但对 MOS 型场效应晶体管、功率晶体管和微波晶体管的降额又有特殊的要求。高温是对晶体管破坏性最强的应力，因此晶体管的功耗和结温须进行降额；电压击穿是导致晶体管失效的另一主要因素，所以其电压须降额。功率晶体管有二次击穿的现象，因此要对它的安全工作区进行降额。

2．应用指南

功率晶体管在遭受由于多次开关过程所致的温度变化冲击后会产生"热疲劳"失效。使用时要根据功率晶体管的相关规范要求限制壳温的最大变化值。

预计的瞬间电压峰值和工作电压峰值之和不得超过降额电压的限定值。

为保证电路长期可靠的工作，设计应允许晶体管主要参数的设计容差，具体如下。

◆ 电流放大系数：±15%（适用于已经筛选的晶体管），±30%（适用于未经筛选的晶体管）；

◆ 漏电流：+200%；

◆ 开关时间：+20%；

◆ 饱和压降：+15%。

3．降额准则

（1）晶体管反向电压、电流、功耗的降额

晶体管反向电压、电流、功耗的降额准则见表5-7，其中：

◆ 反向电压从额定反向电压降额；

◆ 电流从额定值降额；

◆ 功率从额定功率降额。

表 5-7　晶体管反向电压、电流、功率的降额准则

降 额 参 数	降 额 等 级		
	Ⅰ	Ⅱ	Ⅲ
反向电压①	0.60	0.70	0.80
	0.50②	0.60②	0.70②
电流②	0.60	0.70	0.80
功率	0.50	0.65	0.75

注：① 直流、交流和瞬态电压或电流的最坏组合不得大于降额后的极限值（包括感性负载）。

② 适用于功率 MOSFET 的栅-源电压降额。

（2）晶体管最高结温的降额

晶体管最高结温的降额，应根据晶体管相关规范给出的最高结温 T_{jm} 而定，降额后的最高结温见表5-8。

表 5-8　晶体管最高结温降额准则

最高结温 T_{jm}/℃	降 额 等 级		
	Ⅰ	Ⅱ	Ⅲ
200	115	140	160
175	100	125	145
不大于 150	T_{jm}—65	T_{jm}—40	T_{jm}—20

（3）功率晶体管安全工作区的降额

功率晶体管安全工作区的降额准则见表 5-9。

（4）微波晶体管的降额

由于分布参数的影响，微波晶体管不能按独立变量来考虑降额，但应按表 5-8 的规定进行结温降额。

表 5-9　功率晶体管安全工作区的降额准则

降 额 参 数	降 额 等 级		
	Ⅰ	Ⅱ	Ⅲ
集电极-发射极电压	0.70	0.80	0.90
集电极最大允许电流	0.60	0.70	0.80

4. 降额准则的应用

表 5-7、表 5-8 给出了晶体管的降额因子及允许的最高结温，以参数的最大允许值乘以表 5-7 所列的降额因子即得到了降额后允许的电压、电流和功率。得到这些参数后，还须计算结温。如结温不能满足最高结温的降额要求，在可能的情况下须将参数进一步降额，以尽可能满足结温降额要求。为了防止二次击穿，对功率晶体管还应进行安全工作区降额。根据晶体管最大安全工作区的特性曲线及表 5-9 给出的降额因子，可用作图法求得功率晶体管降额后的安全工作区。

三、二极管降额准则

1. 概述

二极管按功能可分为普通、开关、稳压等类型二极管；按工作频率可分为低频、高频和微波二极管；按耗散功率（或电流）可分为小功率（小电流）和大功率（大电流）二极管。所有二极管需要降额的参数是基本相同的。高温是对二极管破坏性最强的应力，所以对二极管的功率和结温必需进行降额；电压击穿是导致二极管失效的另一主要因素，所以二极管的电压也须降额。

2. 应用指南

为保证电路长期可靠的工作，设计应允许二极管主要参数的设计容差，具体为：正向电压，±10%；稳定电压，±2%（适用于稳压二极管）；反向漏电流，+200%；恢复和开关时间，+20%。

3. 降额准则

（1）二极管反向电压、电流、功率的降额

二极管反向电压、电流、功率的降额准则见表 5-10，其中：

◆ 反向电压从反向峰值工作电压降额；

◆ 电流从最大正向平均电流降额；

◆ 功率从最大允许功率降额。

表 5-10　二极管反向电压、电流、功率的降额准则

降 额 参 数	降 额 等 级		
	Ⅰ	Ⅱ	Ⅲ
反向电压	0.60	0.70	0.80
电流	0.50	0.65	0.80
功率	0.50	0.65	0.80

注：① 反向电压降额不适用于稳压管。

② 瞬态峰值浪涌电压和瞬态峰值浪涌电流也应按本表进行降额。

③ 本表不适用于基准管，只用于结温降额。

（2）二极管最高结温的降额

二极管最高结温的降额，应根据二极管相关规范给出的最高结温 T_{jm} 而定，降额后的最高结温见表 5-11。

表 5-11　二极管最高结温降额准则

最高结温 T_{jm}/℃	降 额 等 级		
	I	II	III
200	115	140	160
175	100	125	145
不大于 150	$T_{jm}-60$	$T_{jm}-40$	$T_{jm}-20$

（3）微波二极管降额

微波二极管降额的限制与微波晶体管相同。

4. 降额准则的应用

表 5-10、表 5-11 给出了二极管的降额因子及允许的最高结温，以参数的最大允许值乘以表 5-10 所列的降额因子即得到了降额后允许的电压、电流和功率。得到这些参数后，还须计算结温。如结温不能满足最高结温降额要求，在可能的情况下须将参数进一步降额，以尽可能满足结温降额要求。

四、可控硅降额准则

1. 概述

可控硅又称闸流管，是以硅单晶为主要材料制成的包括三个 P-N 结的双稳态半导体器件。高温是对可控硅破坏性最强的应力，所以应对可控硅的额定平均通态电流和结温进行降额；电压击穿是导致可控硅失效的另一主要因素，所以对可控硅的电压也须降额。

2. 应用指南

① 不允许控制极、阳极间电位低于额定值。

② 超过正向最大电压或反向阻断电压，可使器件突发不应有的导通。应保证断态电压与瞬态电压最大值之和不超过额定的阻断电压。

③ 为保证电路长期可靠的工作，设计应允许可控硅主要参数的设计参数容差，具体如下。

◆ 控制极正向电压降：±10%；

◆ 漏电流：+200%；

◆ 开关时间：+20%。

3. 降额准则

可控硅电压、电流和最高结温的降额准则见表 5-12 和表 5-13，其中：

① 电压从额定值降额；

② 电流从额定平均通态电流降额；

③ 最高结温降额应根据可控硅相关规范给出的最高结温 T_{jm} 而定。

表 5-12　可控硅电压、电流的降额准则

降 额 参 数	降 额 等 级		
	I	II	III
电压	0.60	0.70	0.80
电流	0.50	0.65	0.80

表 5-13　可控硅最高结温的降额准则

最高结温 $T_{jm}/℃$	降 额 等 级		
	I	II	III
200	115	140	160
175	100	125	145
不大于 150	$T_{jm}-60$	$T_{jm}-40$	$T_{jm}-20$

4. 降额准则的应用

表 5-12、表 5-13 给出了可控硅的降额因子及允许的最高结温，以参数的最大允许值乘以表 5-12 所列降额因子即得到了降额后允许的电压、电流值。得到这些参数值后，还须计算结温。如结温不能满足最高结温的降额要求，在可能的情况下须将参数进一步降额，以尽可能满足结温降额要求。

五、半导体光电器件降额准则

1. 概述

半导体光电器件主要有三类：发光器件、光敏器件或两者的组合。发光类器件主要有发光二极管、发光数码管；光敏类器件有光敏二极管、光敏三极管；常有的光电组合器件是光电耦合器，它由发光二极管和光敏三极管组成。高结温和结点高电压是半导体光电器件主要的破坏性应力，结温受结点电流或功率的影响，所以应对半导体光电器件的结温、电流或功率均须进行降额。

2. 应用指南

① 发光二极管驱动电路必须限制电流，通常用一个串联的电阻器来实现。

② 一般不应采用经半波或全波整流的交流正弦波电流作为发光二极管的驱动电流。如果确要使用，则不允许其电流峰值超过发光二极管的最大直流允许值。

③ 在整个寿命期内，驱动电路应允许光电耦合器电流传输比在降低 15% 的情况下仍能正常工作。

3. 降额准则

半导体光电器件电压、电流和最高结温的降额准则见表 5-14 和表 5-15，其中：

◆ 电压从额定值降额；

◆ 电流从额定值降额；

◆ 最高结温降额应根据光电器件相关规范给出的最高结温 T_{jm} 而定。

表 5-14　光电器件电压、电流的降额准则

降 额 参 数	降 额 等 级		
	I	II	III
电压	0.60	0.70	0.80
电流	0.50	0.65	0.80

表 5-15　光电器件最高结温的降额准则

最高结温 T_{jm}/℃	降 额 等 级		
	Ⅰ	Ⅱ	Ⅲ
200	115	140	160
175	100	125	145
不大于 150	T_{jm} —60	T_{jm} —40	T_{jm} —20

4. 降额准则的应用

表 5-14、表 5-15 给出了光电器件的降额因子及允许的最高结温，以参数的最大允许值乘以表 5-14 所列的降额因子即得到了降额后允许的电压、电流值。得到这些参数后，还须计算最高结温。如结温不能满足最高结温的降额要求，在可能的情况下须将参数进一步降额，以尽可能满足结温降额要求。

六、电阻器降额准则

1. 合成型电阻器

（1）概述

合成型电阻器件体积小，过负荷能力强，但它们的阻值稳定性差，热和电流噪声大，电压与温度系数较大。合成型电阻器的主要降额参数是环境温度、功率和电压。

（2）应用指南

合成型电阻器为负温度和负电压系数，易烧坏，因此限制其电压是必需的。在潮湿环境下使用的合成型电阻器，不宜过度降额，否则潮气不能挥发将可能使电阻器变质失效。热点温度过高可能导致合成型电阻器内部的电阻材料永久性损伤。

为保证电路长期工作的可靠性，电路设计应允许合成型电阻器有±15%的阻值容差。

（3）降额准则

合成型电阻器的降额准则见表 5-16。

表 5-16　合成型电阻器的降额准则

降 额 参 数	降 额 等 级		
	Ⅰ	Ⅱ	Ⅲ
电压	0.75	0.75	0.75
功率	0.5	0.6	0.7
环境温度	按元件负荷特性曲线降额		

2. 薄膜型电阻器

（1）概述

薄膜型电阻器按其结构，主要有金属氧化膜电阻器和金属膜电阻器两种。

薄膜型电阻器的高频特性好，电流噪声和非线性较小，阻值范围宽，温度系数小，性能稳定，是使用最广泛的一类电阻器。

薄膜型电阻器降额的主要参数是电压、功率和环境温度。

（2）应用指南

各种金属氧化膜和金属膜电阻器在高频工作情况下，阻值均会下降。

金属膜电阻器在低气压条件下工作时，应按元件相关规范的要求进一步降额使用。

为保证电路长期工作的可靠性，设计时应允许薄膜型电阻器有一定的阻值容差：金属膜电阻器为±2%，金属氧化膜电阻器为±4%，碳膜电阻器为±15%。

（3）降额准则

薄膜型电阻器的降额准则见表 5-17。

表 5-17　薄膜型电阻器的降额准则

降 额 参 数	降 额 等 级		
	Ⅰ	Ⅱ	Ⅲ
电压	0.75	0.75	0.75
功率	0.5	0.6	0.7
环境温度	按元件负荷特性曲线降额		

3.　电阻网络

（1）概述

电阻网络装配密度高，各元件间的匹配性能和跟踪温度系数好，对时间、温度的稳定性好。电阻网络降额的主要参数是功率、电压和环境温度。

（2）应用指南

为保证电阻器长期工作的可靠性，设计中应允许电阻网络有±2%的阻值容差。

（3）降额准则

电阻网络的降额准则见表 5-18。

表 5-18　电阻网络的降额准则

降 额 参 数	降 额 等 级		
	Ⅰ	Ⅱ	Ⅲ
电压	0.75	0.75	0.75
功率	0.5	0.6	0.7
环境温度	按元件负荷特性曲线降额		

4.　线绕电阻器

（1）概述

线绕电阻器分精密型与功率型两种类型。线绕电阻器具有可靠性高、稳定性好、无非线性，以及电流噪声、温度和电压系数小的优点。

线绕电阻器降额的主要参数是功率、电压和环境温度。

（2）应用指南

在Ⅰ、Ⅱ级降额应用条件下，不采用绕线直径小于 0.025mm 的电阻器。

线绕电阻器在低气压条件下工作时，应按元件相关规范的要求进一步降额使用。

功率型线绕电阻器可以经受比稳态工作电压高得多的脉冲电压，但在使用中应做相应的降额。功率型线绕电阻器的额定功率与电阻器底部散热面积有关，在降额设计中应考虑此因素。

为保证电路长期工作的可靠性，设计时应允许线绕电阻器有一定的阻值容差：精密型线绕电阻器为±0.4%，功率型线绕电阻器为±1.5%。

（3）降额准则

线绕电阻器的降额准则见表 5-19。

表 5-19　线绕电阻器的降额准则

降 额 参 数		降 额 等 级		
		I	II	III
电压		0.75	0.75	0.75
功率	精密型	0.25	0.45	0.6
	功率型	0.5	0.6	0.7
环境温度		按元件负荷特性曲线降额		

5．热敏电阻器

（1）概述

热敏电阻器具有很高的温度系数（正或负的）。热敏电阻器降额的主要参数是额定功率和环境温度。

（2）应用指南

负温度系数型热敏电阻器，应采用限流电阻器，防止元件热失控。任何情况下，即使是短时间也不允许超过电阻器额定最大电流和功率。为保证电路长期可靠的工作，设计时应允许热敏电阻器阻值有±5%的容差。热敏电阻器的降额准则见表 5-20。

表 5-20　热敏电阻器的降额准则

降 额 参 数	降 额 等 级		
	I	II	III
功率	0.50	0.50	0.50
环境温度/℃	T_{AM}[①]-15		

注：① 最高额定环境温度 T_{AM} 由元件相关规范确定。

七、电位器降额准则

1．非线绕电位器

（1）概述

非线绕电位器包括合成型电位器和薄膜型电位器。合成型电位器包括实心电位器、合成碳膜电位器、金属玻璃釉电位器和导电塑料电位器。薄膜型电位器主要有金属膜电位器和金属氧化膜电位器。非线绕电位器降额的主要参数是电压、功率和环境温度。由于非线绕电位器是部分接入负载，其功率的额定值应根据作用阻值按比例做相应的降额。

（2）应用指南

随大气压力的减小，电位器可承受的最高工作电压也减小，使用时应按元件相关规范的要求做进一步降额。在电位器重叠使用时，其使用功率应减小，以防温度过高。为保证电路长期工作的可靠性，设计时应允许电位器阻值有±10%的容差。

（3）降额准则

非线绕电位器的降额准则见表 5-21。

表 5-21　非线绕电位器的降额准则

降 额 参 数		降 额 等 级		
		Ⅰ	Ⅱ	Ⅲ
电压		0.75	0.75	0.75
功率	合成、薄膜型	0.30	0.45	0.60
	精密塑料型	不采用^①	0.50	0.50
环境温度		按负荷特性曲线降额		

注：① 失效率高，接触电阻变大，在Ⅰ级降额情况下不应采用，代之以固定电阻器。

2. 线绕电位器

（1）概述

按线绕电位器的结构和功率额定值，可将其分为功率电位器、普通电位器和精密微调电位器。线绕电位器降额的主要参数是电压、功率和环境温度。由于线绕电位器是部分接入负载，其功率额定值应根据使用阻值按比例做相应的降额。

（2）应用指南

随大气压力的减小，电位器可承受的最高工作电压减小，使用时应按元件相关规范要求做进一步降额。线绕电位器额定功率值的确定均已考虑一定的工作温度和散热面积。对不同的应用，应考虑其安装技术。线绕电位器在实际使用中与"地"间电位差大于额定值时，应考虑附加的绝缘措施。不推荐使用电阻合金线直径小于 0.025mm 的电位器。为保证电路长期可靠的工作，设计时应允许线绕电位器有一定的阻值容差：精密线绕电位器为±0.4%，功率型线绕电位器为±1.5%。

（3）降额准则

线绕电位器的降额准则见表 5-22。

表 5-22　线绕电位器的降额准则

降 额 参 数		降 额 等 级		
		Ⅰ	Ⅱ	Ⅲ
电压		0.75	0.75	0.75
功率	普通型	0.30	0.45	0.50
	非密封功率型	—	—	0.70
	微调线绕型	0.30	0.45	0.50
环境温度		按负荷特性曲线降额		

注：Ⅰ、Ⅱ级降额不使用非密封功率电位器。

八、电容器降额准则

1. 固定纸/塑料薄膜电容器

（1）概述

固定纸/塑料薄膜电容器包括纸介、金属化纸、金属化塑料、穿心等薄膜电容器。薄膜电容器的绝缘电阻高，介质吸收低，但易老化，耐热性差。固定纸/塑料薄膜电容器降额的主要参数是工作电压和环境温度。

（2）应用指南

使用中电容器的直流电压与交流峰值电压之和不得超过降额后的直流工作电压。使用中交流峰值电压与直流额定电压之比不得超过元件技术规范规定的限值。电容器温度为环境温度与交流负载引起的外壳温升之和。金属化纸介电容器直流工作电压的过度降额将使电容器的自愈能力下降。为保证电路长期可靠的工作，设计时应允许电容器电容有±2%的容差和50%的绝缘电阻下降。

（3）降额准则

固定纸/塑料薄膜电容器的降额准则见表5-23。

表 5-23　固定纸/塑料薄膜电容器的降额准则

降 额 参 数	降 额 等 级		
	Ⅰ	Ⅱ	Ⅲ
直流工作电压	0.50	0.60	0.70
环境温度/℃	T_{AM}[①]-10		

注：① 最高额定环境温度 T_{AM} 由元件相关规范确定。

2. 固定玻璃釉电容器

（1）概述

固定玻璃釉电容器具有损耗因子小、温度稳定性好、绝缘电阻高的特点。固定玻璃釉电容器降额的主要参数是工作电压和环境温度。

（2）应用指南

使用中固定玻璃釉电容器直流电压与交流峰值之和不得超过降额后的直流工作电压。在交流电路中工作时，固定玻璃釉电容器交流电压最大值不应超过元件相关规范规定的限值。固定玻璃釉电容器温度为环境温度与交流负载引起的外壳温升之和。为保证电路长期可靠的工作，设计时应允许固定玻璃釉电容器电容有±0.2%或 0.5pF 的容差（取其较大值）。

（3）降额准则

固定玻璃釉电容器的降额准则见表5-24。

表 5-24　固定玻璃釉电容器的降额准则

降 额 参 数	降 额 等 级		
	Ⅰ	Ⅱ	Ⅲ
直流工作电压	0.50	0.60	0.70
环境温度/℃	T_{AM}[①]-10		

注：① 最高额定环境温度 T_{AM} 由元件相关规范确定。

3. 固定云母电容器

（1）概述

固定云母电容器具有损耗因子小、绝缘电阻大、温度和频率稳定性较好、耐热性好的特点。但非密封固定云母电容器耐潮性差。固定云母电容降额的主要参数是工作电压和环境温度。

（2）应用指南

使用中固定云母电容器的直流电压与交流峰值电压之和不得超过降额后的直流工作电压。在交流电路工作时，交流电压最大值不应超过元件相关规范的规定。固定云母电容器在脉冲电路中工作时，脉冲电压峰值不应超过元件的额定直流工作电压。固定云母电容器温度为环境温度与交流负载引起的外壳温升之和。为保证电路长期可靠的工作，设计时应允许电容器电容有±0.5%的容差。

在高频电路中，通过固定云母电容器的电流不应超过公式（5-1）的计算值：

$$I = K / \sqrt[4]{f} \qquad\qquad (5-1)$$

式中，I——电流，A；

　　f——频率，Hz；

　　K——系数，通常 $K=2$。

（3）降额准则

固定云母电容器的降额准则见表 5-25。

表 5-25　固定云母电容器的降额准则

降额参数	降额等级		
	Ⅰ	Ⅱ	Ⅲ
直流工作电压	0.50	0.60	0.70
环境温度/℃	T_{AM}[①]-10		

注：① 最高额定环境温度 T_{AM} 由元件相关规范确定。

4. 固定陶瓷电容器

（1）概述

固定陶瓷电容器绝缘电阻高，温度、频率稳定性较好。固定陶瓷电容器降额的主要参数是工作电压和环境温度。

（2）应用指南

使用中固定陶瓷电容器的直流电压与交流峰值电压之和不得超过降额后的直流工作电压。固定陶瓷电容器耐热性能较差。焊接温度过高可能损伤密封或使电极与引出线连接变差，温度突变也可能使密封与介质破损。穿心电容器电流应限制在内电极额定电流（与内电极直径有关）的 80%。固定陶瓷电容器温度为环境温度与交流负载引起外壳温升之和。为保证电路长期可靠的工作，设计时应允许瓷介电容器有 ±0.2% 或 0.5pF（取较大值）的电容容差；普通陶瓷电容器有 ±25% 的电容容差；温度补偿陶瓷电容器有 ±1.5% 的电容容差。

（3）降额准则

固定陶瓷电容器的降额准则见表 5-26。

表 5-26　固定陶瓷电容器的降额准则

降额参数	降额等级		
	Ⅰ	Ⅱ	Ⅲ
直流工作电压	0.50	0.60	0.70
环境温度/℃	T_{AM}[①]-10		

注：① 最高额定环境温度 T_{AM} 由元件相关规范确定。

5. 电解电容器

（1）概述

电解电容器按极性可分为有极性、无极性电容器，按正极所用金属可分为铝、钽、钛、钽银合金型电解电容器。电解电容器降额的主要参数是工作电压和环境温度。

（2）应用指南

铝电解电容器不能承受低温和低气压，因此只限于地面使用。使用中电解电容器的直流电压与交流峰值电压之和不得超过降额后的直流工作电压。对有极性电容器，交流峰值电压应小于直流电压分量。固体钽电容器的漏电流将随着电压和温度的增高而加大。这种情况有可能导致漏电流"雪崩现象"，而使电容器失效。为防止这种现象的发生，在电路设计中应有不小于每伏 3Ω 的等效串联阻抗。固体钽电容器不能在反向波动条件下工作，其可承受的反向电压见相关规范。非固体钽电容器在有极性的条件下不允许加反向电压。电容器温度为环境温度与交流负载引起的外壳温升之和。为保证电路长期可靠的工作，设计时应允许固体钽电容器有±10%的电容容差和100%的漏电流增量；非固体钽电容器有±15%的电容容差和50%的漏电流增量，100%的损耗系数增量。

（3）降额准则

电解电容器的降额准则见表5-27。

表 5-27 电解电容器的降额准则

降 额 参 数	降 额 等 级		
	I	II	III
直流工作电压	—	—	0.75
环境温度/℃	—	—	T_{AM}[①]-20
直流工作电压	0.50	0.60	0.70
环境温度/℃	T_{AM}[①]-20		

注：① 最高额定环境温度 T_{AM} 由元件相关规范确定。

6. 可变电容器

（1）概述

可变电容器可分为活塞式管状微调可变电容器和气体或真空介质、陶瓷和玻璃外壳可变电容器。可变电容器降额的主要参数是工作电压和环境温度。

（2）应用指南

使用中可变电容器直流电压与交流峰值电压之和不得超过电容器降额后的直流工作电压。可变电容器温度为环境温度与交流负载引起的外壳温升之和。为保证电路长期可靠的工作，设计时应允许可变电容器有±5%的电容容差。

（3）降额准则

可变电容器的降额准则见表5-28。

表 5-28 可变电容器的降额准则

降 额 参 数	降 额 等 级		
	I	II	III
直流工作电压	0.30、040[①]	0.50	0.50
环境温度/℃	T_{AM}[②]-10		

注：① 活塞式可变电容器取值 0.30，圆筒式可变电容器取值 0.40。
② 最高额定环境温度 T_{AM} 由元件相关规范确定。

九、电感元件降额准则

1. 概述

电感元件包括各种线圈和变压器。电感元件降额的主要参数是热点温度。

2. 应用指南

为防止绝缘击穿，线圈的绕组电压应维持在额定值。工作在低于其设计频率范围的电感元件会产生过热和可能的磁饱和，使元件的工作寿命缩短，甚至导致线圈绝缘破坏。

3. 降额准则

电感元件的热点温度额定值与线圈绕组的绝缘性能、工作电流、瞬态初始电流及介质耐压有关。绕组电压和工作频率是固定的，不能降额。电感元件的降额准则见表 5-29。

表 5-29　电感元件的降额准则

降 额 参 数	降 额 等 级		
	I	II	III
热点温度/℃	T_{HS}[①]—（40～25）	T_{HS}—（25～10）	T_{HS}—（15～0）
工作电流	0.6～0.7	0.6～0.7	0.6～0.7
瞬态电压/电流	0.9	0.9	0.9
介质耐压	0.5～0.6	0.5～0.6	0.5～0.6
电压[②]	0.70	0.70	0.70

注：① T_{HS} 为额定热点温度。

　　② 只适用于扼流圈。

十、继电器降额准则

1. 概述

继电器品种繁多，但就其内部结构而言，主要有衔铁式和舌簧式两种。继电器降额的主要参数是连续触点电流、线圈工作电压、线圈吸合/释放电压、振动和温度。

2. 应用指南

切忌用触点并联方式来增加电流量。因为触点在吸合或释放瞬间并不同时通断，这样可能在一个触点上通过全部负载电流，使触点损坏。电感、电容器和白炽灯泡负载的开/关瞬间，其瞬态脉冲电流可比稳态电流大 10 倍，这种瞬态脉冲电流超过继电器的额定电流时，将严重损伤触点，大大降低继电器的工作寿命。因此应采取相应的防范措施。继电器吸合/释放瞬时的触点电弧会引起金属迁移和氧化，使触点表面变得粗糙，进而出现接触不良或释放不开的问题。使用中应有消弧电路。环境温度的升高，将使线圈电阻加大。为使继电器正常工作，需有更大的线圈驱动功率。继电器触点吸合最小维持电压（电流或交流有效值）为额定值的 0.9，最小线圈电压（有启动特性要求）为额定短时启动电压的 1.1。

3. 降额准则

继电器的降额准则见表 5-30。

表 5-30　继电器的降额准则

降 额 参 数		降 额 等 级			说　明
		I	II	III	
连续触点电流	小功率负载（＜100mW）	—	—	—	不降额
	电阻负载	0.5	0.75	0.90	
	电容负载（最大浪涌电流）	0.5	0.75	0.90	
	电感负载	0.5	0.75	0.90	电感额定电流的
		0.35	0.40	0.75	电阻额定电流的

续表

降额参数		降额等级			说明
		Ⅰ	Ⅱ	Ⅲ	
连续触点电流	电机负载	0.50	0.75	0.90	电机额定电流的
		0.15	0.20	0.75	电阻额定电流的
	灯丝负载	0.50	0.75	0.90	灯泡额定电流的
		0.07~0.08	0.10	0.30	电阻额定电流的
	触点功率	0.40	0.50	0.70	用于舌簧水银继电器
线圈释放电压	最大允许值	1.10			
	最小允许值	0.90			
温度		额定值减20℃			
振动限值		额定值的60%			
工作寿命（循环次数）		0.50	—	—	

十一、开关降额准则

1. 概述

开关主要有拨动式、旋转式、揿压式和敏感式四种类型。开关降额的主要参数是触点电流、电压和功率。

2. 应用指南

开关触点可并联使用，但不允许用这种方式达到增加触点电流量的目的。在高阻抗电路中使用的开关，须有足够的绝缘电阻（大于1000MΩ）。低温引起的湿气冷凝可能使开关触点污染或短路，应注意开关使用中所有高度（气压）的变化对温度和湿度的影响。

3. 降额准则

开关的降额准则见表5-31。

表5-31　开关的降额准则

降额参数		降额等级			
		Ⅰ	Ⅱ	Ⅲ	说明
连续触点电流	小功率负载（<100mW）	—	—	—	不降额
	电阻负载	0.50	0.75	0.90	
	电容负载	0.50	0.75	0.90	电阻额定电流的
	电感负载	0.50	0.75	0.90	电感额定电流的
		0.35	0.40	0.50	电阻额定电流的
	电机负载	0.50	0.75	0.90	电机额定电流的
		0.15	0.20	0.35	电阻额定电流的
	灯泡负载	0.50	0.75	0.90	灯泡额定电流的
		0.07~0.08	0.10	0.15	电阻额定电流的
触点额定电压		0.40	0.50	0.70	
触点额定功率		0.40	0.50	0.70	舌簧或水银开关

十二、电连接器降额准则

1. 概述

电连接器包括普通、印制线路板和同轴电连接器。影响电连接器可靠性的主要因素有插针/孔材料、接点电流、有源接点数目、插拔次数和工作环境。电连接器降额的主要参数是工作电压、工作电流和温度。

2. 应用指南

电连接器有源接点数目过大（如大于100），应采用接点总数相同的两个电连接器，这样可以增加可靠性。为增加接点电流，可将电连接器的接触对并联使用。每个接触对应按规定对电流降额，由于每个接触对的接触电阻不同，电流也不相同，因此在正常降额的基础上须再增加25%余量的接触对数。例如：连接2A的电流，采用额定电流1A的接触对，在Ⅰ级降额的情况下，需要5个接触对并联。在低气压下使用的电连接器应进一步降额，防止电弧对电连接器的损伤。

3. 降额准则

电连接器的降额准则见表5-32。

表5-32 电连接器的降额准则

降额参数	降额等级		
	Ⅰ	Ⅱ	Ⅲ
工作电压（DC 或 AC）[①]	0.50	0.70	0.80
工作电流	0.50	0.70	0.85
温度/℃	T_M[②]－50	T_M－25	T_M－20

注：① 电连接器工作电压的最大值将随其工作高度的增加而下降，它们的关系见产品的相关规范。电压降额的最终取值应为表5-32和相关规范限值中较小的值。

② 最高接触对额定温度 T_M 由电连接器相关规范确定，它应包括环境温度和功耗热效应引起的温升的组合。

十三、导线与电缆降额准则

1. 概述

导线与电缆主要有三种类型：同轴（射频）电缆、多股电缆和导线。影响导线与电缆可靠性的主要因素是导线间的绝缘和电流所引起的温升。导线与电缆降额的主要参数是应用电压和应用电流。

2. 应用指南

导线的截面尺寸、韧度和绕性应能提供足够安全的电流负载能力和强度。一般情况下不宜选用过细的导线。聚氯乙烯绝缘的电缆不得用于航空、航海和航天产品上。

3. 降额准则

导线与电缆的电流降额要求与其单根导线截面积、绝缘层的额定温度和线缆捆扎导线数有关。导线与电缆电流的降额准则见表5-33。当导线成束时，每一根导线设计最大电流按式（5-2）或式（5-3）降额：

$$I_{bw} = I_{sw} \times (29-N)/28 \quad （当 1<N \leqslant 15） \tag{5-2}$$

或

$$I_{bw} = \frac{1}{2} I_{sw} \quad （当 N>15） \tag{5-3}$$

式中：I_{bw}——一束导线中每根导线的最大电流，A；

I_{sw}——单独一根导线的最大电流，A；

N——一束导线的线数。

表 5-33 所列降额准则仅适用于绝缘导线的额定温度为 200℃的情况；对绝缘导线额定温度为 150℃、135℃和 105℃的情况，应在表 5-33 所示降额值的基础上再分别降额 0.8、0.7、0.5。

表 5-33　导线、电缆降额准则

降 额 参 数		降 额 等 级												
		I					II				III			
最大应用电压		最大绝缘电压规定值的 50%												
最大应用电流/A	导线规格 AWG[①]	30	28	26	24	22	20	18	16	14	12	10	8	6	4
	单根导线电流 I_{SW}/A	1.3	1.8	2.5	3.3	4.5	6.5	9.2	13.0	17.0	23.0	33.0	44.0	60.0	81.0

注：① AWG 是美制电线标准。

十四、旋转电器降额准则

1. 概述

旋转电器包括电机、自整角机、分解器和计时器等。电机包括交流电机和直流电机，其中交流电机又分同步电机和异步电机。旋转电器降额的主要参数是温度和负载。

2. 应用指南

温度是影响旋转电器寿命的最主要因素。温度过高会使绕组绝缘失效；温度过低可能使轴承失效。合适的工作环境温度范围为 0～30℃。应保持额定的电压值，以保证电机、自整角机、分解器最高的效率和可靠性。潮湿和污染易使绕组绝缘性能下降，产生低阻电泄漏。电机负载和转速影响电机的效率和工作寿命。过载或低速运转可能在绕组中产生高温和轴承过载。自整角机、分解器属低速部件，转速过快是有害的。

3. 降额准则

电机的降额准则见表 5-34。

表 5-34　电机的降额准则

降 额 参 数	降 额 等 级			说　明
	I	II	III	
工作温度/℃	$T_M^{①}$-40	T_M-20	T_M-15	
低温极限[②]/℃	0			
轴承负载	0.75	0.90	0.90	

注：① 最高额定工作温度 T_M 因电机绕组绝缘等级的不同而异，可参见电机相关规范。

② 低于 0℃的情况下一般应采用加热或预防保护措施。

十五、电路断路器降额准则

1. 概述

电路断路器主要有热、磁和热补偿三种类型。电路断路器种类的选用取决于导线的防护、负载要求、断路性能要求和环境条件。电路断路器降额的主要参数是通过触点的电流和环境温度。

2. 应用指南

正常负载出现大脉冲电流时，应具有延时中断性能。长期工作的断路器，其最大断路电流会增加（约 10%），最小断路电流会下降（约 10%）。

3. 降额准则

电路断路器的降额准则见表 5-35。

表 5-35　电路断路器的降额准则

降额参数	降额等级			说明
	I	II	III	
断路器电流	0.75		0.90	阻性负载
	0.75		0.90	容性负载
	0.40		0.50	感性负载
	0.20		0.35	电机负载
	0.10		0.15	灯丝负载
环境温度/℃	T_M[①]-20			

注：① 断路器最高额定环境温度 T_{AM} 由相规范确定。

十六、熔断器降额准则

1. 概述

熔断器主要有正常响应、延时、快动作和电流限制四种类型。熔断器降额的主要参数是电流。

2. 应用指南

电路电压不得超过熔断器的额定工作电压，以防断路时产生电弧。环境温度的变化会使熔断器的额定电流值变化，通常随着温度的增高，熔断器额定电流值降低（见熔断器相关规范）。强振动和冲击可能使保险丝断路。在空间环境中熔断器的特性可能发生变化，因此在航天器中使用熔断器应当慎重，尽可能避免使用熔断器。

3. 降额准则

熔断器的降额准则见表 5-36。

表 5-36　熔断器的降额准则

降额参数	降额等级			说明
	I	II	III	
电流大于 0.5A	0.45～0.5			环境温度不大于
电流小于等于 0.5A	0.20～0.40			25℃[①]

注：① 在环境温度超过 25℃时，熔断器的电流需按 0.005A/℃ 做附加降额。

十七、晶体降额准则

1. 概述

晶体的尺寸与它的工作频率有关。为了保持温度的稳定，有时晶体备有恒温槽。晶体降额的主要参数是驱动功率和工作温度。

2. 应用指南

高温、高湿环境易影响晶体的频率及其稳定性。冲击和振动环境可能使易碎的晶体破损，尺寸较大的晶体工作频率亦可能因此而下降。驱动电压过高可能使晶体承受的机械力超过它的弹性极限而破碎。

3. 降额准则

通常，晶体的驱动功率不能降额，因为它直接影响晶体的额定频率。晶体的工作温度须保持在规定的限值范围内，以保证达到额定的工作频率。具体工作温度范围为：比最低额定温度高10℃，比最高额定温度低10℃。

十八、电真空器件降额准则

1. 概述

电真空器件包括阴极射线管和微波管，其中微波管又包括行波管、磁控管和速调管等。

2. 应用指南

阴极射线管的大部分失效是热效应引起的阴极损坏，或振动、冲击引起的电子枪组件损坏。管壳和阴极温度对阴极射线管的可靠性有重要影响。设计时应考虑保持阴极射线管不工作期间其阴极处于有电降温状态，以减少冷启动电流和热循环的影响。

3. 降额准则

微波管的降额准则见表 5-37。

表 5-37　微波管的降额准则

降 额 参 数	降 额 等 级		
	Ⅰ	Ⅱ	Ⅲ
温度/℃	T_{AM}[①]-20		
输出功率	0.80		
反射功率	0.50		
占空比	0.75		

注：① T_{AM} 为微波管最高额定环境温度，由相关规范确定。

十九、声表面波器件降额准则

1. 概述

声表面波器件有各种类型，其中应用最多的是瑞利波器件。声表面波激励方法应用最多的是叉指换能器法。声表面波器件降额的主要参数是输入功率。

2. 应用指南

长期过高的温度将使声表面波器件的晶体性能严重退化，振动、冲击和温度交变循环数不应超过声表面波器件规定的额定值。

3. 降额准则

声表面波器件的降额准则见表 5-38。

表 5-38　声表面波器件的降额准则

降额参数		降额等级		
		I	II	III
输出功率	工作频率大于 100 MHz	降低+10dBm		
	工作频率小于 100 MHz	降低+20dBm		

二十、激光器件降额准则

1. 概述

常用的激光器主要有六种类型：氦/氖、砷离子、CO_2 密封、CO_2 流固态钕钇铝石榴石棒、固态红宝石棒。

2. 降额准则

各种类型的激光器有独特的工作参数，并且这些参数是相互关联的。因此难以采用常规的降额方法对参数值加以限定。然而，在条件允许的情况下，设计时应留出尽可能大的应力余量。

二十一、纤维光学器件降额准则

1. 概述

纤维光学器件主要有四种类型：光纤光源、光纤探测器、光纤/光缆和光纤连接器。光纤光源主要有两种类型：光发射二极管（LED）和注入式光激射二极管（ILD）。光纤光源降额的主要参数是温度和功率。光纤探测器目前使用的主要有两种类型：PIN（DN 结中间增加一薄层低掺杂的本征（Intrinsic）半导体层，组成的这种 P-I-N 结构的二极管）结构的硅二极管和 APD（雪崩光敏）结构的硅二极管。光纤探测器降额的主要参数是温度和反向电压。光纤/光缆就其结构形式可分为两种主要的类型：单纤光缆和多纤光缆。光纤/光缆降额的主要参数是温度、张力、弯曲半径和核辐射剂量。光纤连接器目前多用的是单接点的。光纤连接器降额的主要参数是温度和插拔次数。

2. 应用指南

注入式光激射二极管（ILD）光源须精心设计，以完全消除致使器件完全失效的过电流脉冲。应考虑到器件的缓慢退化，光源输出功率应留有必要的设计余量。应降低器件的温度，以延缓光源器件性能的退化。降低和消除热和机械冲击，以及振动应力，以防止器件晶体缺陷的增大，使可用输出功率下降。注入式光激射二极管（LID）的过大的光输出功率可能使器件受损或失效。APD（雪崩光敏）结构的硅二极管增益应留有必要的设计余量，以控制器件效率的下降和工作点的漂移。光缆的主要失效模式是折断性能衰退，主要原因是温度、核辐射和机械应力，其中温度变化可能在光纤上产生机械应力（光纤与光纤外罩热膨胀系数不同所致）。温度变化还会改变光纤外罩的折射系数，使光纤性能退化甚至失效。光缆弯曲半径引起的张力可能会导致其折断，设计中应予以注意。

3. 降额准则

1）光纤光源

光纤光源降额的主要参数是温度和光发射二极管（LED）的功率耗散（电压、电流），注入式光激射二极管（ILD）的光功率耗散。光纤光源的降额准则见表 5-39。

表 5-39 光纤光源的降额准则

降 额 参 数	降 额 等 级			说　　　明
	I	II	III	
峰值光输出功率	0.50			适用于 ILD
电流	0.50			适用于 LED
结温	设法降低			结温与失效率成指数关系

2）光纤探测器

光纤探测器的功率不需降额（内部功耗很小）。光纤探测器的降额准则见表 5-40。

表 5-40 光纤探测器的降额准则

降 额 参 数	降 额 等 级			说　　　明
	I	II	III	
PIN 反向压降	0.60			
反向压降 APD	不降额			用于器件增益调节，略低于击穿电压
结温	设法降低			结温与失效率成指数关系

3）光纤/光缆

光纤/光缆的降额准则见表 5-41。

表 5-41 光纤/光缆的降额准则

降 额 参 数		降 额 等 级		
		I	II	III
温度℃		上限额定值下降 20		
		下限额定值上升 20		
张力	光纤	耐拉试验规定值的 20%		
	光缆	拉伸额定值的 50%		
弯曲半径		最小允许值的 200%		
核辐射		在产品相关规范基础上降额或加固		

[例 5.1] 运算放大器降额准则应用示例。

从数据手册上查得某型号运算放大器的额定值如下：

正电源电压 V_{CC} = +22 V；负电源电压 V_{EE} = −22 V；输入差动电压 V_{ID} =±20 V；输出短路电流 I_{OS} = 20 mA；最高结温 T_{jm} = 150℃；总功率 P_{tot} = 500 mW；热阻 θ_{JC} = 160℃/W；在 70℃以上，按-6.25mW/℃降额。

根据表 5-3，以 I 级降额为例计算得出：

正电源电压 V_{CC} = +15.4 V；负电源电压 V_{EE} = −15.4 V；输入差动电压 V_{ID} = ±12 V；输出短路电流 I_{OS} = 14 mA；总功率 P_{tot} = 350 mW；最高结温 T_{jm} = 80℃。

根据"输入电压在任何情况下不得超过电源电压"的原则，输入差动电压 V_{ID} 应不大于±15V。II 级和III级降额的计算可依此类推。为了使结温和功率同时满足表 5-3 的要求，放大器必须根据不同的降额等级工作在图 5-1 所示降额曲线的范围内。

[例 5.2] TTL 数字电路降额准则应用示例。

从数据手册上查得某型号 TTL 门电路的额定值如下：

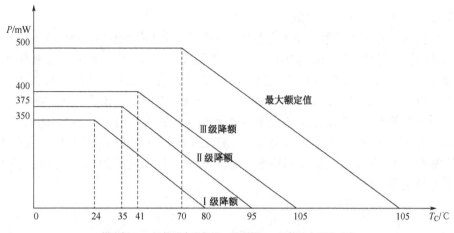

横坐标 T_C—运算放大器气温；纵坐标 P—运算放大器总功率

图 5-1　运算放大器降额曲线

电源电压 $V_{CC} = \pm 5.05\%$ V；电源电流 $I_{CC} = 27$ mA（不带负载）；输入高电平 $V_{IH} = 2.0$ V；输入低电平 $V_{IL} = 0.8$V；输出高电平 $V_{OH} = 2.4$ V；输出低电平 $V_{OL} = 0.4$ V；扇出 $N_O = 20$；热阻 $\theta_{JC} = 28$℃/W。

根据表 5-4 可得降额后的扇出 N_O 及最高结温：

$N_O = 20 \times 0.8 = 16$；Ⅰ、Ⅱ、Ⅲ级降额的最高结温分别为 85℃、100℃、115℃。

最坏情况的静态功率 P_D：

Ⅰ级，$P_{DI} = 5.15 \times 27 = 139.05$mW。

Ⅱ、Ⅲ级，$P_{DII} = P_{DIII} = 5.25 \times 27 = 141.75$mW。

每个典型 TTL 门的 $I_{OL} = 1.6$mA、$V_{OL} = 0.4$V，当 $N_O = 16$ 时，该电路所驱动的最大负载功率 $P_L = 16 \times 0.4 \times 1.6 = 10.24$mW。

Ⅰ级总功率　$P_{tot} = 139.05 + 10.24 =$ mW $149.29 \approx 0.149$ W。

Ⅱ级、Ⅲ级总功率　$P_{tot} = 141.75 + 10.24 = 151.99$mW ≈ 0.152 W。

壳温：

$T_C = T_{jm} - P_{tot} \times \theta_{JC}$；对于Ⅰ级 $T_{CI} = 85 - 0.149 \times 28 = 80.83$℃；Ⅱ级，$T_{CII} = 100 - 0.152 \times 28 = 95.74$℃；Ⅲ级，$T_{CIII} = 115 - 0.153 \times 28 = 110.74$℃。

当电路的壳温超过上述范围时，功率（输出电流）必须减小，以保持结温在表 5-4 规定的范围之内。

[例 5.3] 晶体管降额准则应用示例。

（1）功率降额

晶体管允许的总耗散功率与环境温度（或壳温）的关系可用图 5-2 所示的功率-温度负荷特性曲线来表示。小功率晶体管最大额定功率对应的环境温度通常在-55～+25℃之间，当超过了温度上限后，其允许的总耗散功率值线性下降，直至下降到 0，此时的环境温度（或壳温）对应于晶体管的最高结温。曲线斜线部分的斜率约等于热阻的倒数，它与器件的物理常数有关。图 5-2（a）、（b）、（c）阴影部分分别为Ⅰ、Ⅱ、Ⅲ级降额的允许工作区，降额的曲线均与额定值曲线平行。开关晶体管、高频晶体管的功率-环境温度（或壳温）降额曲线示例分别见图 5-3 和图 5-4。功率晶体管降额应同时考虑满足功率和温度的降额准则要求，其降额曲线如图 5-5 所示。

（2）二极管降额准则应用示例

开关二极管允许的总耗散功率（或电流）与环境温度（或壳温的）的关系可用功率（或电流）-环境温度降额曲线表示（见图5-6）。小电流或小功率二极管最大额定电流或功率对应的环境温度范围通常在-55～+25℃之间，当超过了温度上限后，其允许的电流或功率将线性下降，直至下降到0，此时的环境温度（或壳温）对应于二极管的最高结温。曲线斜线部分的斜率约等于热阻的倒数，它与器件的物理常数有关。图5-6（a）、（b）、（c）阴影部分分别为开关二极管Ⅰ、Ⅱ、Ⅲ级降额的允许工作区，降额的曲线均与额定值曲线平行。图5-7和图5-8分别为整流二极管和稳压二极管功率-环境温度降额曲线。大电流整流管电流和结温降额见图5-9。

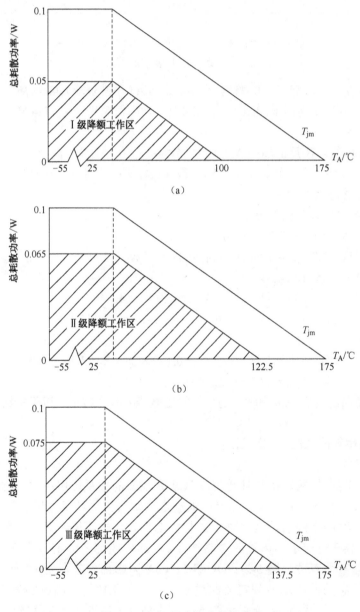

图5-2 功率-温度负荷特性曲线

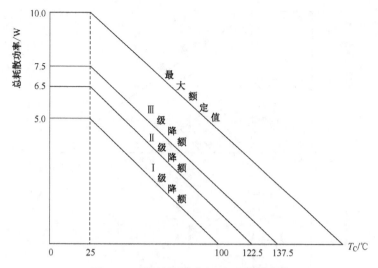

图 5-3　开关晶体管功率-壳温降额曲线

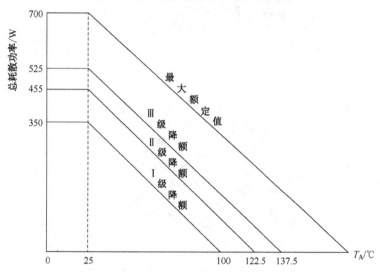

图 5-4　高频晶体管功率-环境温度降额曲线

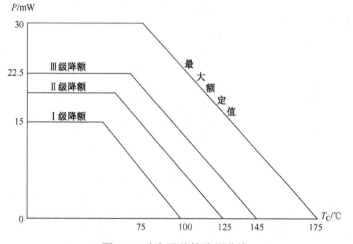

图 5-5　功率晶体管降额曲线

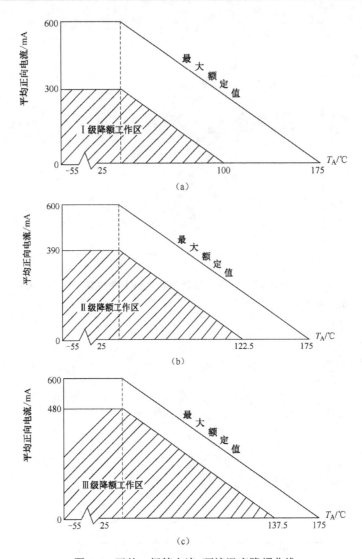

图 5-6　开关二极管电流-环境温度降额曲线

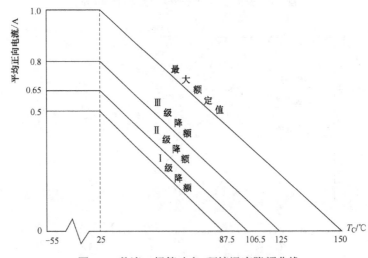

图 5-7　整流二极管功率-环境温度降额曲线

114

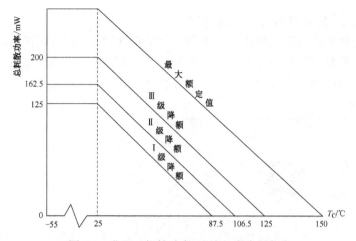

图 5-8　稳压二极管功率-环境温度降额曲线

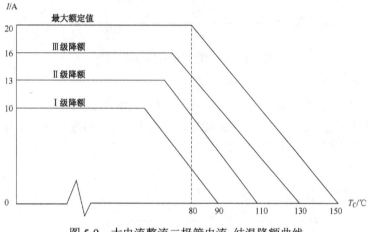

图 5-9　大电流整流二极管电流-结温降额曲线

[例 5.4] 可控硅降额准则应用示例。

可控硅降额准则应用与例 5.3 二极管降额准则应用示例相同，降额曲线见图 5-10。

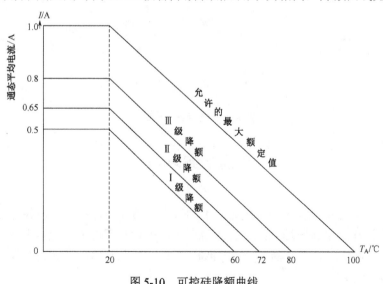

图 5-10　可控硅降额曲线

[例 5.5] 电阻器降额准则应用示例。

某合成型电阻器降额曲线如图 5-11 所示。由图 5-11 可见，在环境温度不大于 70℃（元件额定功率允许的最高环境温度见相关规范）时，功率降额可以满足要求；在环境温度大于 70℃时，功率必须做进一步降额，以满足元件热点温度降额的要求。

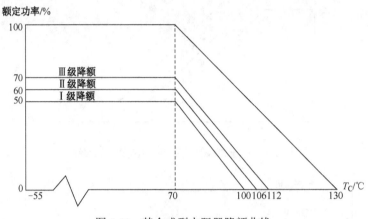

图 5-11　某合成型电阻器降额曲线

[例 5.6] 电容器降额准则应用示例。

典型的电容器（包括固定和可变）的降额曲线示例如图 5-12 所示。图中所示的某电容器的额定最高环境温度为 70℃，降额至 60℃，对应 I、II、III 级降额的工作直流电压与额定直流电压之比分别为 0.5、0.6 和 0.7。

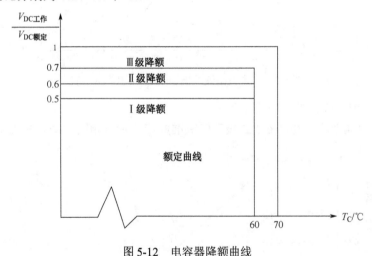

图 5-12　电容器降额曲线

实践练习五

5-1　图 5-13 为可控稳压电源电路，上网查出所用元器件的参数，并对该电路中的元器件进行降额设计。电路原理介绍：变压器变压，电桥整流电流，电容器 C_1 滤波，使用 LM317 输出 1.25～24V，电容器 C_1 与 C_2 抑制纹波，二极管 VD_5 和 VD_6 起保护作用。

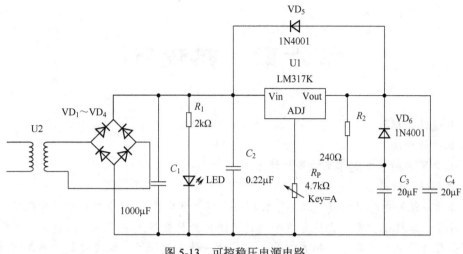

图 5-13 可控稳压电源电路

5-2 简述集成电路、晶体管、二极管结温与环境温度的关系。

5-3 简述电容器降额方法。

5-4 运算放大器如何进行降额？

5-5 继电器如何进行降额？

第六章 热设计

- 热设计基础知识。
- 热设计方法。
- 散热风扇的基本定律及噪声的评估。
- 产品热设计验证判定标准。

在调试或维修电路的时候，我们常提到一个词"**烧了"，这个**可能是电阻器、熔断器、芯片等，或许很少有人会追究这个词的用法，为什么不是用"坏"而是用"烧"？其原因就是在电子电气产品中，热失效是最常见的一种失效模式。电流过载，局部空间内短时间通过较大的电流，会转化成热，热量不易散掉，导致局部温度快速升高，过高的温度会烧毁导电铜皮、导线和器件本身。所以，电失效的很大一部分是热失效。

高温对电子产品会产生：绝缘性能退化、元器件损坏、材料的热老化、低熔点焊缝开裂及焊点脱落等影响。一般而言，温度对元器件的影响是：温度升高电阻器阻值降低；高温会降低电容器的使用寿命；高温会使变压器、扼流线圈绝缘材料的性能下降，一般变压器、扼流线圈的允许温度要低于95℃；温度过高还会造成焊点合金结构的变化——IMC增厚，焊点变脆，机械强度降低；结温的升高会使晶体管的电流放大倍数迅速增加，导致集电极电流增加，又使结温进一步升高，最终导致晶体管失效。

那么，如果假设电流过载严重，但该部位散热极好，能把温升控制在很低的范围内，是不是器件就不会失效了呢？答案为"是"。

由此可见，如果想提高产品的可靠性，一方面使设备和零部件的耐高温特性提高，能承受较大的热应力；另一方面是加强散热，使环境温度和过载引起的热量全部散掉，产品可靠性一样可以提高。

本章将讲述控制产品内部电子元器件温度的方法、产品的热设计方法、散热风扇的基本定律及噪声的评估等内容。

第一节 热设计基础知识

一、热传递的基本概念

热量的传递有导热、对流换热及辐射换热三种方式。在终端设备散热过程中，这三种方式都有发生。

1. 热量传递的三种基本方式

（1）导热

物体各部分之间不发生相对位移时，依靠分子、原子及自由电子等微观粒子的热运动而传递热量称为导热。例如，固体内部的热量传递和不同固体通过接触面的热量传递都是导热现象。芯片向壳体外部传递热量主要就是通过导热。

集成电路导热路径如图 6-1 所示。导热过程中传递的热量按照 Fourier 导热公式计算。

$$Q=\lambda A(T_\mathrm{h}-T_\mathrm{c})/\delta \qquad (6\text{-}1)$$

式中：Q——热流量，单位时间通过传热面的热量，W；

　　　A——与热量传递方向垂直的面积，m^2；

　　　T_h——高温面温度。℃；

　　　T_c——低温面温度。℃；

　　　δ——两个面之间距离，m；

　　　λ——材料导热系数，W/（m·K）。

一般说，固体的导热系数大于液体，液体的大于气体。例如，常温下纯铜的导热系数高达 400W/（m·K），纯铝的导热系数为 236W/（m·K），水的导热系数为 0.6 W/（m·K），而空气仅 0.025W/（m·K）左右。铝的导热系数高且密度低，所以散热器基本都采用铝合金加工，但在一些大功率芯片散热中，为了提升散热性能，常采用铝散热器嵌铜块或者铜散热器。

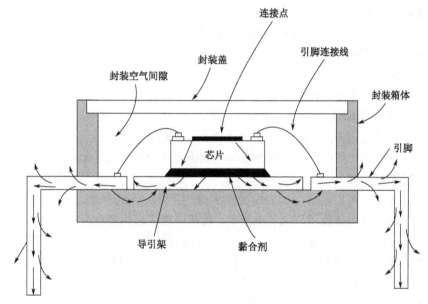

图 6-1　集成电路导热路径

（2）对流换热

对流换热是指运动着的流体流经温度与之不同的固体表面时与固体表面之间发生的热量交换过程，这是通信设备散热中应用最广的一种换热方式。根据流动的起因不同，对流换热可以分为强制对流换热和自然对流换热两类。前者是由泵、风机或其他外部动力源所造成的；而后者通常是由于流体自身温度场的不均匀性造成不均匀的密度场，由此产生的浮升力成为运动的动力。

机柜中通常采用的风扇冷却散热就是最典型的强制对流换热。在终端产品中主要是自然对流换热。自然对流换热分为大空间自然对流换热（如终端外壳和外界空气间的换热）和有限空间自然对流换热（如终端内的单板和终端内的空气）。值得注意的是，当终端外壳与单板的距离小于一定值时，就无法形成自然对流。例如，手机的单板与外壳之间就只是以空气为介质的热传导。

对流换热的热量按照牛顿对流换热公式计算：

$$Q=\alpha A(T_w - T_f) \tag{6-2}$$

式中：Q——对流换热热量，W；

α——对流换热系数，W/（m·K）；

A——换热面积，m^2；

T_w——固体表面温度，℃；

T_f——流体温度，℃；

其换热曲线如图6-2所示。

（3）辐射换热

辐射是通过电磁波来传递能量的过程，热辐射是由于物体的温度高于绝对零度时发出电磁波的过程，两个物体之间通过热辐射传递热量称为辐射换热。物体表面之间的热辐射计算是极为复杂的，其中最简单的是两个面积相同且正对着的表面间的辐射换热量计算，公式如下：

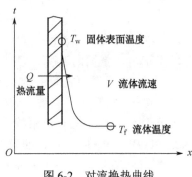

图6-2　对流换热曲线

$$Q=A\times 5.67\times 10^{-8}/(1/\varepsilon_h+1/\varepsilon_c-1)\cdot(T_h^4-T_c^4) \tag{6-3}$$

式中：Q—辐射热流量，W；

A—换热面积，m^2；

ε_h—高温面黑度或发射率；

T_h、T_c—高温面和低温面热力学温度，K。

表面的黑度或发射率，该值取决于物质种类、表面温度和表面状况，与外界条件无关，也与颜色无关。磨光的铝表面的黑度为0.04，氧化铝表面的黑度为0.3，油漆表面的黑度达到0.8，雪的黑度为0.8。

对于金属外壳，可以进行一些表面处理来提高黑度，强化散热。对于辐射散热，一个最大的错误认识是认为黑色可以强化热辐射，通常散热器表面黑色处理也助长了这种认识。实际上物体温度低于1800℃时，有意义的热辐射波长位于0.38～100μm之间，且大部分能量位于红外波段0.76～20μm范围内，在可见光波段内，热辐射能量比重并不大。颜色只与可见光吸收相关，与红外辐射无关，夏天人们穿浅色的衣服降低太阳光中的可见光辐射吸收。因此终端内部可以随意涂敷各种颜色的漆。

2. 热阻的概念

我们先对导热和对流换热的公式进行变换。

Fourier导热公式：

$$Q=\lambda A(T_h-T_c)/\delta=(T_h-T_c)/[\delta/(\lambda A)]$$

牛顿对流换热公式：

$$Q=\alpha A(T_w-T_f)=(T_w-T_f)/(1/\alpha A) \tag{6-4}$$

热量传递过程中，温度差是动力，好像电学中的电压；换热量是被传递的量，好像电学中的电流。因而式（6-4）中的分母可以用电学中的电阻概念来理解成导热过程的阻力，称为热阻（thermal resistance），单位为℃/W，其物理意义就是传递1W的热量需要多少度温差。

在热设计中将热阻标记为R或θ。$\delta/(\lambda A)$是导热热阻，$1/\alpha A$是对流换热热阻。器件的资料中一般都会提供器件的 R_{jc} 和 R_{ja}，R_{jc} 是器件的结到壳的导热热阻；R_{ja} 是器件的结到壳导热热阻和壳与外界环境的对流换热热阻之和。这些热阻参数可以根据实验测试获得，也可以根据详细的器件内部结构计算得到。根据这些热阻参数和器件的热耗，就可以计算得到器件的结温。

热路（热量传递路径）与电路中相关参数比较见表 6-1。

表 6-1　热路与电路相关参数比较

热　路	电　路
热耗：P/W	电流：I/A
温差：$\Delta T = T_2 - T_1$（℃）	电压：$V_{ab} = V_a - V_b$（V）
热阻：$\dfrac{\Delta T}{P} = \dfrac{T_2 - T_1}{P}$（℃/W）	电阻：$R = V/I$（Ω）
热容：$C = WC_p$（cal/℃）	电容：C（法）
热阻的串联：$R_{th} = R_{th1} + R_{th2} + \cdots$	电阻器的串联：$R = R_1 + R_2 + \cdots$
热阻的并联：$1/R_{th} = 1/R_{th1} + 1/R_{th2} + \cdots$	电阻器的并联：$1/R_1 = 1/R_1 + 1/R_2 + \cdots$

两个名义上相接触的固体表面，实际上接触仅发生在一些离散的面积元上，在未接触的界面之间的间隙中常充满了空气，热量将以导热和热辐射的方式穿过该间隙层，与理想中真正完全接触相比，这种附加的热传递阻力称为接触热阻。降低接触热阻的方法主要是增加接触压力和增加界面材料（如导热硅脂）填充界面间的空气。在涉及热传导时，一定不能忽视接触热阻的影响，需要根据应用情况选择合适的导热界面材料，如导热脂、导热膜、导热垫等。

（1）认识器件热阻

热阻参数 R 或 θ：

结（即芯片）到空气环境的热阻 θ_{ja}：

$$\theta_{ja} = (T_j - T_a)/P \tag{6-5}$$

结（即芯片）到封装外壳的热阻 θ_{jc}：

$$\theta_{jc} = (T_j - T_c)/P \tag{6-6}$$

结（即芯片）到 PWB 的热阻 θ_{jb}：

$$\theta_{jb} = (T_j - T_b)/P \tag{6-7}$$

式中：P——器件热耗散功率，W；

T_j——芯片结温，℃；

T_a——空气环境温度，℃；

T_b——芯片根部 PWB 表面温度，℃；

T_c——芯片表面温度，℃。

器件的热耗散功率主要以热量形式散发，所以，器件热阻公式里的热流量 Q 可以用热耗散功率 P 取代。热阻 θ_{ja} 参数是封装的品质度量，θ_{ja} 只能应用于芯片封装的热性能品质参数（用于性能好坏等级的比较），不能应用于实际测试与分析中的结温预计分析。θ_{jc} 是结到封装表面离结最近点的热阻值。θ_{jb} 用来比较安装于 PWB 板上表面的芯片封装热性能的品质参数，针对的是双信号层、双隐蔽电源层，不适用 PWB 板上有不均匀热流的芯片封装。不同封装的热特性见图 6-3。

（2）典型器件封装散热特性

图 6-4 为 SOP（Small Out-Line Package）封装形式，引脚从封装两侧引出，呈海鸥翼状 L 字形。影响 SOP 封装散热的因素分为外因和内因，其中内因是影响 SOP 散热的关键；影响散热的外因是器件引脚与 PWB（Printed Wiring Board，印制线路板）的传热热阻、器件上表面与环境的对流散热热阻；内因源于 SOP 封装本身具有很高导热热阻。

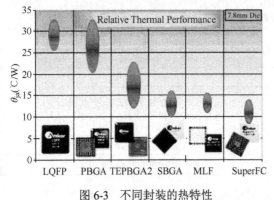

图 6-3　不同封装的热特性　　　　　图 6-4　SOP 封装形式

SOP 封装散热主要通过三个途径：

① 芯片的热量通过封装材料传递至器件上表面，然后对流散热，低递热的封装材料影响散热。

② 通过芯片粘胶、芯片固定盘及封装材料和器件底面与 PWB 之间的空气层后，传递到 PWB 散热，低导热的封装材料和空气层影响散热。

③ 芯片热量通过引脚传递到 PWB，引脚和芯片之间是极细的连接线，因此，芯片和引脚之间存在很大的导热热阻，限制了引脚散热。

图 6-5 是一种功率器件的封装结构，特点是芯片采用空腔向上方式布置，封装的固定盘从封装底部外露，并焊接在 PWB 表面；或者在衬垫底部黏结一个金属块，该金属块外露于封装底部，并焊接在 PWB 表面。芯片热量通过金属直接传递到 PWB 上，消除了原先的封装材料和空气层的热阻。

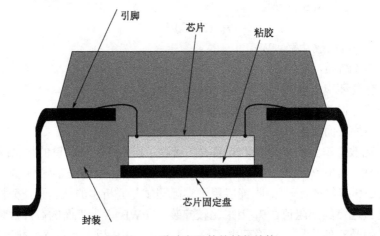

图 6-5　一种功率器件的封装结构

图 6-6 所示封装相当于把底部增强散热型 SOP 封装倒置过来贴装到单板上。由于裸露

在芯片上表面的衬垫面积很小，除了起到均匀芯片温度的作用外，实际直接散热的性能很差，一般还需要与散热器结合来强化散热。如果芯片表面不安装散热器，该金属衬垫的主要作用是把芯片传递来的热量扩散开来，再传递给芯片内部的引脚，最后通过引脚把热量传递给 PWB 散热，金属衬垫起到缩小芯片裸片和引脚间导热热阻的作用。

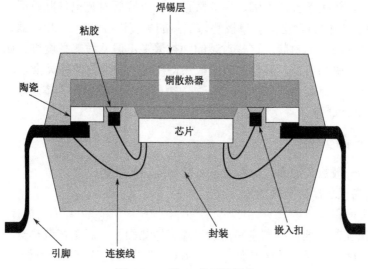

图 6-6　一种 IC 的封装结构

当 FC-BGA（Flip Chip Ball Array）倒装芯片球的栅格阵列封装热耗在 1～6W 时，可以采用直接强迫对流散热；当热耗在 4～10W 时，需要加装散热器强化散热；当热耗为 8～25W 时，需要高端的散热器配合合适的风道来进行强化散热。

图 6-7 为 TO 器件（直插器件）的散热模式，TO 器件的散热往往需要较大的铜皮，那么对于面积紧张的单板如何来实现散热？按重要程度依次为：

➢ 过孔；
➢ 单板的层结构（地层或者电源层的位置）；
➢ 地层或者电源层的铜皮厚度；
➢ 焊盘厚度。

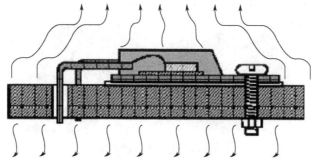

图 6-7　TO 器件的散热模式

3. 单板散热方案
好的单板散热方案必须针对器件的散热特性进行设计。
① THD（Through Hole Devices）器件（须穿过孔的器件）的引脚数量少，焊接后封

装也不紧贴单板，与单板的热关联性很小，该类器件的热量都是通过器件表面散到环境中。因此，早期的器件散热研究比较注重于器件表面的空气流动，以期获得比较高的器件表面对流换热系数。

② SMD（Sureface Mounted Devices）器件（表面贴装器件）集成度高，热耗也大，是散热关注的重点。该类器件的引脚、焊球数量多，焊接后封装也紧贴单板，与单板建立起紧密的换热联系，散热方案必须从单板整体散热的角度进行分析。SMD 器件针对散热需求也出现了多种强化散热的封装，这些封装的种类繁多，但从散热角度进行归纳分类，以引脚封装和焊球封装最为典型，其他封装的散热特性可以参考这两种类推。

③ PGA（Pin Grid Array，插针网格阵列）类的针状引脚器件基本忽略单板散热，以表面散热为主，如 CPU 等。

二、散热器介绍

散热器即为一散热扩展面，热阻表征其散热性能的优劣。

1. 如何提高散热器的散热能力

（1）提高表面积 A

提高表面积 A 就是要在相同空间内适当增大散热面积，新工艺散热器不断降低翅片厚度、提高翅片密度也主要基于这方面考虑。图 6-8 为提高翅片密度散热器。

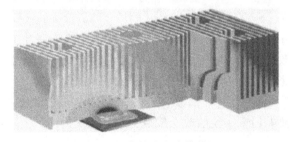

图 6-8　提高翅片密度散热器

（2）提高换热系数 h

就提高换热系数而言，可以提高散热器表面流速，被动散热就是加大系统风速，主动散热就要提高板级风扇的流量。图 6-9 为一款主动散热散热器。

图 6-9　主动散热散热器

（3）提高发射率

辐射散热能力提升主要通过提高散热器表面发射率来实现，常用方法是表面做涂漆或喷沙、阳极氧化等措施。辐射对散热在自然散热条件下有一定影响，强迫空冷基本没有效果，并且一般散热器发射率的差异不大，在产品中一般不作重点考虑。

2. 热管散热器设计与应用技术

（1）技术应用背景

随着产品功能的不断拓展，整机及关键器件的功耗也快速上升。如光网络的某交叉板上的芯片，功耗达 33W。波分拉曼光模块功耗达 40W，最大允许壳温仅 70℃。针对上述应用场景，普通的铝型材、铜焊等类型的散热器已不能满足散热要求，需要采用性能更加优越的新型散热器。

（2）技术简介及应用场合

热管是一种依靠内部工质相变进行高效热量传递的导热元件，通过在散热器基板埋入及穿 FIN（热管穿过鳍片）等手段实现散热器基板的均温及提高翅片效率等，从而实现散热器整体性能的大幅提升。

图 6-10 和图 6-11 分别为不同类型的热管散热器。使用该类散热器解决诸如大功耗 CPU、笔记本电脑 CPU 的远端散热等，技术成熟，应用可靠性高，成本也随着应用量的增大而快速降低，目前已开始广泛采用。在高功耗 IC 器件、高热流密度模块等应用场合也已采用这类技术解决散热问题。图 6-12 为在某高性能服务器上所采用的热管散热器和笔记本电脑热管散热模组。

图 6-10　热管散热器 1

图 6-11　热管散热器 2

（a）在高性能服务器上所采用的热管散热器

（b）笔记本电脑热管散热模组

图 6-12　热管散热器应用示例

3. 蒸气腔散热器技术

（1）技术应用背景

高性能刀片服务器和大功耗光模块等应用场合中，单个器件功耗大，散热器可用高度严重受限，相应地给散热器的设计与应用带来极大的挑战。Intel、AMD 等 CPU 厂商新近推出的性能优化双核、四核等服务器 CPU（如 Clovertown 和 Harpertown 等）功耗都已达到 120W，甚至更高的水平。某光模块，其整体功耗为 26W，其中单个器件最高功耗 9W，散热器整体可用高度仅 8mm。

（2）技术原理

针对上述的高热流密度器件散热及散热器整体高度严重受限的应用场合，进行了专门针对此类问题的蒸气腔散热器（VCHS）技术研究。蒸气腔散热器本质上是将整块基板做成扁平状的热管，实现基板的良好均温，从而进一步提升散热器的整体性能。其工作原理图如图 6-13 所示。集中热源对 VC 基板局部加热，导致该处工质沸腾蒸发，由于流动阻力极小，工质蒸气在蒸气空间内快速完全扩展，并在安装翅片一侧的冷端面放热冷凝，冷凝后的工质液体再经由吸液芯结构输运至热源处再次蒸发，从而完成工质循环和热量传递。研究表明，该种散热器的基板平面方向的当量导热系数值可达 4000W/（m·K）的水平，是纯铜材料的十倍以上，可以极大改善局部热点问题。

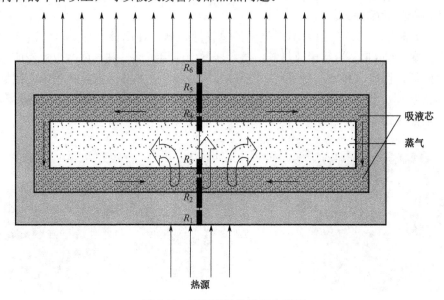

图 6-13　蒸气腔散热器工作原理

三、导热材料介绍

由图 6-14 可以看出，任何材料的接触面都存在间隙，导热材料能填充界面间隙，降低界面热阻。

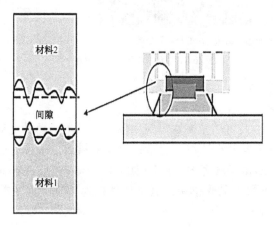

图 6-14　导热材料的应用示例

为满足不同场合的散热需求，目前很多导热材料厂家开发了各种各样的界面导热材料，根据界面导热材料的特点，大致有以下几类：

> 金属材料，如 Sn/Pb 焊料等；
> 导热（硅）脂类；
> 导热硅橡胶类，如导热垫等；
> 胶水类，如 315 胶等；
> 导热黏性膜（带）类；
> 相变导热材料类；
> 混合物类；
> 导热绝缘垫片（无弹性）等。

1. 常用的界面导热材料——导热脂

通常由复合型导热固体填料、高温合成油（基础油如硅油），并加有稳定剂和改性添加剂（能改善和提高材料各种性能的添加剂）调配而成的均匀膏状物质，即导热脂。常用的导热脂为白色，也有灰色或金色等颜色。导热颗粒通常采用氧化锌、氧化铝、氮化硼、氧化银、银粉、铜粉等。

（1）导热脂特点

> 为最常见的界面导热材料，常采用印刷或点涂方式进行施加。
> 用于散热器和器件之间，散热器采用机械固持，最主要的优点是维修方便、价格便宜。
> 因可以很好地润湿散热器和器件表面，减小接触热阻，所以其导热热阻很小，适合大功率器件的散热。
> 使用时需要印刷或点涂，操作费时，工艺控制要求较高，难度大。
> 导热脂厚度越薄，热阻越小，因此使用时要控制厚度。

（2）使用方法

> 导热脂使用前，需要用干净棉布沾酒精先将器件、散热器表面擦洗干净。
> 导热脂使用时要求采用钢片等印刷工装进行导热脂的印刷施加，可根据实际单板布局情况灵活选择印刷在器件或散热器上。
> 采用工装进行导热脂印刷时，需要对印刷面积进行控制。导热脂印刷涂覆面积推荐占器件与散热器总接触面积的 70%～80%。
> 通常导热脂可印刷最小厚度为 0.08mm，推荐印刷工装的钢网厚度为 0.08～0.12mm。对于平面度较差的装配，可适当增加钢网厚度；对于手工涂抹导热脂的器件，要求导热脂尽可能少。

高导热系数导热脂应用时可通过合理设计工装，控制厚度，从而减小热阻，因此厚度控制工艺是导热脂应用的难点。控制导热脂厚度示意图如图 6-15 所示。

（3）使用注意事项

> 导热脂本身是绝缘介质，但是由于施加的层薄，难以避免固体凸点的接触，通常需要绝缘的地方不能使用导热脂。
> 为获得较好的接触性能，安装时需要一定的紧固力。
> 导热脂在使用时都会有硅油渗出，造成硅油污染，不适合周围有裸露触点的继电器的场合。

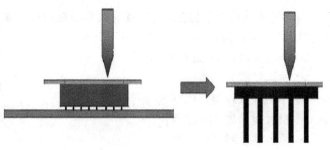

图 6-15　控制导热脂厚度示意图

表 6-2 为常用认证合格的导热脂，导热性能越好，成本越高。

表 6-2　常用的导热脂

型　　号	导热系数/W/（m·K）	35mm×35mm 封装材料成本估计/RMB（元）
DC340/KD-3	0.55～0.6	0.1
SE4490CV	1.7	0.8～1.5
TIG2000	2	0.8～1.5
tig4000	4	3～4
TC5021	3.3	2～3

2. 常用的界面导热材料——导热胶

导热胶主要由胶粘剂与导热颗粒组成，施加前是膏状混合物，施加后在一定的时间和条件下分子结合、固化。常用的导热胶按照胶体类型来分可以分为：环氧树脂系、丙烯酸系、有机硅系。按照组分分为单组分、双组分。导热胶有较好的黏结作用，不需机械固持；双组分无须混合，一边涂胶，一边涂固化水，具有使用方便、常温固化、固化条件简单、固化速度快等优点。导热系数低（约 0.8W/（m·K）），只适合用于小功率器件的散热。导热界面层的厚度一般在 4～5mil（100mil=2.54mm）之间，对散热器表面状态敏感，表面污染的器件散热器的结合力弱。现场工艺控制严格，胶层太厚或固化水太多都会影响结合力。

（1）认证合格的导热胶性能

常用认证合格的导热胶性能见表 6-3。

表 6-3　常用认证合格的导热胶性能

型　号	导热系数/W/(m·K)	使用温度范围/℃	性 能 特 点	固 化 条 件
315	0.808	-40～125	双组分胶，需要固化，使用时厚度控制在 4～5mil，不需要额外的机械固定方法	用 7387 催化剂，在 20℃条件下 5min 初始固化，在 4～24h 完全固化

（2）315 导热胶的使用方法

➤ 首先用酒精擦拭芯片和散热器黏结面，晾干（约 1min 后即可）。

➤ 采用 0.12mm 的导热胶印刷工装，涂胶方式推荐为固化水涂在散热器上，导热胶涂在芯片表面。

➤ 采用干净的毛刷在散热器上刷涂固化水，不超过 2 滴，使黏结面有润湿的痕迹即可；然后待固化水挥发 15s～1min 后（不能超过 30min），组装上散热器。

➤ 采用 5～10N 的压力，从中间均匀挤压散热器，以使胶层均匀分布，实现良好的黏结层。

> 固化时压块工装施加一定的压强，以控制胶层的厚度在 0.15mm 以下。
> 一般情况下，40min 后 315 胶的黏结强度可达到完全固化的 80%；24h 后 315 导热胶可完全固化。

由于芯片表面凹凸不平的特殊情况（如 FCBGA），则芯片表面也需要先涂固化水之后再涂胶。存在某些芯片因周围器件干涉，无法使用手持式刷胶工装将 315 导热胶涂在芯片上，可使用翻盖工装，将 315 导热胶涂在散热器上。

3. 常用的界面导热材料——导热垫

导热垫主要应用及特点：

> 主要用于当半导体器件与散热表面之间有较大间隙需要填充时的场合。
> 几个芯片要同时共用散热器或散热底盘时，但间隙不一样的场合。
> 加工公差较大的场合，表面粗糙度较大的场合。
> 由于导热垫的弹性，使导热垫能减振，防止冲击，且便于安装和拆卸。

图 6-16 为弹性导热垫的结构及实物。通常情况下，对于相同导热系数的材料，硬度越低的导热垫，对应的界面热阻也就越低。

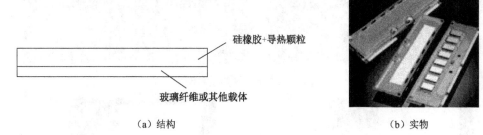

（a）结构 （b）实物

图 6-16 弹性导热垫

导热垫使用时需要一定的安装力，选用时需要考虑芯片的承受能力。导热垫压缩量越大，热阻越小。

导热垫一般用在芯片与结构件进行直接接触导热，或光电转换模块上用于激光驱动器与结构件及屏蔽罩进行直接接触导热。一般情况下，导热系数越高，成本越高。常用导热垫的导热系数与性能见表 6-4。

表 6-4 常用导热垫的导热系数与性能

型 号	导热系数/[W/（m·K）]	性 能 特 点
Gap pad vo soft	0.8	需要机械固持，可压缩到 50%，推荐压缩量不要超过 30%
Gap pad 3000S30（厚度有 0.5、2.5、0.25 mm）	3	需要机械固持，可压缩到 50%，推荐压缩量不要超过 30%

4. 常用的界面导热材料——相变导热膜

（1）功能特点

> 具有一定的相变温度，一般在 40～70℃之间。
> 使用时需要机械固定，一般须实现一定的界面压力。
> 热阻最低可以达到 0.01℃/W，适合用于大功率器件的界面导热。
> 材料厚度一般在 3～5mil 之间。
> 可分为绝缘型和非绝缘型两大类，绝缘型的可以使用于需要绝缘的场所。

图 6-17 和图 6-18 分别为相变导热膜的结构和应用示例。图 6-19 为相变导热膜发生相变过程。

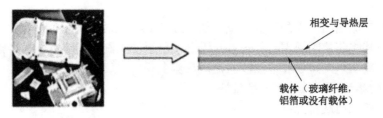

相变与导热层

载体（玻璃纤维，铝箔或没有载体）

图 6-17　相变导热膜应用结构

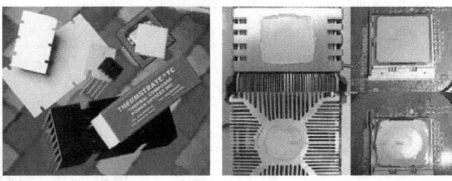

图 6-18　相变导热膜示例

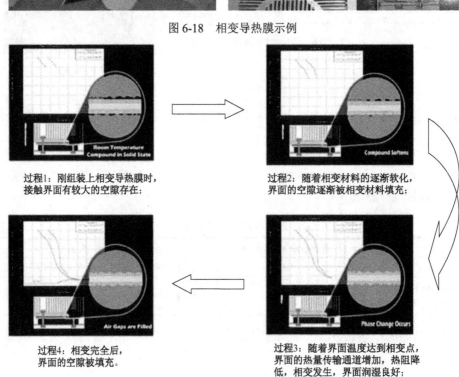

过程1：刚组装上相变导热膜时，接触界面有较大的空隙存在；

过程2：随着相变材料的逐渐软化，界面的空隙逐渐被相变材料填充；

过程4：相变完全后，界面的空隙被填充。

过程3：随着界面温度达到相变点，界面的热量传输通道增加，热阻降低，相变发生，界面润湿良好；

图 6-19　相变导热膜发生相变过程

（2）相变导热膜的优点

➢ 可根据安装环境，制备成合适的尺寸，便于安装，效率和利用率高，组装成本较低。

➢ 多为石蜡及其改性材料（通过增韧，增强，添加阻燃、添加抗静电剂等各种方法改善材料原有性能后获得的材料），环保无污染，满足环保要求。

➢ 具有较低的热阻、相变特性、触变性以及优良的润湿界面。

➢ 厚度一定，热阻可控性好。

（3）相变导热膜的缺点

➢ 无黏结作用，需机械固持。

➢ 使用过程中需发生相变，方可很好地润湿界面。

5. 常用的界面导热材料——导热双面胶带

胶带是胶粘剂中的特殊类型，将添加有导热填料的胶液涂于基材上，形成双面胶带状的界面导热材料。双面胶带可分为溶剂活化型、加热型和压敏型。导热双面胶带绝大部分属于压敏胶粘带。导热双面胶带由压敏胶粘剂、基材、底层处理剂、背面处理剂和隔离纸组成。

（1）主要特点

① 可根据界面形状灵活制备各种形状；

② 具有较好的黏结力，某些场合下可以取代螺钉固定；

③ 导热系数一般较低，多用于小功率器件；

④ 操作方便简单。

（2）导热双面胶带的应用流程和要求

① 待黏结的表面必须很平整，平整度小于 0.025mm/mm；

② 为提高黏结的可靠性，需增加其他简易辅助固定措施。

四、单板强化散热措施

1. PWB 强化散热措施

针对 PWB 的特点，PWB 强化散热的核心思路为：

① 把器件的热量传递到 PWB 内部，减少器件向 PWB 的传热热阻。可采取的强化散热措施是：在单板上打过孔，在单板表面覆铜皮。

② 把 PWB 一点积聚的热量（从器件传入的）扩散到整个 PWB 的表面，再通过对流和辐射传递到外界环境中。可采取的板级强化散热措施是：增加单板含铜量，降低热量在单板平面方向传递的扩展热阻。

（1）散热过孔设计

散热过孔的主要作用是层与层之间的热连接以及增加法向上的导热能力。单考虑过孔是没有意义的，因为热量必须从四周汇集到过孔的位置，因此必须考虑过孔区域整体的传热情况。

单纯从导热系数的分析看，是否塞孔对导热系数影响很小。不塞孔容易产生漏锡，焊接面有空穴。焊锡漏到背面影响平整度。从实际的热测试对比看，三种处理方式的散热效果排序为：塞焊锡>塞阻焊>不塞孔。

PWB 上设计有大量的过孔，但对于热设计来说，真正起到散热作用的只有器件衬垫底部的过孔和器件接地引脚旁边的几个过孔，这部分过孔的设计就非常重要。过孔的作用是把器件的热量传递到器件正下方的 PWB 内，并不能实现热量在 PWB 内的扩散。增加过孔的数量可以降低器件与 PWB 的传热热阻，但是过孔达到一定量后对散热的改进幅度会降低。另外，过孔设计也受到单板工艺能力的限制，可以通过热分析优化确定过孔的数量。

测试和分析研究表明，散热最优的过孔设计方案为：孔径为 10～12mil（100mil= 2.54mm），孔中心间距为 30～40mil；也可以根据器件的热耗水平和温度控制要求对过孔数量进行优化。

PWB 铜箔的作用是把局部传入 PWB 的热量扩展到更大的范围内，因此增加铜箔的厚度可以增强传热效果。PWB 内铜皮只有连续的铜箔才能起到传递热量的作用，因此需要注意铜箔的分割。

（2）增加散热铜箔的层数、厚度

增加散热铜箔的层数、厚度对于平面方向的导热性能改善高于法向方向上导热性能的改善。

2. 板级流量管理技术

局部交叉风道技术，通过二次引入冷却气流强化后端级联器件散热，实现流量按需分配。旁流抑制技术（BCT），通过开发漏斗形进风口、导流板等气流管理模块，实现对特定器件区域的局部强化，以利用气流的冲刷效应达成改善器件散热的目的。BCT 在满足同等系统功耗条件下，可降低风量需求 15%。

五、器件布局原则

1. 基本原则

① 发热器件应尽可能分散布置，使得单板表面热耗均匀，有利于散热。

② 不要使热敏感器件或功耗大的器件彼此靠近放置，使热敏感器件远离高温发热器件，常见的热敏感的器件包括晶振、内存、CPU 等。

③ 要把热敏感元器件安排在最冷区域。对自然对流冷却设备，如果外壳密封，要把热敏感器件置于底部，其他元器件置于上部；如果外壳不密封，要把热敏感器件置于冷空气的入口处。对强迫对流冷却设备，可以把热敏感元器件置于气流入口处。

2. 强迫风冷的器件布局原则

① 参考板内流速分布特点进行器件布局设计，在特定风道内面积较大的单板表面流速不可避免存在不均匀问题，流速大的区域有利于散热，充分考虑这一因素进行布局设计将会使单板获得较优良的散热设计。

② 对于通过 PWB 散热的器件，由于依靠的是 PWB 的整体面积来散热，因此即使器件处于局部风速低的区域内，也并不一定会有散热问题，在进行充分热分析验证的基础上，没有必要片面要求单板表面风速均匀。

③ 当沿着气流来流方向布置的一系列器件都需要加设散热器时，器件尽量沿着气流方向错列布置，可以降低上下游器件相互间的影响。如无法交错排列，也需要避免将高大的元器件（结构件等）放在高发热元器件的上方。

④ 对于安装散热器的器件，空气流经该器件时会产生绕流，对该器件两侧的器件会起到换热系数强化作用；对该器件下游的器件，换热系数可能会加强，也可能会减弱。因此，对于被散热器遮挡的器件需要给予特别关注。

⑤ 注意单板风阻均匀化的问题。单板上器件尽量分散均匀布置，避免沿风道方向留有较大的空域，从而影响单板元器件的整体散热效果。

图 6-20 为单板布局优化情况。

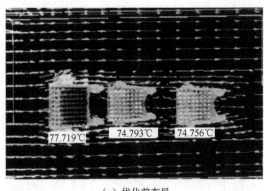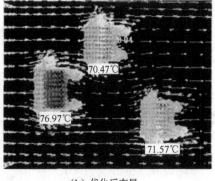

（a）优化前布局　　　　　　　　　（b）优化后布局

图 6-20　单板布局优化

第二节　热设计方法

热设计的目的是控制电子设备内部所有电子元器件的温度，使其在设备所处的工作环境条件下不超过规定的最高允许温度。最高允许温度的计算应以元器件的应力分析为基础，并且与设备可靠性的要求以及分配给每个元器件的失效率相一致。

一、热设计的基本问题

电子设备的有效输出功率比所需的输入功率小得多，而这部分多余的功率则转化为热量耗散掉。随着电子技术的发展，电子元器件和设备日趋小型化，使得设备的体积功率密度大大增加。因此，对于电子设备必须配置冷却系统（包括自然冷却），在热源至热沉（外部环境）之间提供一条低热阻通路，保证热量顺利传递出去。

耗散的热量决定温升，因此也决定了任一给定结构的工作温度。热流量是以导热、对流换热和热辐射传递出去的，每种散热形式所传递热量与其热阻成反比。热流量、热阻和温度是热设计中的重要参数。温度是衡量热设计有效性的重要参数。所采用的冷却系统应该是最简单、最经济的，并适用于特定电气和机械设备的环境条件，同时满足可靠性要求。

热设计应与其他设计（电气设计、结构设计、可靠性设计等）同时进行，当出现矛盾时，应进行权衡分析，折中解决。但不得损害电气性能，并符合可靠性要求，使设备的寿命周期费用降至最低。热设计中允许有较大的误差。在设计过程的早期阶段应对冷却系统进行数值分析和计算。

凡有温差的地方就有热量的传递。热量传递的两个基本规律是：热量从高温区向低温区传递；高温区发出的热量必定等于低温区吸收的热量。

热量的传递过程可区分为稳定过程和不稳定过程两大类，凡是物体中各点温度不随时间而变化的热传递过程都称为稳定热传递过程；反之则称为不稳定热传递过程。

自然对流换热热流密度的简化计算公式如下：

$$\phi = \Phi/A = 2.5C\Delta t^{1.25}/D^{0.25} \tag{6-8}$$

式中：ϕ——热流密度，W/m^2；

Φ——热流量，W；

A——换热面积，m^2；

C——系数，由表 6-5 查得；

Δt——换热表面与流体（空气）的温差，℃；

D——特征尺寸，m。

表 6-5 C 和 n 值

加热表面形状与位置	图 示	系数 C 及指数 n			特 征 尺 寸	R_a 范围
		流态	C	n		
竖平板及竖圆柱		层流 絮流	0.59 0.12	1/4 1/3	高度 H	$10^4 \sim 10^9$ $10^9 \sim 10^{12}$
横圆柱		层流 絮流	0.53 0.13	1/4 1/3	外径 d	$10^4 \sim 10^9$ $10^9 \sim 10^{12}$
水平板热面朝上		层流 絮流	0.54 0.14	1/4 1/3	正方形取边长；长方形取两边平均值；狭长条取短边；圆盘取 $0.9d$（d 为圆盘直径）	$10^5 \sim 2 \times 10^7$ $2 \times 10^7 \sim 3 \times 10^{12}$
水平板热面朝下		层流	0.27	1/4		$3 \times 10^5 \sim 3 \times 10^{10}$

也可以利用图 6-21 所示的计算列线图求解。根据已知设备（或元器件）的形状、尺寸及位置，求得 C 和 D 值（见表 6-5 中的层流项），通过图 6-21 中的 C 和 D 标尺在无刻度的 X 标尺上得到一个交点，再连接 X 上的交点与 Δt 标尺上的 Δt 值点，在 Φ/A 标尺上得到 Φ/A 值。反之，若已知 Φ 和 A 值，则可以求得 Δt 值。

[例 6.1] 某金属外壳机箱处于环境温度为 35℃ 的空气中，其表面平均温度为 85℃。机箱外壳尺寸为：长 200mm，宽 200 mm，高 300mm。试求仅靠自然对流在机箱顶表面能散掉多少热流量？

（1）利用图 6-21 所示计算列线图的求解步骤：

第一步，确定特征尺寸 D，对于水平面而言有

$$D = (长+宽)/2 = 200mm = 0.2m$$

第二步，由表 6-5 确定系数 C 值，热面向上的散热平面 $C = 0.54$。

第三步，求 $\Delta t = 85 - 35 = 50℃$。

第四步，计算顶面散热面积 $A = 0.2^2 = 0.04m^2$。

第五步，将直尺分别置于 D 及 C 标尺的 0.2m 和 0.54m 刻度处，并在 X 标尺上确定交点。

第六步，将 X 标尺上的交点与 Δt 标尺上的 50℃ 刻度点相连，在 Φ/A 标尺上得到交点：

$$\Phi/A = 270W/m^2$$

第七步，计算顶面散热量：

$$\Phi = \phi A = 270 \times 0.04 = 10.8W$$

（2）利用计算方法求解：

根据式（6-8）得

$$\phi=\Phi/A=2.5C\Delta t^{1.25}/D^{0.25}=2.5\times0.54\times50^{1.25}/0.2^{0.25}=10.7\text{W}$$

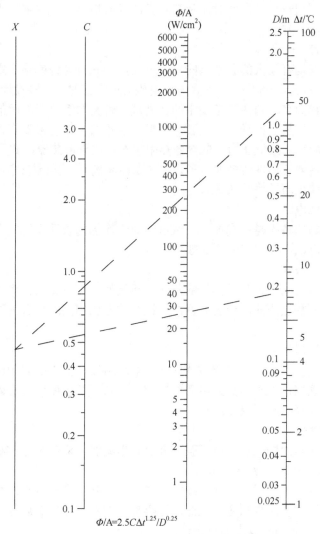

$$\Phi/A=2.5C\Delta t^{1.25}/D^{0.25}$$

图 6-21　自然对流换热计算列线图

二、散热器的设计

1. 散热器冷却方式的判据

对通风条件较好的场合：散热器表面的热流密度小于 0.039W/cm^2，可采用自然风冷。

对通风条件较恶劣的场合：散热器表面的热流密度小于 0.024W/cm^2，可采用自然风冷。

2. 散热器强迫风冷方式的判据

对通风条件较好的场合：散热器表面的热流密度大于 0.039W/cm^2 而小于 0.078W/cm^2，必须采用强迫风冷。

对通风条件较恶劣的场合：散热器表面的热流密度大于 0.024W/cm^2 而小于 0.078W/cm^2，必须采用强迫风冷。

3. 电子设备自然冷却设计

电子设备自然冷却是不使用外部动力（如风机、泵和压缩空气等）情况下的传热方法，它包括导热、辐射换热和自然对流换热等。

半导体器件的面积较小，自然对流及其本身的辐射换热不起主要作用，而导热是这类器件最有效的一种传热方法。

（1）功率晶体管

功率晶体管一般均有较大的且平整的安装表面，并具有螺钉或导热螺栓将其安装到散热器上。其内热阻为 0.2～2.5℃/W。管壳与集电极有电连接时，安装设计必须保证电绝缘。对某一特定的晶体管而言，内热阻是固定的。为减小管壳与散热器之间的界面热阻，应选用导热性能好的绝缘衬垫（如导热硅橡胶片、聚四氟乙烯、氧化镀陶瓷片、云母片等）和导热绝缘胶，并且应增大接触压力。散热器热阻主要取决于散热器型式及安装位置。

对宇航电子设备或接插件较多的电子设备（如计算机），使用导热胶（膏）降低接触热阻时，应采用挥发性小的导热胶（膏）。

（2）半导体集成电路

半导体集成电路的特点是引线多，可供自然对流换热的表面积比较大，配用适当的集成电路用散热器，可以得到较好的冷却效果。

（3）整流管和二极管

整流管和二极管的热设计与晶体管的热设计相类似，可以将二极管直接装在具有电绝缘的散热器上使界面热阻降低。当散热器与二极管的电位相同时，必须防止维修人员遭受电击危险的可能性。

（4）半导体微波器件

微波二极管、变容二极管等半导体器件，一般均封装在低内热阻的腔体或外壳中。这些器件的工作可靠性取决于对本身的热阻的控制。而它们对温度比较敏感，应采用适当的散热措施，降低其外壳的表面温度。

（5）塑料封装器件

电子元器件用塑料封装来加强机械强度并进行电绝缘。灌装和包装材料的导热系数不高，其范围为 0.138～0.394W/（m·K）。

塑料封装器件主要靠塑料及连接导线的导热进行散热。有时也在这种部件内加装金属导热体，此时，主要靠金属导热进行散热。这类部件的热设计以金属导热为依据，适用于体积功率密度为 $0.015W/cm^3$ 以上的热设计。

由于塑料的热阻较大，故功率元器件不得采用塑料封装的方法。而对一些不发热或体积功率密度很小的发热元器件可以用塑料封装。当体积功率密度为 $0.031W/cm^3$ 时，容易出现很大的温度梯度，从而导致塑料机械破裂及电子元器件失效。当体积功率密度低于 $0.015W/cm^3$ 时，若环境温度较低，塑料灌封可以提供良好的冷却。

某些要承受强烈振动与冲击的电子元器件或部件是用合成树脂灌封的，可在树脂中添加铝颗粒以形成良好的导热性能。

4. 散热器的设计方法

（1）自然冷却散热器的设计方法

考虑到自然冷却时温度边界层较厚，如果齿间距太小，两个齿的热边界层易交叉，影响齿表面的对流。所以一般情况下，建议自然冷却的散热器齿间距大于 12mm；如果散热器齿高低于 10mm，可按齿间距≥1.2 倍齿高来确定散热器的齿间距。

自然冷却散热器表面的换热能力较弱，在散热齿表面增加波纹不会对自然对流效果产生太大的影响，所以建议散热齿表面不加波纹齿。

自然对流的散热器进行一些表面处理，以增大散热表面的辐射系数，强化辐射换热。由于自然对流达到热平衡的时间较长，所以自然对流散热器的基板及齿厚应足够，以抗击瞬时热负荷的冲击，建议大于 5mm 以上。

（2）强迫冷却散热器的设计方法

在散热器表面加波纹齿，波纹齿的深度一般应小于 0.5mm。

增加散热器的齿片数。目前，国际上先进的挤压设备及工艺已能够达到 23 的高宽比，国内目前高宽比最大只能达到 8。对能够提供足够的集中风冷的场合，建议采用低温真空钎焊成型的冷板，其齿间距最小可达 2mm。

采用针状齿的设计方式，增加流体的扰动，提高散热齿间的对流换热系数。

当风速大于 1m/s（气流量大于 200CFM）（CFM——立方英尺/每分钟）时，可完全忽略浮升力对表面换热的影响。

（3）散热器设计步骤

通常，散热器的设计分为三步：

① 根据相关约束条件设计齿轮廓图。

② 根据散热器的相关设计准则对散热器齿厚、齿的形状、齿间距、基板厚度进行优化。

③ 进行校核计算。

（4）在一定冷却条件下所需散热器体积热阻大小的选取方法

见表 6-6。

表 6-6　一定冷却条件下对应的散热器体积热阻

冷 却 条 件	散热器体积热阻/℃/W
自然冷却	500～800
1.0m/s（200CFM）	150～250
2.5m/s（200CFM）	80～150
5.0m/s（200CFM）	50～80

注意：只能作为初选散热器的参考，不能用它来计算散热器的热阻。

（5）在一定的冷却条件及流向长度下，确定散热器齿片最佳间距大小的方法

见表 6-7。

表 6-7　一定冷却条件及流向长度与散热齿片最佳齿间距的关系

冷 却 条 件	流向长度/mm			
	75	150	225	300
自然冷却	6.5	7.5	10	13
1.0m/s(200CFM)	4	5	6	7
2.5m/s(500CFM)	2.5	3.3	4	5
5.0m/s(1000CFM)	2	2.5	3	3.5

（6）不同形状、不同的成型方法的散热器的散热效率比较

见表 6-8。

表 6-8 不同形状、不同的成型方法的散热器的散热效率

散热器成型方法	散 热 效 率	成 本 参 考
冲压件/光表面散热器	10～18	低
带翅片的压铸散热器/常规铝型材	15～22	较低
铲齿散热器	25～32	较高
小齿间距铝型材	45～48	高
针装散热器/钎焊/插片成型散热器（冷板散热器）	78～90	很高

（7）散热器底板的优化方法

散热器底板厚度与热阻的关系如图 6-22 所示。

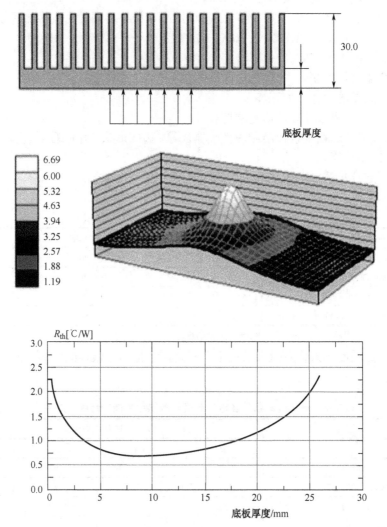

图 6-22 散热器底板厚度与热阻的关系

散热器底板热效应 η_{bp}：

$$\eta_{bp} = \frac{R_{thiso}}{R_{th}}$$

式中：R_{th}——实际热阻；

R_{thiso}——底板恒温热阻。

（8）不同风速下散热器齿间距的选择方法

不同风速下散热器散热量与散热器齿间距关系如图 6-23 所示。

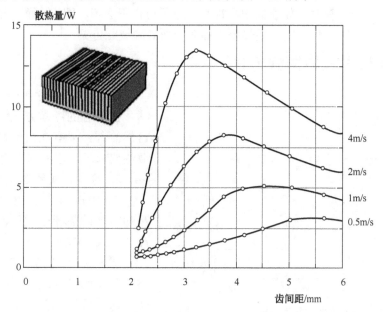

图 6-23 不同风速下散热器散热量与散热器齿间距关系

（9）不同齿片厚度下散热器齿间距的选择方法

不同齿片厚度下散热器散热量与散热器齿间距的关系如图 6-24 所示。

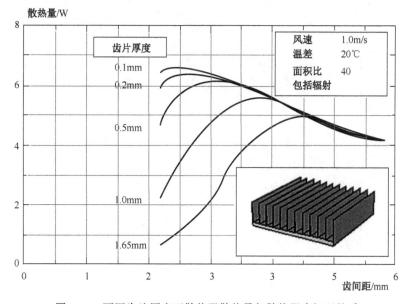

图 6-24 不同齿片厚度下散热器散热量与散热器齿间距关系

（10）辐射换热的考虑原则

如果物体表面的温度低于 50℃，可忽略颜色对辐射换热的影响。因为此时辐射波长相当长，处于不可见的红外区。而在红外区，一个良好的发射体也是一个良好的吸收体，发射率和吸收率与物体表面的颜色无关。

对于强迫风冷，由于散热表面的平均温度较低，一般可忽略辐射换热的影响。

如果物体表面的温度低于 50℃，可不考虑辐射换热的影响。

辐射换热面积计算时，如表面积不规则，应采用投影面积。即沿表面各部分绷紧绳子求得的就是这一投影面积。辐射换热要求辐射表面必须彼此可见。

三、冷却方式的选择方法

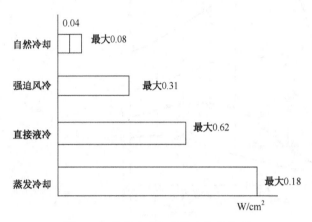

图 6-25　冷却方式与热流密度的关系

1. 确定冷却方式的原则

在所有的冷却方式中应优先考虑自然冷却，只有在自然冷却无法满足散热要求时，才考虑其他冷却方式。

2. 冷却方式的选择方法

① 根据温升在 40℃条件下各种冷却方式的热流密度值的范围来确定冷却方式，如图 6-25 所示。

② 根据热流密度与温升要求，按图 6-26 所示关系曲线选择冷却方式。此方法适应于温升要求不同的各类设备的冷却。

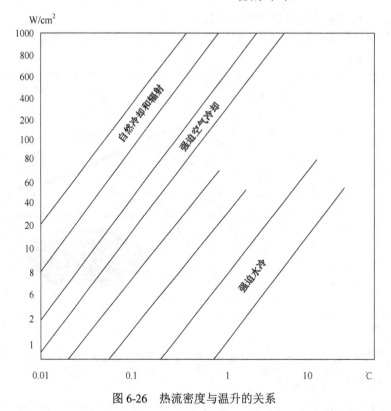

图 6-26　热流密度与温升的关系

第三节 散热风扇的基本定律及噪声的评估

1. 风扇定律

风扇基本定律见表 6-9。

表 6-9 风扇基本定律

风扇基本（校正）定律		
参　　数	转 速 变 化	密 度 变 化
风量	风量$_2$=风量$_1$（转速$_2$/转速$_1$）	质量流量$_2$=质量流量$_1$（密度$_2$/密度$_1$）
风压	风压$_2$=风压$_1$（转速$_2$/转速$_1$）^{2}	风压$_2$=风压$_1$（密度$_2$/密度$_1$）
功率	功率$_2$=功率$_1$（转速$_2$/转速$_1$）^{3}	功率$_2$=功率$_1$（密度$_2$/密度$_1$）
噪声	噪声$_2$=噪声$_1$+ 50 log10（转速$_2$/转速$_1$）	噪声$_2$=噪声$_1$+ 20 log$_{10}$（密度$_2$/密度$_1$）

2. 散热风扇的噪声评估

风扇产生的噪声与风扇的工作点或风量有直接关系，对于轴流风扇，在大风量、低风压的区域噪声最小；对于离心风机，在高风压、低风量的区域噪声最小，这和风扇的最佳工作区是吻合的。注意：不要让风扇工作在高噪声区。

风扇进风口受阻挡所产生的噪声比其出风口受阻挡产生的噪声大好几倍，所以一般应保证风扇进口离阻挡物至少 30mm 的距离，以免产生额外的噪声。

对于风扇冷却的机柜，在标准机房内噪声不得超过 55dB，在普通民房内不得超过 65dB。对于不得不采用大风量、高风压风扇从而产生较大噪声的情况，可以在机柜的进风口、出风口、前后门内侧、风扇框面板、侧板等处在不影响进风的条件下贴吸音材料。吸音效果较好的材料主要是多孔介质，如玻璃棉，厚度越厚越好。

有时由于没有合适的风机而选择了转速较高的风机，在保证设计风量的条件下，可以通过调整风机的电压或其他方式降低风扇的转速，从而降低风扇的噪声。相应的噪声降低变化按下式计算：

$$噪声_2 = 噪声_1 + 50 \log_{10} (转速_2/转速_1)$$

[例 6.2] 一电源模块采用一个轴流风扇进行冷却，为了有效抑止噪声，要求风扇只有在监控点的温度高于 85℃才全速运转，其余情况风扇必须半速运转。已知风扇全速运转时转速为 2000r/m，噪声为 40dB，求在半速运转时风扇的噪声为多少？如果已知全速运转时风扇的工作点为（50CFM，0.3IN.H$_2$O 英寸水柱，风压单位），试求风扇在半速运转时的工作点。

解： 根据风扇定律，有

$$N_2 = N_1 + 50 \log_{10}(RPM_2/RPM_1)$$
$$=40 + 50 \log_{10}(1000/2000)=24.9dB$$
$$P_2 = P_1(RPM_2/RPM_1)^2$$
$$=0.3(1000/2000)^2=0.075 \ IN.H_2O$$
$$CFM_2 = CFM_1(RPM_2/RPM_1)$$
$$=50(1000/2000)=25CFM$$

第四节　产品温度控制标准及要求

一、温度控制标准

1. 温度判定参数

■ 器件的表面温度，即壳温（T_c）。

■ 允许的环境温度范围（由于同样环境温度条件下，器件的温度会因通过器件的流速变化而变化，因此此参数无实用判定价值，只有参考判定价值）。

■ 结温（T_j）。

大规模集成电路器件必须依据相关的芯片资料来获得温度判定参数的使用范围。大多数大规模集成电路器件的芯片资料会给出器件的结温使用范围，极少数器件资料给出壳温工作范围。若这类器件资料没有给出温度判定参数的允许范围或者无法得到具体器件资料，可以类比封装形式、尺寸、集成度接近的器件获得需要的温度判定参数及其他热性能参数。

2. 温度控制标准

大规模集成电路温度控制应做到：在产品规格需求中规定的工作温度范围内，使得所有元器件的实际工作温度控制在相应器件规定的极限结温/壳温温度范围内，并应使工作温度向上低于高温上限，向下大于低温下限。具体判定温度控制是否满足以上规定的温度控制标准，应按如下可操作性判据进行：判据一，在设备规定的最高工作环境温度下，设备内单板上关键热点器件的结温/壳温小于高温上限；判据二，在设备规定的最低工作环境温度下，设备内单板上所有器件的结温/壳温大于低温下限。对于室内型产品仅要求满足温度测试通过判据一；对于室外型产品应要求同时满足以上判据一和判据二。

其他集成电路和分立半导体器件温度控制应依据表 6-10 作为温控标准，及设备在允许的最高工作温度时，器件的结温应小于表中某一降额等级的结温值。

热设计的三个降额等级。

（1）Ⅰ级降额

Ⅰ级降额是最大的降额。超过它的更大降额，元器件可靠性增长有限，且可能使设计难以接受。

Ⅰ级降额虽可能给设计带来一些困难，但它是设备可靠性保证所必须的。

Ⅰ级降额适用于下述情况：设备的失效将严重危害人员的生命安全，造成重大的经济损失，导致工作任务的失败。失效后无法维修，或维修在经济上不合理。

（2）Ⅱ级降额

Ⅱ级降额仍在工作应力减少对元器件可靠性增长有明显效益的范围内。

Ⅱ级降额在设计上较Ⅰ级降额易于实现，但比用Ⅲ级降额困难些。

Ⅱ级降额适用于下述情况：设备的失效会使工作任务降级，或需支付不合理的维修费用。

（3）Ⅲ级降额

Ⅲ级降额的可靠性增长效益最大。

Ⅲ级降额在设计实现上只有很小的困难。

Ⅲ级降额适用于下述情况：设备的失效对工作任务的完成只有小的影响，或可迅速经济地加以修复。

表 6-10 元器件最高结温降额参数表(T_{jm}/℃)

元器件种类		降 额 等 级		
		I	II	III
集成电路	线性电路	80	95	105
	电压调整器	80	95	105
	双极型数字电路	85	100	115
	MOS 和 CMOS 电路	85	100	110
	混合电路	85	100	110
分立半导体器件	双极三极管 200①	115	140	160
	175①	100	125	145
	≤150①	$T_{jm}-65$	$T_{jm}-40$	$T_{jm}-20$
	场效应晶体管	$T_{jm}-65$	$T_{jm}-40$	$T_{jm}-20$
	微波三极管	$T_{jm}-65$	$T_{jm}-40$	$T_{jm}-20$
	单结晶体管	$T_{jm}-65$	$T_{jm}-40$	$T_{jm}-20$
	二极管（小信号/开关/整流） 200①	115	140	160
	175①	100	125	145
		$T_{jm}-60$	$T_{jm}-40$	$T_{jm}-20$
	电压调整二极管	90	110	130
	基准二极管	90	110	130
	微波二极管	$T_{jm}-60$	$T_{jm}-40$	$T_{jm}-20$
	可控硅 200①	115	140	160
	175①	100	125	145
	≤150①	$T_{jm}-60$	$T_{jm}-40$	$T_{jm}-20$
	光电器件 200①	115	140	160
	175①	100	125	145
	≤150①	$T_{jm}-65$	$T_{jm}-40$	$T_{jm}-20$

① 元器件最高结温。

3. 测点温度值到温度判定参数值推算方法

对于器件实际能测得的测点温度仅可能是器件壳体表面温度或器件上散热器基板上部的温度，很多情况下无法直接测得器件结温判定参数。因此为了进行有效的热设计，必须明确测点温度值到结温判定参数值的推算方法。

（1）由器件壳温测点温度推算其结温

保守结温推算公式如下：

$$T_j = P_c \times \theta_{jc} + T_c \tag{6-9}$$

式中：P_c——通过器件封装外壳散去的热耗，W；

θ_{jc}——器件结到器件壳体的热阻，℃/W；

T_c——器件壳体表面温度，此处即为测点温度，℃。

当测试值为壳体表面温升 ΔT_c 时，

$$T_c = T_{ambient} + \Delta T_c \tag{6-10}$$

式中：$T_{ambient}$——设备外部环境温度。

保守的结温推算假定器件功耗 P 全部通过器件外壳散去，等效于假定结到 PWB 的热阻 θ_{jB} 为无穷大，即取 $P_c = P$。显然，推算的结温肯定大于实际结温。

[例 6.3] 某室内型产品要求 45℃环境温度下能正常工作，单板上某塑封装器件功耗为 2W，θ_{jc} 值为 16℃/W，常温下测得壳体表面温升 ΔT_c 为 25℃，则推算 45℃环境温度时该器件的工作结温为：

$$T_j = 2 \times 16 + 45 + 25 = 102℃$$

以上结温推算默认 $P_c = P$，所以属于保守推算过程。但对于某类芯片（如 BGA 封装芯片）通过 PCB 的散热份额较大，因此通过器件封装外壳散去的热耗 P_c 将明显小于器件功耗 P。以下给出较精确的 P_c 计算方法。

对于单板上的芯片，散热路径有两条，一是通过芯片外壳向外散热，二是通过 PWB 向外散热。由此，有：

$$P_c = P - P_B = P - (T_j - T_B)/\theta_{jB} \tag{6-11}$$

式中：P_B——通过 PWB 的散热量，W；

$\quad\quad T_B$——器件位置下方 PWB 的温度；

$\quad\quad \theta_{jB}$——结到 PWB 的热阻。将式（6-9）和式（6-10）整理后得

$$(1 + \theta_{jc}/\theta_{jB})T_j = P \times \theta_{jc} + T_B \times (\theta_{jc}/\theta_{jB}) + T_c \tag{6-12}$$

显然当 θ_{jB} 为无穷大时，由上式得：

$$T_j = P_c \times \theta_{jc} + T_c$$

这就是以上保守结温推算的公式，进一步整理上式得较精确的结温推算公式为

$$T_j = (P \times \theta_{jc} \times \theta_{jB} + T_B \times \theta_{jc} + T_c \times \theta_{jB})/(\theta_{jc} + \theta_{jB}) \tag{6-13}$$

精确的结温推算需要参数 T_B 和 θ_{jB}。T_B 可以通过测量器件正下方焊接面温度获得，如果测试值是温升，则 $T_B = T_{ambient} + \Delta T_B$。$\theta_{jB}$ 可以取芯片资料中给定值，如果芯片资料没有给出，需要根据具体芯片的封装结构尺寸和引线的热性能参数来计算。按如下公式计算：

$$\theta_{jB} = L/(\lambda \times N \times A_p) \tag{6-14}$$

对于 BGA 封装芯片：L 为焊珠的长度，m；λ 为焊珠的导热系数，焊珠材料一般为锡铅合金（Sn：Pb=63：37），λ 取值为 50.6W/（m·K）；N 为焊珠数量；A_p 为焊珠横截面积，m^2。对于 QFP 封装芯片：L 为焊珠的长度，m；λ 为引线导热系数，取值 300W/（m·K）；N 为引线数量；A_p 为引线横截面积，m^2。实际操作时优先采用式（6-9）进行保守结温推算。如果推算结温超过了器件的结温上限，为了避免错误的判断要求采用式（6-13）进行精确的结温推算。

（2）散热器基板上部测点温度推算器件的结温

由于散热器底部固定面到基板上部的热阻非常小（0.01℃/W 左右），因此可以认为散热器底部固定面温度等于此时的测点温度。

器件结温：

$$T_j = P \times (\theta_{jc} + \theta_{cs}) + T_s \tag{6-15}$$

式中：P——器件功耗值（取此值的原因是：对于加散热器的器件，通过 PWB 传导的热量占的比例较小）；

$\quad\quad \theta_{jc}$——器件结到器件壳体的热阻（℃/W）；

$\quad\quad \theta_{cs}$——器件表面与散热器固定面间的接触热阻（℃/W），此热阻值与固定方式相关；

$\quad\quad T_s$——散热器基板温度，即此时的测点温度。

当测试值为散热器基板温升 ΔT_s 时，

$$T_s = T_{ambient} + \Delta T_s$$

二、外购模块的散热要求

对于产品中装配的外购模块，如电源模块、无线基站的 CDU 模块、功放模块等，热设计的目的是要实现模块所要求的外部散热要求。这类要求一般有以下三种。

（1）模块空气流速要求

➤ 来流空气流速；

➤ 设备空气流速。

对于同一模块来流空气流速和设备空气流速是相关的，因此热设计的要求要么满足来流空气流速要求，要么满足设备空气流速要求。

（2）通过模块的空气流量要求

对于同一模块，模块空气流速和通过模块的空气流量是相关的，因此热设计的要求要么满足模块空气流速要求，要么满足通过模块的空气流量要求。

（3）模块的进口空气温度要求

对于强迫风冷的模块，其散热要求主要为空气流速/流量的要求和进口空气温度。对于自然散热的模块的散热要求为进口空气温度。

综合以上外购模块散热要求，热设计通过的判定标准应为：热设计必须满足外购模块具体规定的以上一条或多条散热要求。

三、温度降额比均匀性要求

在同等散热条件下，单板器件温升/温度的均匀性越好，产品整体稳定性和可靠性越高。因此，器件温度均匀性是反映散热效率和热设计质量的指标。由于不同器件的高温上限不一致，因此，应采用产品在正常工作环境下（25℃环境温度）器件温度相对于高温上限的降额比的均匀性指标作为热设计质量的判断。

（1）温度降额比的均匀性判定参数

按温度降额比的离差（即标准差）来判定均匀性的优劣。

按下式进行计算温度降额比的离差：

$$\sigma = \sqrt{\frac{1}{N}\sum_{i=1}^{N}(\psi_i - \psi_{avg})} \tag{6-16}$$

式中：ψ_i ——器件 i 的降额比；

ψ_{avg} ——N 个测点对应器件的平均降额比。

（2）温度降额比均匀性的判定标准

基于以下客观因素，使得将降额比均匀性判定参数作为具体数值限定是相当困难或者不可能的：

① 实际热测试只是适当地选取受关注的关键器件和热点器件，对于不同产品的热测试选择的测点在数量上和温度水平上存在较大的随机性。

② 同一单板或同一产品中若存在少数功耗极大的器件时，热设计一味追求均匀性要求往往是不可能的。

③ 产品风道设计往往受到较多结构要素的约束，往往不能完全将单板温度均匀化。

因此，对温度降额比采用绝对判定标准不现实，对于降额比的均匀性判定参数仅可用来：

① 对产品热设计的合理性进行参考的、视情的评定。

② 判定同一产品不同热设计方案的优劣。

③ 判定同一产品热设计改进的效果。

（3）产品规格鉴定对热测试通过的要求

① 热测试的结果必须满足判定标准一——温度控制标准。

② 对于存在外购模块的设备必须满足判定标准二——外购模块的散热要求。

③ 对判定标准三——温度降额比均匀性要求不作为通过要求，仅作为参考评定。

四、产品热测试报告的内容要求和热测试的检查表

以下是热测试报告中应包括的主要内容。

（1）测点的测试数据的记录和处理表格

表 6-11 是集成了温度测试数据记录和器件温度控制要求的检查表于一体的表格。也可以将表 6-11 拆分成"温度测试数据记录表"（表 6-11 的前 3 栏内容）和"器件温度控制检查表"（表 6-11 第 3 栏后内容）。

（2）测试数据处理图表

为了对温度测试数据及温度/温升分布进行直观的描述，应对相关数据进行描述，形成规范图表。

（3）外购模块测试数据

若产品中装配了外购模块，必须通过针对性的测试结果阐明热设计是否达到外购模块的散热要求。

表 6-11　温度测试数据记录和器件温度控制要求检查表

热电偶通道号	温度测点	温升或温度测试值	器件测点温度判定参数					
			最低工作环境温度时			最高工作环境温度时		
			测试值或推算值	允许值	是否超标	测试值或推算值	允许值	是否超标
CH001	外部环境							
CH002	出口							
CH003	元器件 1							
CH004	元器件 2							

[例 6.4] 已知某电路使用 3DD157A 晶体管，其功耗为 20W，环境温度为 30℃，管壳与散热器直接接触（$R_b=0.5℃/W$），试选用合适的散热器。

解：（1）由晶体管手册查得 3DD157A 的有关参数

最高允许结温 $T_j=175℃$，内热阻 $R_{jc}=3.3℃/W$

（2）计算总热阻 R_{ja}

$$R_{ja} = \frac{T_j - T_a}{P} = \frac{175 - 30}{20} = 7.25 ℃/W$$

（3）计算散热器热阻 R_s

$$R_s = R_{ja} - R_{jc} - R_b = 7.25 - 3.3 - 0.5 = 3.45℃/W$$

因此，只要选择的散热器热阻低于 3.45℃/W，就能保证结温 T_j<175℃。为使设备体积小、质量轻，拟采用叉指型散热器。由 GB 7423.3 查得 SRZ1 06 型叉指散热器能满足设计要求。

[例 6.5] 某散热器热阻、温升与功耗曲线如图 6-27 所示，图中 T_f 为散热器最高温度点的温度，℃；T_a 为散热周围环境的均温度，℃；ΔT_{fa} 为散热器最高温度点的温度与周围环境平均温度之差，即散热器温升，℃；P_c 为器件的热耗散功率，W；R_{tf} 为散热器热阻，℃/W；v 为流过散热器表面的平均风速 m/s。曲线图中，⬍ 表示该曲线簇对应于 v-R_{tf} 坐标；⬇ 表示该曲线对应于 P_c-ΔT_{fa} 坐标。图中，自然冷却热阻特性曲线横向表示散热器垂直放置；强制风冷热阻特性曲线纵向表示散热器平行于气流流向放置。

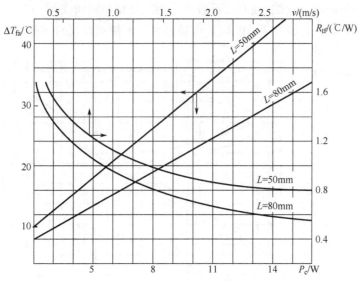

图 6-27 某散热器的热阻、温升与功耗曲线图

由图 6-27 可查出：对于 50mm 的散热器，器件的热耗散功耗 P_c=8W 时，散热器最高温度点的温度与周围环平均温度之差大概 ΔT_{fa}=25K。

实践练习六

6-1 已知某电路使用 LM7805 稳压管，V_{in}=13V，其功耗为 P_c=4W，环境温度为 T_a=22℃，管壳与散热器直接接触（热阻 R_b=0.8℃/W）。由 LM7805 手册查得 LM7805 的有关参数为：最高允许结温为 T_j=125℃，内热阻 R_{jc}=5℃/W。该电路参数测试结果见表 6-12。计算总热阻、散热器热阻，判断 7805 配用 WS008 型号散热器是否符合。

6-2 已知某电路使用 MJE13003 晶体管，功耗为 20W，环境温度为 30℃，管壳与散热器直接接触（R_b=0.5℃/W）。由晶体管手册查得 MJE13003 的有关参数为：最高允许结温 T_j=150℃，内热阻 R_{jc}=3.3℃/W。计算总热阻、散热器热阻，选择合适的散热器。

表 6-12　题 6-1 表

输入电流/mA	输出电压/V	损耗功率/W	温升/℃	热阻/（℃/W）
110	5.06	0.88	14	16
210	5.05	1.68	25	15
280	5.04	2.24	31	14
350	5.03	2.8	36	13
470	5.02	3.76	42	11.2
670	5	5.36	50	9.3

6-3　叉指散热器的热阻、温升与功耗曲线图如图 6-28 所示。图中，曲线（1）表示散热器仰放位置热阻曲线；曲线（2）表示散热器侧放位置热阻曲线。

分别查出器件的热耗散功率 6W 时，散热器仰放和侧放位置时的热阻及温升。

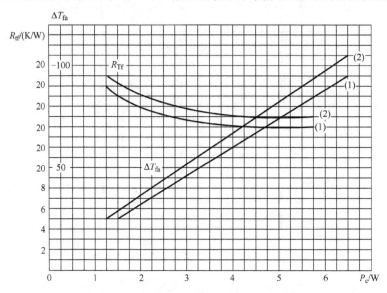

图 6-28　叉指散热器的热阻、温升与功耗曲线图

6-4　分别查出图 6-29 所示曲线图中器件在热耗散功率 20W、风速为 2m/s 时的温升。

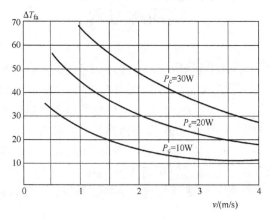

图 6-29　温升与风速曲线图

148

第七章　EMC 设计

- EMC 基本概念。
- EMC 元器件。
- EMC 设计参考电路。
- 产品内部的 EMC 设计技巧。
- 电磁干扰的屏蔽方法。

在复杂的电磁环境中，每台电子电气产品除了本身要能抵抗一定的外来电磁干扰正常工作以外，还不能产生对该电磁环境中的其他电子电气产品所不能承受的电磁干扰。或者说，既要满足有关标准规定的电磁敏感度限制值要求，又要满足其电磁发射限制值要求，这就是电子电气产品电磁兼容性应当解决的问题，也是电子电气产品通过电磁兼容性认证的必要条件。

第一节　EMC 基本概念

电磁兼容（Electro Magnetic Compatibility，EMC）是指设备或分系统在其电磁环境中能正常工作且不对该环境中的其他设备或分系统构成不能承受的电磁干扰的能力。电磁兼容是一个系统级的概念，其含义在于兼容的性能，包含不能过分干扰其他设备正常工作的能力和具有一定的抗干扰能力两方面的含义。站在不同角度，电磁兼容可以指产品之间的兼容性，也可以是产品内部的兼容性。一般，我们更多关注的是产品之间的兼容性，包括产品的干扰和抗干扰等级。本节将介绍 EMC 的基本概念、雷电过电压产生机理及设备端口抗浪涌过电压能力。

一、基本概念

电磁兼容的三要素为干扰源、耦合通道、敏感源。研究电磁兼容问题必须从这三要素着手，缺一不可。电磁干扰三要素如图 7-1 所示。

图 7-1　电磁干扰三要素

当我们在研究电视机的干扰问题时，电视机是干扰源，耦合通道为空气及各种电缆，与电视机在同一个环境中的其他电子设备就是敏感源。反过来，当我们研究电视机的敏感度（抗干扰能力）时，电视机变成了敏感源，与电视机在同一个环境中的其他电子设备变成了潜在的干扰源；同时还可能存在各类自然干扰源，如雷电等，抑制电磁干扰的原理如图 7-2 所示。

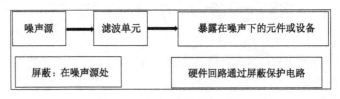

图 7-2　抑制电磁干扰的原理

电磁兼容包括了对外干扰和抗干扰能力两方面的含义。为了保证产品的电磁兼容性能，一般规定了干扰限制值和抗干扰限制值，从而保证各种产品在一起能够实现兼容。如图 7-3 所示，如果产品的干扰值低于干扰限制值，抗干扰能力高于抗干扰限制值，则可以认为这个产品符合电磁兼容性要求。如果所有产品均满足电磁兼容性要求，则在同一个环境中一般能够实现兼容。

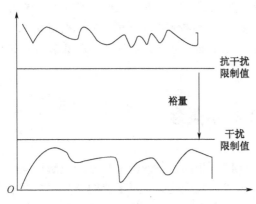

图 7-3　产品电磁兼容性要求

一般电子产品的电磁兼容性能包括两部分：电磁发射 EMI 和电磁敏感度 EMS，即 EMC＝EMI＋EMS。电磁发射包括辐射发射 RE 和传导发射 CE；EMS 主要包括辐射敏感度 RS、传导敏感度 CS、静电放电 ESD、快速瞬态脉冲串 EFT、浪涌 SURGE、电压跌落与中断 DIPS、工频磁场敏感度 MS。一般电子产品对电磁兼容性要求主要是以上 9 项，少数特殊的产品可能还会有其他的要求，如无线基站可能还会有天线端口杂散发射的要求。

◇ 辐射发射 RE 是考查产品通过壳体端口辐射出去的干扰信号。
◇ 传导发射 CE 是考查产品通过线缆端口传导出去的干扰信号。
◇ 辐射敏感度 RS 是考查产品对通过壳体端口耦合的外部干扰的承受能力。
◇ 传导敏感度 CS 是考查产品对通过线缆端口耦合的外部干扰的承受能力。
◇ 静电放电 ESD 是考查设备对静电干扰的承受能力，有接触放电和空气放电两种情况。
◇ 快速瞬态脉冲串 EFT 考查感性负载切换产生的高频小能量脉冲对设备干扰的影响。
◇ 浪涌 SURGE 是考查容性负载切换、雷电等产生的大能量瞬态脉冲对设备干扰的影响。
◇ 电压跌落与中断 DIPS 是考查电网故障、短路等造成电压瞬时跌落和中断对设备干扰的影响。
◇ 工频磁场敏感度 MS 是考查产品抗工频磁场干扰的能力。

为了保证产品实现电磁兼容，主要采取的方法有：控制干扰源的发射、抑制干扰信号的传播以及增强产品的抗干扰能力。具体在产品设计中体现为以下几点。

（1）完善硬件电路设计和 PWB 布局设计

硬件电路是电磁干扰的源头，也是电磁兼容设计最关键的环节。一般在产品设计中应该充分考虑电磁兼容的需求，在电路设计和 PWB 设计中采取有效措施，抑制干扰源的发射水平。

（2）屏蔽

将产品或者其局部用金属体包起来，可以抑制电磁波从空间辐射出去或者辐射进来，起到了降低产品对外辐射，提高产品抗外部辐射干扰的能力。屏蔽是产品实现电磁兼容的有效手段之一。

（3）滤波

滤波可以把有用信号频谱以外的干扰信号能量加以抑制，它既可以抑制对外的干扰，也能够抑制外部干扰信号对产品的影响。滤波是电路设计中实现电磁兼容的主要手段。图 7-4 为电感型滤波通过阻抗发热消耗噪声示意图。图 7-5 为电容型滤波通过旁路将噪声隔离到地线上示意图。图 7-6 为滤波器选型。

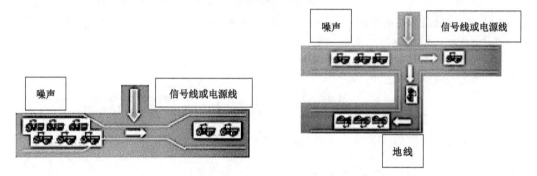

图7-4 电感型滤波通过阻抗发热消耗噪声示意图　图7-5 电容型滤波通过旁路将噪声隔离到地线上示意图

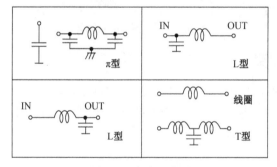

图 7-6 滤波器选型

（4）接地

接地的主要目的是在产品内部形成一个低阻抗回路以及等电位的连接。良好的接地可以有效地抑制噪声和防止干扰，从而提高产品的电磁兼容性。

为了保证产品的电磁兼容性，具体采取的措施有许多。在实际产品设计中应该采取哪些手段，需要考虑这些手段对信号质量、散热、工艺、成本等方面的影响，综合各方面的利弊，按照系统设计的思想确定最终的方案。电磁兼容是一门实践性十分强的科学，除了理论分析与指导，还应该更加关注实际运用中的效果，在实践中不断总结，积累设计经验。

二、雷电过电压产生机理

雷电过电压即直击雷（地电位升高，反击），其原理如图 7-7 所示。图 7-8 为雷电过电压——感应雷示意图。图 7-9 为雷电通过室外电线产生的侵入波示意图。

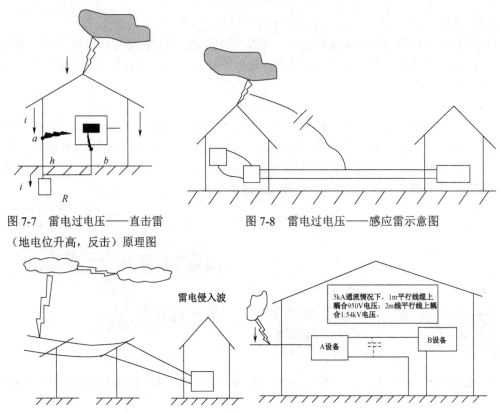

图 7-7　雷电过电压——直击雷
（地电位升高，反击）原理图

图 7-8　雷电过电压——感应雷示意图

图 7-9　雷电侵入波示意图

三、雷电的种类

雷电一般分为正极雷和负极雷，正极雷为一次雷击，负极雷为多次雷击。负极雷会产生多次能量释放（短击雷和长击雷），短击的时间一般短于 2ms，长击时间长于 2ms、短于 1s。雷电的种类如图 7-10 所示。

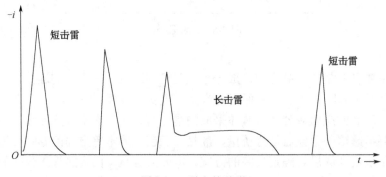

图 7-10　雷电的种类

四、设备端口抗浪涌过电压能力

设备上连接各种线缆（电源线、信号线）的外端口，需要具备一定的抗雷击过电压的能力。主要有两方面的含义：

① 由线缆引入到设备端口的雷击过电压较小时，设备自身的雷击过电压耐受能力应可抵抗得住而不发生损坏。

② 由线缆引入到设备端口的雷击过电压较大时，设备的端口需要外加防雷器，这时设备自身的雷击过电压耐受能力应高于防雷器的输出残压值，防雷器才能有效地保护设备。国际电工委员会、国际电信联盟等在设备端口抗雷击过电压测试方面的主要标准是IEC 1000-4-5《浪涌防护试验方法》、ITU-TK 系列标准等，这些标准是抗浪涌方面的基础标准；另外，ETS300 386 是一个欧洲的通信设备 EMC 测试行业标准。

1. 交流电源口过电压耐受水平

➢ 等级 I：差模，施加 2kV 电压正负各 5 次无损坏；共模，施加 4kV 电压正负各 5 次无损坏。

➢ 测试波形：1.2/50μs（8/20μs）混合波。

➢ 测试方法：按照 IEC 1000-4-5 的要求进行。交流供电的通信设备，除满足以上电源口过电压耐受水平外，还应配有交流防雷装置。

2. 直流电源口过电压耐受水平

➢ 等级 I：差模，施加 1kV 电压正负各 5 次无损坏；共模，施加 2kV 电压正负各 5 次无损坏。

➢ 等级 II：差模，施加 0.5kV 电压正负各 5 次无损坏；共模，施加 1kV 电压正负各 5 次无损坏。

➢ 测试波形：1.2/50μs（8/20μs）混合波。

➢ 测试方法：按照 IEC 1000-4-5 的要求进行。

等级 II 是通信设备的直流电源口过电压耐受水平的基本要求，所有通信设备的直流电源口都应该达到这一水平。

终端类通信设备，不一定在各种情况下都要求配备直流电源防雷器。若终端设备不配备直流电源防雷器，其直流电源口过电压耐受水平应达到等级 I。

3. 信号口过电压耐受水平

（1）建筑物内信号互连线

➢ 等级 I：差模，施加 2kV 电压正负各 5 次无损坏；共模，施加 4kV 电压正负各 5 次无损坏。

➢ 等级 II：差模，施加 1kV 电压正负各 5 次无损坏；共模，施加 2kV 电压正负各 5 次无损坏。

➢ 等级 III：差模，施加 0.5kV 电压正负各 5 次无损坏；共模，施加 1kV 电压正负各 5 次无损坏。

➢ 测试波形：1.2/50μs（8/20μs）混合波。

➢ 测试方法：按照 IEC 1000-4-5 的要求进行。

非平衡线，要进行差模及共模的测试。平衡线，在接口部分没有保护电路的情况下，可以只进行共模的测试。等级 III 是通信设备信号口过电压耐受水平的基本要求，室内走线的通信设备信号口（指设备对外的信号口，不包括并柜机架间的互连线，以及板间、框间互连线）都应该达到这一水平。走线距离可以超过 10m，一般不超过的 30m。在没有外加防雷器保护的情况下，信号端口的过电压耐受水平建议达到等级 I 的要求。

（2）在建筑物外走线的信号电缆

➢ 等级 I：差模，施加冲击电压 4kV 设备无损坏；共模，施加冲击电压 4kV 设备无损坏。

➢ 等级 II：差模，施加冲击电压 1kV 设备无损坏；共模，施加冲击电压 1kV 设备无损坏。

➢ 测试波形：10/700μs 冲击电压。

➢ 试验方法：按照 ITU-TK.20《交换设备耐过电压过电流的能力》的要求进行。

在建筑物外走线的信号电缆，进入机房后首先应经过配线架上保安单元的一次保护。测试信号端口过电压耐受水平的要求是：对设备的信号端口自身做测试，需要满足等级 II 的要求；在信号端口前连接配线架（带保护单元），在配线架前做测试，需要满足等级 I 的要求。

五、雷电参数简介

雷电放电涉及气象、地形、地质等许多自然因素，有一定的随机性，因而表征雷电特性的参数也带有一定的统计性质。在防雷设计中，我们对雷暴日、雷电流波形、幅值等参数比较关心。

（1）雷暴日

为了表征雷电活动的频率，采用年平均雷暴日作为计算单位。一天内只要听到一次雷声就记为一个雷暴日。雷暴日数与纬度有关，在炎热潮湿的赤道附近雷暴日数最多，两极最少。

（2）雷电流波形

雷电流是一个非周期的瞬态电流，通常是很快上升到峰值，然后较为缓慢地下降。雷电流的波头时间是指雷电流从零上升到峰值的时间，又称为波前时间；波长时间是指雷电流从零上升到峰值，然后下降到峰值的一半的时间，又称为半峰值时间。由于在雷电流波的起始和峰值处常常叠加有振荡，很难确定其真实零点和到达峰值的时间。因此，我们常用视在波头时间 T_1 和视在波长时间 T_2 来表示，一般记为 T_1/T_2，如图 7-11 所示。

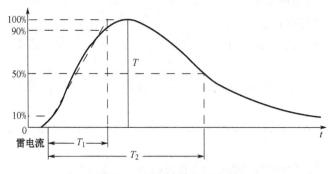

图 7-11　雷电流波形示意图

在 IEC 标准、国标中规定的雷击测试波形主要有 8/20μs、10/350μs（电流波）、10/700μs 及 1.2/50μs（电压波）等。

（3）雷电流陡度

雷电流陡度是指雷电流随时间上升的变化率。实测和相关性分析表明，它随雷电流幅值的增大而增大，其平均上升陡度为：

$$\frac{\mathrm{d}i}{\mathrm{d}t}=\frac{1}{T_1}\quad(\mathrm{kA/\mu s})$$

（4）雷电波频谱分析

雷电波频谱是研究避雷的重要依据。从雷电波频谱结构可以获悉雷电波电压、电流的能量在各频段的分布，根据这些数据可以估算信息系统频带范围内雷电冲击的幅度和能量大小，进而确定适当的避雷措施。通过对雷电波的频谱分析可知：

① 雷电流主要分布在低频部分，且随着频率的升高而递减。在波尾相同时，波前越陡高次谐波越丰富。在波前相同的情况下，波尾越长低频部分越丰富。

② 雷电的能量主要集中在低频部分，约 90%以上的雷电能量分布在频率为 10kHz 以下。这说明了在信息系统中，只要防止 10kHz 以下频率的雷电波窜入，就能把雷电波能量消减 90%以上，这对避雷工程具有重要的指导意义。

（5）电磁兼容常见测试波形

1.2/50μs 冲击电压波形：雷击时户内走线线缆上产生的感应过电压的模拟波形，用于设备端口过电压耐受水平测试。主要测试范围：通信设备的电源端口和建筑物内走线的信号线测试。1.2/50μs 波形是电子电气设备绝缘耐受性能试验用的标准雷电过电压波形，如图 7-12 所示。

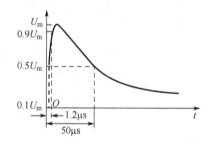

图 7-12　1.2/50μs 冲击过电压波形

1.2/50μs（8/20μs）混合波：是浪涌发生器输出的一种具有特定开路/短路特性的波形。发生器输出开路时，输出波形是 1.2/50μs 的开路电压波；发生器输出短路时，输出波形是 8/20μs 的短路电流波。具有这种特性的浪涌发生器主要用于设备端口过电压耐受水平测试。主要测试范围：通信设备的电源端口和建筑物内走线的信号线测试。

10/700μs 冲击电压：雷击时户外走线线缆上产生的感应雷过电压的模拟波形，用于设备端口过电压耐受水平测试时用的波形。主要测试范围：建筑物外走线的信号线（如用户线类电缆）测试。

8/20μs 冲击电流：雷击时线缆上产生的感应过电流模拟波形，设备的雷击过电流耐受水平测试用标准波形，主要用于通信设备的电源口、信号口、天馈口测试。8/20μs 波形是防雷设计和保护装置试验用标准电流脉冲波形。

10/350μs 冲击电流：直击雷电流模拟波形，目前通信设备端口的防雷测试较少使用。

六、开关操作产生的瞬态过电压

过电压一般是电源的瞬间电压变化，过电压会发生在任何情况中，过电压有任意的波形、频率和大小。开关过电压波形和种类分别如图 7-13 和图 7-14 所示。

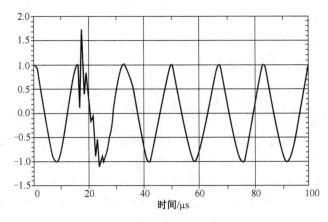

图 7-13　开关过电压波形

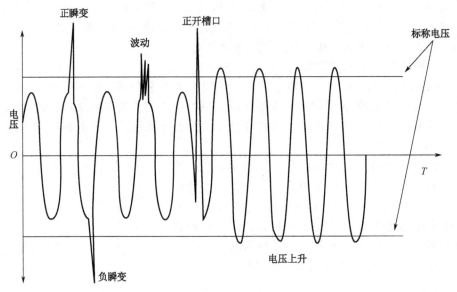

图 7-14　过电压的种类

第二节　EMC 元件

电磁兼容性元器件是解决电磁干扰发射和电磁敏感度问题的关键，正确选择和使用这些元器件是做好电磁兼容性设计的前提。因此，我们必须深入掌握这些元器件的特性和工作原理，这样才有可能设计出符合标准要求、性能价格比最优的电子电气产品。而每一种电子元件都有它各自的特性，因此，要求在设计时仔细考虑。

一、EMC 元件之电容器

在 EMC 设计中，电容器是应用最广泛的元件之一，主要用于构成各种低通滤波器或用作去耦电容和旁路电容。大量实践表明：在 EMC 设计中，恰当选择与使用电容器，不仅可解决许多电磁干扰问题，而且能充分体现效果良好、价格低廉、使用方便的优点。若电容器的选择或使用不当，则可能根本达不到预期的目的，甚至会加剧电磁干扰程度。

从理论上讲，电容器的容量越大，容抗就越小，滤波效果就越好。但是，容量大的电容器一般寄生电感也大，自谐振频率低（如典型的陶瓷电容器，0.1μF 的 f_0=5MHz，0.01μF 的 f_0=15MHz，0.001μF 的 f_0=50MHz），对高频噪声的去耦效果差，甚至根本起不到去耦作用。分立元件的滤波器在频率超过 10MHz 时，将开始失去性能。元件的物理尺寸越大，转折点频率越低。这些问题可以通过选择特殊结构的电容器来解决。

贴片电容器的寄生电感几乎为零，总的电感也可以减小到元件本身的电感，通常只是传统电容器寄生电感的 1/3～1/5，自谐振频率可达同样容量的带引线电容的 2 倍，是射频应用的理想选择。

传统上，射频应用一般选择瓷片电容器。但在实践中，超小型聚酯或聚苯乙烯薄膜电容器也是适用的，因为它们的尺寸与瓷片电容器相当。

三端电容器能将小瓷片电容器频率范围从 50MHz 以下拓展到 200MHz 以上，这对抑制 VHF 频段的噪声是很有用的。要在 VHF 或更高的频段获得更好的滤波效果，特别是保护屏蔽体不被穿透，必须使用馈通电容器。

二、EMC 元件之电感

电感是一种可以将磁场和电场联系起来的元件，其固有的、可以与磁场互相作用的能力使其潜在地比其他元件更为敏感。和电容类似，合理地使用电感也能解决许多 EMC 问题。两种基本类型的电感是开环电感和闭环电感，它们的不同在于内部的磁场环。在开环设计中，磁场通过空气闭合；而闭环设计中，磁场通过磁芯形成磁路。

电感比起电容器的一个优点是它没有寄生感抗，因此其表面贴装类型和引线类型没有什么差别。开环电感的磁场穿过空气，这将引起辐射并带来电磁干扰（EMI）问题。在选择开环电感时，绕轴式比棒式或螺线管式更好，因为线轴或电感磁场将被控制在磁芯（即磁体内的局部磁场）。

对闭环电感来说，磁场被完全控制在磁心，因此在电路设计中这种类型的电感更理想，当然它们也比较昂贵。螺旋环状的闭环电感的一个优点是：它不仅将磁环控制在磁心，还可以自行消除所有外来的附带场辐射。

电感的磁芯材料主要有两种类型：铁和铁氧体。铁磁芯电感用于低频场合（几十千赫），而铁氧体磁芯电感用于高频场合（到兆赫）。因此，铁氧体磁芯电感更适合于 EMC 应用。

三、EMC 元件之磁珠

（1）磁珠的工作原理

磁珠是一种阻抗随频率变化的电阻器，低频下感应阻抗较小，随着频率增加，阻抗逐渐增大并逐渐显示出电阻功能。铁氧体磁珠的工作原理是通过阻抗吸收并发热的形式，将不需要频段的能量耗散掉。磁珠的电路符号就是电感，但是型号上可以看出使用的是磁珠。磁珠和电感是原理相同的，只是频率特性不同罢了。

电感是储能元件，而磁珠是能量转换（消耗）器件。电感多用于电源滤波回路，侧重于抑制传导性干扰；磁珠多用于信号回路，主要用于电磁干扰方面。磁珠用来吸收超高频信号，例如一些 RF 电路、PLL、振荡电路、含超高频存储器的电路（DDR、SDRAM、RAMBUS 等）都需要在电源输入部分加磁珠。而电感是一种储能元件，用在 LC 振荡电路、中低频的滤波电路等电路中，其应用频率范围很少超过 50MHz。图 7-15（a）所示为磁珠电路的等效电路，（b）所示为贴片磁珠外形，（c）所示为磁珠频谱曲线。图 7-16 所示为磁珠的结构。

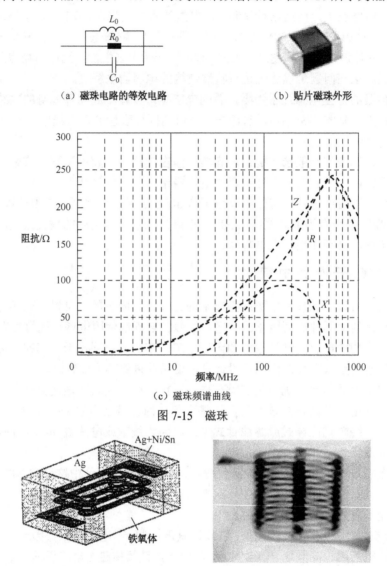

（a）磁珠电路的等效电路　　　　　　　　　（b）贴片磁珠外形

（c）磁珠频谱曲线

图 7-15　磁珠

（a）内部结构　　　　　　　　　（b）X 射线

图 7-16　磁珠的结构

（2）某磁珠产品编号方式（示例见图 7-17）

① 类型：GZ 低速信号线用普通磁珠；SZ 高速信号线用尖峰磁珠；PZ 大电流磁珠；UPZ 超大电流线路用磁珠；HPZ 高频大电流磁珠；ARZ 磁珠排。

② 外形尺寸：长×宽，0603 即长×宽=0.6mm×0.3mm。

③ 材料代码：D、E、U。

④ 公称阻抗值：300 即 30Ω，121 即 120Ω。

⑤ 特性代码（或允许偏差）：B 表示±0.1nH；C 表示±0.2nH；S 表示±0.3nH；D 表示±0.5nH；G 表示±2nH；H 表示±3nH；J 表示±5nH；K 表示±10nH；M 表示±20%；N 表示±30%。

⑥ 包装：T 即盘装。

⑦ 无有害物质产品：F。

$$\underset{①}{\underline{GZ}}\ \underset{②}{\underline{1608}}\ \underset{③}{\underline{D}}\ \underset{④}{\underline{121}}\ \underset{⑤⑥⑦}{\underline{C\ T\ F}}$$

图 7-17 磁珠产品编号方式示例

表 7-1 为某系列磁珠的型号及对应参数。

表 7-1 某系列磁珠的型号及对应参数

型 号 代 码	外形尺寸/mm×mm	阻抗范围/Ω	额定电流/mA
GZ 系列	0603～3216 （0201～1206）	5～2200	100～2200
GZ-C 系列	1005～1608 （0402～0603）	15～1500	100～1000
SZ 系列	0603～2012 （0201～0805）	22～2700	100～1000
SZ-C 系列	1005～1608 （0402～0603）	15～2500	100～800
PZ 系列	1005～4516 （0402～1806）	10～1000	500～6000
UPZ 系列	1005～2012 （0402～0805）	22～1000	900～6000
HZ 系列	1005～1608 （0402～0603）	120～1800	50～300
HPZ 系列	1005～1608 （0402～0603）	100～1500	150～2000
ARZ 系列	2010～3216 （0804～1206)	6～2000	100～500

（3）磁珠的应用

磁珠用于抑制电子设备中 30～3000MHz 范围内的噪声，如计算机及外围设备、DVD、数码相机、LCD TV、通信设备、OA 设备等。

（4）磁珠选型时的注意事项

➢ 了解需要抑制的噪声频段范围。

➢ 明确电磁干扰源及位置。

➢ 明确回路的源阻抗和负载阻抗。

➢ 了解要求的衰减为多大。

➢ 了解线路通过的直流电流为多大。

➢ 了解线路板上允许的空间有多大。

图 7-18 所示为磁珠在笔记本电脑中的应用，图中深色部分为片式磁珠。

图 7-19 所示为磁珠在数字电视中的应用。

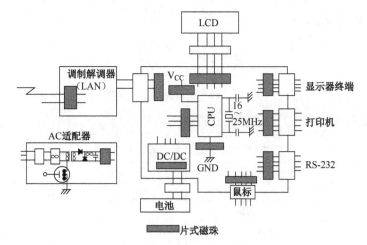

图 7-18　磁珠在笔记本电脑中的应用

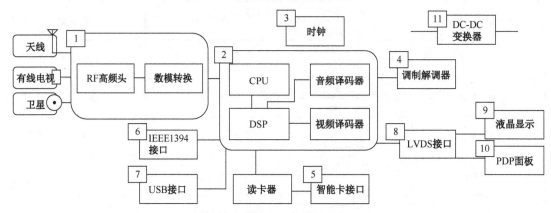

图 7-19　磁珠在数字电视中应用

四、EMC 元件之三端 EMI 滤波器

EMI 滤波器 LC 复合 PI 和 T 形电路结构是一体化贴片产品。EMI 滤波器具有无方向极性、使用方便、尺寸小且薄型等优点，适合于高密度贴装。另外，其陡峭的衰减特性、高频域内滤波效果优越，适用于宽频带的降噪。图 7-20 为三端 EMI 滤波器等效电路及外形图。图 7-21 为典型的三端 EMI 滤波器插入损耗特性曲线。（插入损耗表示 EMI 滤波器插入前负载上所接收到的功率与插入后同一负载上所接收到的功率以分贝为单位的比值。）

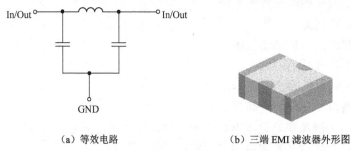

（a）等效电路　　　　　　　　　　（b）三端 EMI 滤波器外形图

图 7-20　三端 EMI 滤波器等效电路及外形图

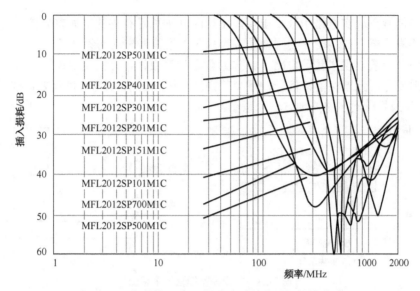

图 7-21　典型的三端 EMI 滤波器插入损耗特性曲线

（1）三端 EMI 滤波器应用

三端 EMI 滤波器可应用于电视机、录像机、DVD 等数字影像设备，传真机、调制解调器、ADSL 终端等信息通信设备，复印机、个人计算机、游戏机等数字设备，尤其对于由高速信号电路（如时钟线和 RGB 线等）产生的高幅度噪声有优良的抑制效果。

（2）某产品编号方式

某 EMI 滤波器产品编号示例见图 7-22。

$$\underset{①}{MF}\ \underset{②}{L}\ \underset{③}{2012}\ \underset{④}{SP}\ \underset{⑤}{100}\ \underset{⑥}{M}\ \underset{⑦}{1E}\ \underset{⑧}{T}\ \ \underset{⑨}{F}$$

图 7-22　EMI 滤波器产品编号示例

① 分类：MF 表示片式 EMI 滤波器。

② L：结构代号。

③ 外形尺寸：2012 表示外形尺寸为 2.0mm×1.2mm。

④ 特征：SP 表示 PI Type Circuit；ST 表示 T Type Circuit。

⑤ 截止频率：100 表示 10MHz。

⑥ 截止频率的公差：M 表示±20%，S 表示+50%～20%。

⑦ 额定电压：1C 表示 16V；1E 表示 25V；1H 表示 50V；2A 表示 100V。

⑧ 包装：T 表示编带，B 表示散装。

⑨ F 表示无有害物质产品。

五、EMC 元件之共模扼流器

（1）差模和共模

共模信号：是指出现在一对（差分）信号线的两个信号，大小相等、方向相同的一组信号。共模信号也可能出现在单端信号线和地线上。

差模信号：是指出现在一对（差分）信号线的两个信号，大小相等、方向相反的一组信号。共模信号在现实电路中很少出现，出现时几乎总是有害的，如差分信号线上会存在耦合来的共模噪声。许多设计规则就是专为预防共模信号出现而设计的。

差模信号一般出现在差动电路中，作为数据传输载体，是需要保留的信号。一般电路设计时，需要尽可能地保留该信号，减少其损耗。图 7-23 所示为共模及差模信号示意图。图 7-24 所示为共模噪声的抑制方法示意图。

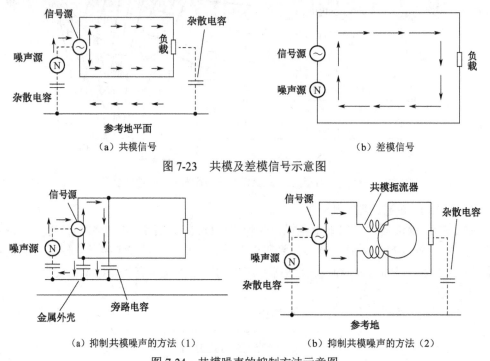

图 7-23　共模及差模信号示意图

（a）抑制共模噪声的方法（1）　　　　（b）抑制共模噪声的方法（2）

图 7-24　共模噪声的抑制方法示意图

（2）共模扼流器的结构

共模扼流器对共模噪声以磁珠的方式工作，对差模信号则以导线的方式工作。两根线上通过的共模电流产生的磁通量互相叠加，因而产生较大的阻抗。图 7-25 所示为共模扼流器工作方式及符号。两根线上通过的差模电流产生的磁通量互相抵消，因而产生较小的阻抗。

图 7-26 所示为共模扼流器的结构。

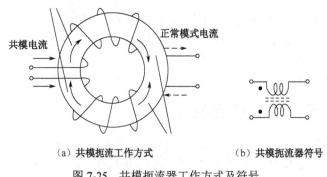

（a）共模扼流工作方式　　　　　　（b）共模扼流器符号

图 7-25　共模扼流器工作方式及符号

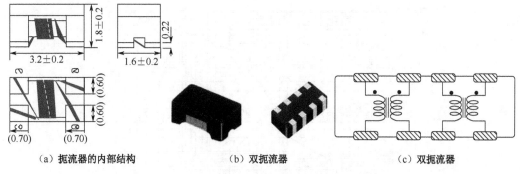

（a）扼流器的内部结构 　　　　（b）双扼流器 　　　　（c）双扼流器

图 7-26　共模扼流器的结构

（3）共模扼流器抑制噪声

由于磁饱和导致的阻抗减小不会轻易出现，即使通过较大的电流。共模扼流器适合大电流线路中的噪声抑制，如 AC/DC 电源线上。

共模扼流器波形失真小，适合对波形失真敏感线路的噪声抑制，如视频信号线。

（4）共模扼流器电参数

共模扼流器电参数见表 7-2。

表 7-2　共模扼流器电参数

参　　数	测 试 仪 器	测 试 频 率	测 试 信 号
Z（共模阻抗）	HP4291B	参照产品目录	50mV
DCR（直流电阻）	HP4338B	直流	/
IR（绝缘电阻）	HP4339B	直流	50V
IDC（额定电流）	电流表	直流	/

（5）某产品编号方式（绕线）

某共模扼流器产品编号示例如图 7-27 所示。

① 类型：SDCW 表示片式共模扼流器；SDCMA 表示叠层片式共模扼流器。

② 外形尺寸：长×宽，2012 表示外形尺寸为 2.0mm×1.2mm。

③ 代号：H 表示 HDMI 用共模扼流器；U 表示 USB3.0 用共模扼流器。

④ 线路数：2 表示 2 线；4 表示 4 线。

⑤ 共模阻抗：900 表示 90Ω；121 表示 120Ω。

⑥ 包装：T 表示盘装。

⑦ 无有害物质产品：F。

图 7-27　共模扼流器产品编号示例

（6）阻抗频谱曲线

共模扼流器频谱曲线如图 7-28 所示。

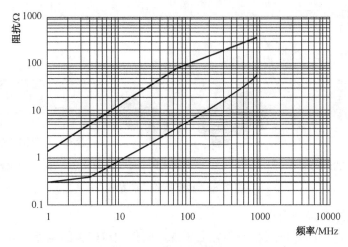

图 7-28   共模扼流器频谱曲线

（7）共模扼流器应用

➢ 个人计算机、计算机周边及外围设备的 USB 线路。

➢ 小型数码 AV 设备，如数码相机。

➢ 个人计算机、DVC、STB 等设备的 IEEE1394 线路。

➢ 液晶电视面板的 LVDS 线及键盘线路。

➢ HDMI、DVI 的高速差模信号线。

六、EMC 元件之电压开关型瞬态抑制二极管（TSS）

电压开关型瞬态抑制二极管与 TVS 相同，也是利用半导体工艺制成的限压保护器件，但其工作原理与气体放电管类似，而与压敏电阻和 TVS 不同。当电压开关型瞬态抑制二极管（又称过电压保护器）两端的过电压超过 TSS 的击穿电压时，TSS 将把过电压箝位到比击穿电压更低的接近 0V 的水平上，之后 TSS 持续这种短路状态，直到流过 TSS 的过电流降到临界值以下后，TSS 恢复开路状态。

电压开关型瞬态抑制二极管实物图如图 7-29 所示。

图 7-29   电压开关型瞬态抑制二极管实物图

电压开关型瞬态抑制二极管是根据可控硅原理采用离子注入技术生产的一种新型保护器件，具有精确导通、快速响应（响应时间 ns 级）、浪涌吸收能力较强、双向对称、可靠性高等特点。由于其浪涌通流能力较同尺寸的 TVS 强，可在无源电路中代替 TVS 使用。但它的导通特性接近于短路，不能直接用于有源电路中，在这样的电路中使用时必须加限流元件，使其续流小于最小维持电流。图 7-30 所示为电压开关型瞬态抑制二极管特性曲线。

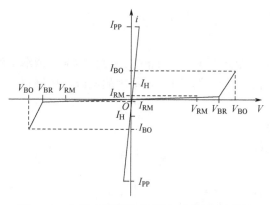

图 7-30　电压开关型瞬态抑制二极管特性曲线

1. 主要特性参数

➢ **断态电压 V_{RM} 与漏电流 I_{RM}**：断态电压 V_{RM} 表示电压开关型瞬态抑制二极管不导通的最高电压，在这个电压下只有很小的漏电流 I_{RM}。

➢ **击穿电压 V_{BR}**：通过规定的测试电流 I_R（一般为 1mA）时的电压，这是表示电压开关型瞬态抑制二极管开始导通的标志电压。

➢ **转折电压 V_{BO} 与转折电流 I_{BO}**：当电压升高达到转折电压 V_{BO}（对应的电流为转折电流 I_{BO}）时，电压开关型瞬态抑制二极管完全导通，呈现很小的阻抗，两端电压 V_T 立即下降到一个很低的数值（一般为 5V 左右）。

➢ **峰值脉冲电流 I_{PP}**：电压开关型瞬态抑制二极管能承受的最大脉冲电流。

➢ **维持电流 I_H**：电压开关型瞬态抑制二极管继续保持导通状态的最小电流。一旦流过它的电流小于维持电流 I_H，它就恢复到截止状态。

➢ **静态电容 C**：电压开关型瞬态抑制二极管在静态时的电容值。

2. 命名规则

电压开关型瞬态抑制二极管命名规则如图 7-31 所示。

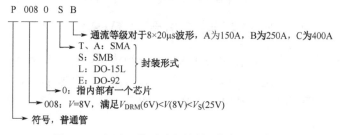

图 7-31　电压开关型瞬态抑制二极管命名规则

3. 封装及分类

电压开关型瞬态抑制二极管有贴装式、直插式和轴向引线式三种封装形式。电压开关型瞬态抑制二极管封装及分类如图 7-32 所示。

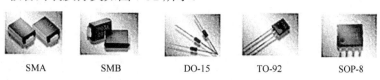

图 7-32　电压开关型瞬态抑制二极管封装及分类

4. 产品特点

（1）优点

➢ 击穿（导通）前相当于开路，电阻很大，没有漏电流或漏电流很小。

➢ 击穿（导通）后相当于短路，可通过很大的电流，压降很小。

➢ 具有双向对称特性。

➢ 响应速度快，ns 级。

➢ 击穿电压一致性好。

（2）缺点

➢ 通流量较小，只有几百安。

➢ 击穿电压只有若干特定值。

➢ 电容较大，有几十至几百皮法。

5. 设计要点

➢ TSS 在响应时间、结电容方面具有与 TVS 相同的特点，易于制成表面贴片器件，很适合在单板上使用。TSS 动作后，将过电压从击穿电压值附近下拉到接近 0V 的水平，这时二极管的结压降低，所以用于信号电平较高的线路（例如，模拟用户线、ADSL 等）保护时通流量比 TVS 大，保护效果也比 TVS 好。TSS 适合用于信号电平较高的信号线路的保护。

➢ 在使用 TSS 时需要注意的一个问题是：TSS 在过电压作用下击穿后，当流过 TSS 管的电流值下降到临界值以下后，TSS 才恢复开路状态，因此 TSS 管在信号线路中使用时，信号线路的常态电流应小于 TSS 的临界恢复电流。

➢ TSS 的击穿电压 U_{1mA}、通流容量是电路设计时应重点考虑的。在信号回路中时，应当有 $U_{1mA} > (1.2 \sim 1.5) U_{max}$，式中 U_{max} 为信号回路的峰值电压。

➢ TSS 较多应用于信号线路的防雷保护。

➢ TSS 的失效模式主要是短路。但当通过的过电流太大时，也可能造成 TSS 管被炸裂而开路。TSS 管的使用寿命相对较长。

七、EMC 元件之瞬态抑制二极管（TVS）

TVS 是一种限压保护器件，作用与压敏电阻器很类似，也是利用器件的非线性特性将过电压箝位到一个较低的电压值，实现对后级电路的保护。TVS 的主要参数有反向击穿电压、最大箝位电压、瞬间功率、结电容、响应时间等。

（1）工作原理

器件并联于电路中，当电路正常工作时，它处于截止状态（高阻态），不影响线路正常工作；当电路出现异常过压并达到其击穿电压时，它迅速由高阻态变为低阻态，给瞬间电流提供低阻抗导通路径，同时把异常高压箝制在一个安全水平之内，从而保护被保护 IC 或线路；当异常过压消失，其恢复至高阻态，电路正常工作。瞬态抑制二极管的符号如图 7-33 所示。

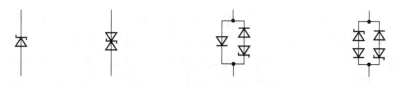

图 7-33　瞬态抑制二极管的符号

（2）命名规则

瞬态抑制二极管的命名规则如图 7-34 所示。

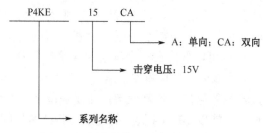

图 7-34　瞬态抑制二极管的命名规则

（3）主要特性参数

➤ 反向断态电压（截止电压）V_{RWM} 与反向漏电流 I_R：反向断态电压（截止电压）V_{RWM} 表示 TVS 不导通的最高电压，在这个电压下只有很小的反向漏电流 I_R。

➤ 击穿电压 V_{BR}：TVS 通过规定的测试电流 I_T 时的电压，这是表示 TVS 导通的标志电压。TVS 的击穿电压有 ±5% 的误差范围。

（4）TVS 设计要点

➤ TVS 的非线性特性比压敏电阻器好，当通过 TVS 的过电流增大时，TVS 的钳位电压上升速度比压敏电阻器慢，因此可以获得比压敏电阻器更理想的残压输出。在很多需要精细保护的电子电路中，应用 TVS 是比较好的选择。TVS 的通流容量在限压型浪涌保护器中是最小的，一般用于最末级的精细保护，因其通流量小，一般不用于交流电源线路的保护；直流电源的防雷电路使用 TVS 时，一般还需要与压敏电阻器等通流容量大的器件配合使用。TVS 便于集成，很适合在单板上使用。

➤ TVS 具有的另一个优点是可灵活选用单向或双向保护器件，在单极性的信号电路和直流电源电路中，选用单向 TVS，可以获得比压敏电阻器低 50% 以上的残压。

➤ TVS 的反向击穿电压、通流容量是电路设计时应重点考虑的。在直流回路中，应当有 $U_{1mA} > (1.8\sim2) U_{dc}$，式中 U_{dc} 为回路中的直流工作电压。在信号回路中时，应当有 $U_{1mA} > (1.2\sim1.5) U_{max}$，式中 U_{max} 为信号回路的峰值电压。

➤ TVS 的失效模式主要是短路。但当通过的过电流太大时，也可能造成 TVS 被炸裂而开路。TVS 的使用寿命相对较长。

八、气体放电管

气体放电管 GDT（Gas Discharge Tube）是防雷保护设备中应用最广泛的一种开关器件，无论是交直流电源的防雷还是各种信号电路的防雷，都可以用它来将雷电流泄放入大地。其主要特点是：放电电流大，极间电容小（≤3pF），绝缘电阻高（≥1000MΩ），击穿电压分散性较大（±20%），反应速度较慢（最快为 0.1~0.2μs）。按电极数分，有二极气体放电管和三极气体放电管（相当于两个二极放电管串联）两种。其外形为圆柱形，有带引线和不带引线两种结构形式（有的还带有过热时短路的保护卡）。气体放电管 GDT 通常用于帮助防止电源线、通信线、信号线和数据传输线等灵敏电信设备受到瞬变浪涌电压导致的损害，这些电压一般是由雷击和设备转换操作造成的。气体放电管 GDT 置于灵敏设备的前面或平行位置，起高阻抗元件的作用，同时不会影响正常操作的信号。

1. 工作原理

气体放电管由封装在充满惰性气体的陶瓷管中相隔一定距离的两个电极组成。其电气性能基本上取决于气体种类、气体压力以及电极距离，中间所充的气体主要是氖或氩，并保持一定压力，电极表面涂以发射剂以减少电子发射能。这些措施使得动作电压可以调整（一般是 70V 到几千伏），而且可以保持在一个确定的误差范围内。当其两端电压低于放电电压时，气体放电管是一个绝缘体。当其两端电压升高到大于放电电压时，产生弧光放电，气体电离放电后由高阻抗转为低阻抗，使其两端电压迅速降低，大约降几十伏。气体放电管受到瞬态高能量冲击时，它能以 10～6s 量级的速度，将其两极间的高阻抗变为低阻抗，通过高达数十千安的浪涌电流。气体放电管的符号及外形如图 7-35 所示。

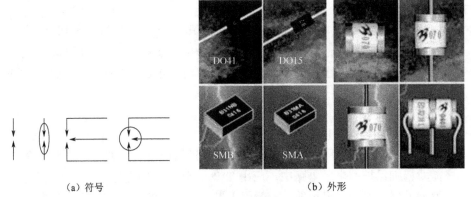

（a）符号　　　　　　　　　　　　　（b）外形

图 7-35　气体放电管的符号及外形

2. 特性曲线

图 7-36 为气体放电管特性曲线，V_s 为导通电压，V_g 为辉光电压，V_f 为弧光电压，V_a 为熄弧电压。

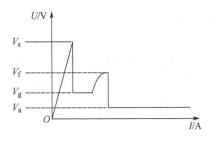

图 7-36　气体放电管特性曲线

3. 主要特性参数

➢ 直流击穿电压 V_{sdc}：在气体放电管上施加上升速率为 100V/s 的直流电压时的击穿电压值。这是气体放电管的标称电压，常用的有 90V、150V、230V、350V、470V、600V、800V 等几种，最高的有 3000V，最低的有 70V 的。其误差范围一般为±

20%，也有的为±15%。

➢ 脉冲（冲击）击穿电压 V_{si}：在气体放电管上施加上升速率为 1kV/μs 的脉冲电压时的击穿电压值。因反应速度较慢，脉冲击穿电压要比直流击穿电压高得多。陶瓷气体放电管对低上升速率和高上升速率电压的响应如图 7-37 所示。

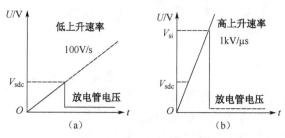

图 7-37　气体放电管电压的响应

➢ 冲击放电电流 I_{di}：分为 8/20μs 波（短波）和 10/1000μs 波（长波）冲击放电电流两种，常用的是 8/20μs 波。冲击放电电流又分为单次冲击放电电流（8/20μs 波冲击 1 次）和标称冲击放电电流（8/20μs 波冲击 10 次），一般后者约为前者的一半左右，有 2.5 kA、5 kA、10 kA、20 kA 等规格。

4. 命名规则

图 7-38 所示为两种不同气体放电管的命名规则。

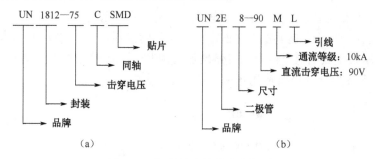

图 7-38　气体放电管的命名规则

5. 封装及分类

按电极数分，有二极放电管和三极放电管两种。其外形为圆柱形，有带引线和不带引线两种结构形式。

6. 气体放电管的特点

（1）优点

① 击穿（导通）前相当于开路，电阻很大，没有漏电流或漏电流很小。

② 击穿（导通）后相当于短路，可通过很大的电流，压降很小。

③ 脉冲通流容量（峰值电流）很大，2.5～100kA。

④ 具有双向对称特性。

⑤ 电容值很小，小于 3pF。

（2）缺点

① 由于气体电离需要一定的时间，所以响应速度较慢，反应时间一般为 0.2～0.3μs（200～300ns），最快也有 0.1μs（100ns）左右。在它未导通前，会有一个幅度较大的尖脉冲漏过去，而起不到保护作用。

② 击穿电压一致性较差，分散性较大，一般为±20%。

③ 击穿电压只有几个特定值。

7. 选型及应用

① 在快速脉冲冲击下，陶瓷气体放电管气体电离需要一定的时间，因而有一个幅度较高的尖脉冲会泄漏到后面去。若要抑制这个尖脉冲，有以下几种方法：

➤ 在放电管上并联电容器或压敏电阻器。

➤ 在放电管后串联电感或留一段长度适当的传输线，使尖脉冲衰减到较低的电平。

➤ 采用两级保护电路，以放电管作为第一级，以 TVS 或 TSS 作为第二级，两级之间用电阻器、电感或自恢复熔断器隔离。

② 直流击穿电压 V_{sdc} 的选择：直流击穿电压 V_{sdc} 的最小值应大于可能出现的最高电源峰值电压或最高信号电压的 1.2 倍以上。

③ 冲击放电电流的选择：要根据线路上可能出现的最大浪涌电流或需要防护的最大浪涌电流选择。放电管冲击放电电流应按标称冲击放电电流（或单次冲击放电电流的一半）来计算。

④ 陶瓷气体放电管因击穿电压误差较大，一般不并联使用。

⑤ 续流问题：为了使放电管在冲击击穿后能正常熄弧，在有可能出现续流的地方（如有源电路中）串联压敏电阻器或自恢复熔断器等限制续流，使它小于放电管的维持电流。

图 7-39 所示为气体放电管应用示例。

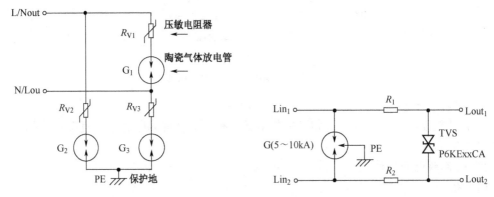

图 7-39　气体放电管应用示例

8. 使用气体放电管的注意事项：

✓ 在交流电源电路的相线对保护地线、中线对保护地线单独使用气体放电管是不合适的。

✓ 在直流电源电路中应用时，如果两线间电压超过 15V，不可以在两线间直接应用放电管。

✓ 设置在普通交流线路上的放电管，要求它在线路正常运行电压及其允许的波动范围内不能动作，则它的直流放电电压应满足 $U_{fdc}>1.8U_P$。式中，U_{fdc} 为直流击穿电压，U_{fdc} 表示直流击穿电压的最小值，U_{P} 为线路正常运行电压的峰值。

✓ 气体放电管构成的防雷器长时间使用后存在维护及更换的问题。

九、EMC 元件之压敏电阻器

压敏电阻器是一种限压型保护器件。利用压敏电阻器的非线性特性，当过电压出现在压敏电阻器的两极间，压敏电阻器可以将电压箝位到一个相对固定的电压值，从而实现对后级电路的保护。

1. 工作原理

压敏电阻器是一种以氧化锌为主要成分的金属氧化物半导体，是一种非线性的限压型电阻器。压敏电阻器的伏安特性是连续和递增的，因此它不存在续流的遮断问题。

压敏电阻器的符号及外形如图 7-40 所示。它的工作原理为压敏电阻器的氧化锌和添加剂在一定的条件下"烧结"，电阻就会受电压的强烈影响，其电流随着电压的升高而急剧上升，上升的曲线是一个非线性指数。当在正常工作电压时，压敏电阻器处于一种高阻值状态。当浪涌到来时，它处于通路状态，强大的电流流过自身泄入大地。浪涌过后，它又马上恢复到高阻值状态。

（a）压敏电阻的符号　　　　　（b）压敏电阻的外形

图 7-40　压敏电阻器的符号及外形

2. 压敏电阻器的几个重要参数

◆ 压敏电压：压敏电压一般认为是在温度为 20℃时在压敏电阻器上有 1mA 电流流过的时候，相应加在该电阻器两端的电压。压敏电压在交流电网中，一般比电网的峰值电压要高，为峰值电压的 0.7，而峰值电压一般认为是交流电网电压的 $\sqrt{2}$ 倍（直流时峰值电压是额定电压的 1.2 倍）。用公式表示为

$$V_{\text{N}} = V_{\text{NH}} \times \sqrt{2} \div 0.7 \tag{7-1}$$

式中，V_{N}——压敏电压；

V_{NH}——电网额定电压。

➢ 漏电流：漏电流是指在正常情况下通过压敏电阻器微安数量级的电流。漏电流越小越好。对于漏电流特别应强调的是必须稳定，不允许在工作中自动升高，一旦发现漏电流自动升高，就应立即淘汰，因为漏电流的不稳定是加速防雷器老化和防雷器爆炸的直接原因。因此，在选择漏电流这一参数时，不能一味地追求越小越好，只要是在电网允许值范围内，选择漏电流值相对稍大一些的防雷器，反而较稳定。

➢ 响应时间：响应时间是指加在防雷器两端的电压等于压敏电压所需的时间，达到这一时间后防雷器完全导通。压敏电阻器的响应时间为 25ns 左右。

➢ 寄生电容：压敏电阻器一般都有较大的寄生电容，它的寄生电容一般在几百微法

到几千微法之间，因而它不利于对高频电子系统的保护。因为这种寄生电容对高频信号的传输会产生畸变作用，从而影响系统的正常运行。因而对频率较高的系统的保护，应选择寄生电容低的压敏电阻器型防雷器。

3. 压敏电阻器的特点

（1）优点

◆ 残压低。

◆ 响应时间快，为 25ns 左右。

◆ 无续流。

◆ 可以实现劣化提示和故障遥信告示功能，因此，它的保护效果安全、可靠。它是目前供电系统中常用的产品，特别是电力、电信供电领域，更是一枝独秀。

（2）缺点

有泄漏电流，寄生电容较大，不利于对高频电子线路的保护。

4. 压敏电阻器设计要点

① 压敏电阻器的压敏电压 U_{1mA}、通流容量是电路设计时应重点考虑的。在直流回路中，应当有 $U_{1mA} >（1.8\sim2）U_{dc}$，式中 U_{dc} 为回路中的直流工作电压。在交流回路中，应当有：$U_{1mA} >（2.2\sim2.5）U_{ac}$，式中 U_{ac} 为回路中的交流工作电压。上述取值原则主要是为了保证压敏电阻在电源电路中应用时，有适当的安全裕度。在信号回路中时，应当有 $U_{1mA} >（1.2\sim1.5）U_{max}$，式中 U_{max} 为信号回路的峰值电压。压敏电阻器的通流容量应根据防雷电路的设计指标来定。一般而言，压敏电阻器能够承受两次电流冲击而不损坏的通流值应大于防雷电路的设计通流量。

② 压敏电阻器的失效模式主要是短路，当通过的过电流太大时，也可能造成阀片被炸裂而开路。压敏电阻器使用寿命较短，多次冲击后性能会下降。因此，由压敏电阻器构成的防雷器长时间使用后存在维护及更换的问题。

表 7-3 列出了四种常用电路保护器件的特性。

表 7-3 四种常用电路保护器件的特性一览表

	气体放电管	压敏电阻器	TVS	TSS
漏电流	极小（pA 级）	小（μA 级）	小（μA 级）	较小（μA 级）
限制电压	点火电压高，限制电压低	低～中	低	低
通流容量	大（10kA 级）	大（1～10kA 以上）	中（100A 级）	低（10A 级）
响应时间	中～慢（0.1～1μs）	较快（<25ns）	快（<1ns）	快（<1ns）
续流问题	有	无	无	有
电容量	低（1pF）	中～高（500pF）	高（1000pF）	较低（50pF）
正常使用寿命	较短（使用性能降低）	较短（使用性能降低）	长	长
成本	低～高	低	高	高
失效模式	开路	短路	短路	短路
主要应用	AC/通信系统初级保护	AC/低压控制系统	低压控制/通信系统	通信/数据/信号系统

十、EMC 之浪涌保护模块（SPD）&晶闸管浪涌保护器（TSPD）

浪涌保护模块可处理高达 200kA（8/20）的浪涌电流和高达 25kA 的雷电流。

浪涌保护模块的特性：

➢ 残压极低，保护等级高。

➢ 通常分为一级（Class I）和二级（Class II）浪涌保护模块。

➢ 不需内部或外部断路器。

➢ 最安全的 SPD 模块，杜绝冒烟、打火、爆炸。

➢ 可直接与相线连接。

➢ 无须维护，无须备件。

➢ 持续不间断地保护，寿命长于被保护设备，可靠性高。

晶闸管浪涌保护器有两种类别，即箝制型和转折型。例如，金属氧化物变阻器（MOV）和二极管的箝制型器件，在运行中能够让电压上升到设计好的箝制水平以流过负载；TSPD 和气体放电管之类的转折型器件对应于超过击穿电压的浪涌电压情况作为一个分流器器件来工作。

转折型器件提供了优于箝制型器件的一项优点。对于某个给定的故障电流，在 TSPD 内耗散的功率远小于如 MOV 或雪崩二极管的箝制器件内所耗散的功率，这是由于转折器件两端的电压更小。这样就可使用小尺寸的过电压器件，并使电容值降低，而这正是高速通信设备极为需要的特性之一。

这种基于芯片的器件能够对击穿电压进行精确的设置，并且不会在多次故障事件后降低等级。TSPD 还可以按照 SMB 的表面安装封装进行供货，有助于节约部件密集的印制电路板上的空间。

在电压超过器件"转折"所需的击穿电压时，将导致一个低阻抗路径的形成，从而有效地对过电压状况进行短路。器件将在流经它的电流降低到其保持额定值以下前保持在这种低阻抗状态下。在过电压事件发生后，器件将恢复成高阻值状态，实现正常的系统运行。

TSPD 应用注意事项如下。

➢ 击穿电压：决定器件在哪一点应当从高阻抗转入到低阻抗，以保护负载。需要进行保护的最低电压是多少，最大击穿电压必须小于此值。

➢ 关断状态电压：器件的最大额定运行电压必须大于系统的持续运行电压，这个值定义为峰值振铃（交流）电压加上直流电压的总和。

➢ 峰值脉冲电流：器件的峰值脉冲电流必须大于针对系统规定的最大浪涌电流。如果不是这样，就有可能需要增加额外的电阻值来减少脉冲电流，让其处于器件的脉冲额定值范围以内。

➢ 保持电流：保持电流决定了过电压保护器件将在保持时"复位"或从低阻抗切换至高阻抗，从而让系统恢复正常。该器件的保持电流必须大于系统的电源电流，否则它将保持在低阻抗状态下。

十一、EMC 之其他元件

1. 高分子聚合物（Polymeric Positive Temperature Coefficient，PPTC）

PPTC 电路保护器件采用半晶体状聚合物与导电性颗粒复合制造。在正常温度下，这些导电性颗粒在聚合物内构成了低电阻的网络结构。但是，如果温度上升到器件的切换温度（T_{Sw}）时，无论这种状况是由于部件流过很大的电流造成的，还是由于环境温度的上升造成的，聚合物内的晶体物质将会融化并成为无定形物质。在晶体相融化阶段所出现的体积增长导致导电性颗粒在液力作用下分隔，并导致器件的电阻值出现巨大的非线性增长。典型情况下，电阻值将增加 3～4 个数量级。此电阻值在增加后能够将故障条件下流经的电流数量降低到一个较低的稳态水平，从而保护电路内的设备。在故障排除以前以及电路电源断开以前，PPTC 器件将保护在其闩锁（高阻值）状态下；而在故障排除以及电路电源断开时，导电性复合材料冷却下来并重新结晶，将 PPTC 恢复成电路内的低阻值状态，受影响的设备也恢复到正常的运行状况。

PPTC 器件在电路中作为串联部件使用。此器件所具有的较小外形有助于节省宝贵的板卡空间。而且与传统上要求用户能够接触到的熔断器相反，PPTC 器件的可复位功能允许其布置在无法接触到的位置。由于 PPTC 器件属于固态器件，所以也能耐受机械冲击和振动，从而有助于在广泛的应用范围内提供可靠的保护能力。一旦 PPTC 器件动作，由于它需要有一个很低的焦耳加热泄漏电流或外部热源来保护其已动作状况，所以有一个很小数值的电流通过。一旦故障状况被排除，这个热源即被消除。这时器件就可以恢复到低阻值状态，而电路也就恢复正常。

PPTC 可以对以下故障起保护作用。

➢ 过流：过流可能会损坏功率场效应晶体管（FET）或电池组。

➢ 极性接反：这时二极管导通，PPTC 器件进入高阻抗状态进行限流保护。

➢ 过压：这时电压过载保护器件起作用，PPTC 器件则限制电流。

➢ PPTC 器件还可装在电池组的输入端，起到增加一层保护的作用。如果设备是为耳机、汽车免提设备这类有源附件供电时，在电源输出端，也需要这类器件进行保护。

单独使用 PPTC，或者与 TVS 结合起来使用，都能自动防止由以下四种情况造成的损坏：

➢ 负载电流过大。当出现故障时移动电话需要的电流过大，PPTC 进入高阻抗状态，直到故障排除。

➢ 转换器出现故障。如果转换器或起控制作用的集成电路出现故障，造成短路，这时 PPTC 保护器件进入高阻抗状态，保护线路及熔断丝。

➢ 发动机激活时的瞬变电压。在发动机激活时，会产生瞬变电压尖脉冲。正常情况下，TVS 会把它抑制下去。但若瞬变电压幅度很大，可能超过 TVS 的额定值。安装一只 PPTC 保护器件，在电流还未增大到会造成损坏时，器件就已进入高阻抗状态，防止对 TVS 造成损坏。

➢ 汽车电池极性接反。如果汽车电池的极性接反了，TVS 会正向导通，电流会通过 PPTC 保护器件，电流过大时，PPTC 保护器件便进入高阻抗状态，限制加在 TVS 两端的正向电压。

在选择 PPTC 器件时，必须考虑到最大负载电流、最高环境温度及进入高阻抗状态所需要的时间，以防止损坏其他器件。

2. 保险管、熔断器、空气开关

保险管、熔断器、空气开关都属于保护器件，用于设备内部出现短路、过流等故障情况下，能够断开线路上的短路负载或过流负载，防止电气火灾及保证设备的安全特性。

保险管一般用于单板上的保护，熔断器、空气开关一般可用于整机的保护。下面简单介绍保险管的使用。

对于电源电路上由空气放电管、压敏电阻器、TVS 组成的防护电路，必须配有保险管进行保护，以避免设备内的防护电路损坏后设备发生安全问题。图 7-41 给出了保险管应用的两个例子，其中（a）电路中防护电路与主回路共用一个保险管，当防护电路短路失效时主回路供电会同时断开；（b）电路中主回路和防护电路有各自的保险管，当防护电路失效时防护电路的保险断开，主回路仍然能正常工作，但是此时端口再出现过电压时，端口可能会因为失去防护而导致内部电路的损坏。两种电路各有利弊，在设计过程中可以根据需要选用。无馈电的信号线路、天馈线路的保护采用保险管的必要性不大。

图 7-41 保险管应用的两个例子

保险管的特性参数主要有额定电流、额定电压等，其中额定电压有直流和交流之分。

标注在熔丝上的电压额定值表示该熔丝在电压等于或小于其额定电压的电路中完全可以安全可靠地中断其额定的短路电流。对于大多数小尺寸熔丝及微型熔丝，熔丝制造商们采用的标准额定电压为 32V、63V、125V、250V、600V。

概括而言，熔丝可以在小于其额定电压的任何电压下使用而不损害其熔断特性。

防护电路中的保险管，宜选用防爆型慢熔断保险管。

3. 电感、电阻器、导线

电感、电阻器、导线本身并不是保护器件，但在多个不同保护器件组合构成的防护电路中，可以起到配合的作用。

防护器件中，气体放电管的特点是通流量大，但响应时间慢、冲击击穿电压高；TVS 的通流量小，响应时间最快，电压箝位特性最好；压敏电阻器的特性介于这两者之间，当一个防护电路要求整体通流量大，能够实现精细保护的时候，防护电路往往需要这几种防护器件配合起来实现比较理想的保护特性。但是，这些防护器件不能简单地并联起来使用，例如，将通流量大的压敏电阻器和通流量小的 TVS 直接并联，在过电流的作用下，TVS 会先发生损坏，无法发挥压敏电阻器通流量大的优势。因此，在几种防护器件配合使用的场合，往往需要电感、电阻器、导线等在不同的防护元件之间进行配合。下面对这几种元件分别进行介绍。

（1）电感

在串联式直流电源防护电路中，馈电线上不能有较大的压降，因此极间电路的配合可以采用空心电感，如图 7-42 所示。

电感应起到的作用：防护电路达到设计通流量时，TVS 上的过电流不应达到 TVS 的最大通流量，因此电感需要提供足够的对雷击过电流的限流能力。

在电源电路中,电感的设计应注意的几个问题:

① 电感线圈应在流过设备的满配工作电流时能够正常工作而不会过热;

② 尽量使用空心电感,带磁芯的电感在过电流作用下会发生磁饱和,电路中的电感量只能以无磁芯时的电感量来计算;

③ 线圈应尽可能绕制单层,这样做可以减小线圈的寄生电容,同时可以增强线圈对暂态过电压的耐受能力;

④ 绕制电感线圈导线上的绝缘层应具有足够的厚度,以保证在暂态过电压作用下线圈的匝间不致发生击穿短路。

在电源口的防护电路设计中,电感通常取值为 $7\sim15\mu H$。

（2）电阻器

在信号线路中,线路上串接的元件对高频信号的抑制要尽量少,因此极间配合可以采用电阻器,如图 7-43 所示。

电阻器应起到的作用与前述电感的作用基本相同。以图 7-43 为例,电阻器的取值计算方法为:测得空气放电管的冲击击穿电压值 U_1,查 TVS 器件手册得到 TVS 8/20μs 冲击电流下的最大通流量 I_1 以及 TVS 管最高箝位电压 U_2,则电阻的最小取值为 $R\geqslant(U_1-U_2)/I_1$。

图 7-42　用电感实现两级防护器件的配合

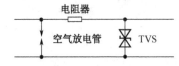

图 7-43　用电阻器实现两级防护器件的配合

在信号线路中,电阻器的使用应注意的几个问题:

① 电阻器的功率应足够大,避免过电流作用下电阻器发生损坏。

② 尽量使用线性电阻器,使电阻器对正常信号传输的影响尽量小。

（3）导线

某些交/直流设备的满配工作电流很大,超过 30A,这种情况下防护电路的极间配合采用电感会出现体积过大的问题。为解决这个问题,可以将防护电路分为两个部分,前级防护和后级防护不设计在同一块电路板上,同时两级电路之间可以利用规定长度的馈电线来做配合。图 7-44 为用导线实现两级防护器件的配合。

这种组合形成的防护电路中,规定长度馈电线所起的作用与电感的作用是相同的,因为 1m 长导线的电感量在 $1\sim1.6\mu H$ 之间,馈电线达到一定长度,就可以起到良好的配合作用;馈电线的线径可以根据满配工作电流的大小灵活选取,克服了采用电感做极间配合时电感上不能流过很大工作电流的缺点。

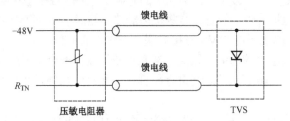

图 7-44　用导线实现两级防护器件的配合

4. 变压器、光耦合继电器

变压器、光耦合继电器本身并不属于保护器件,但端口电路的设计中可以利用这些器件具有的隔离特性来提高端口电路抗过电压的能力。

端口雷击共模保护设计有两种方法：

① 线路对地安装限压保护器，当线路引入雷击过电压时，限压保护器成为短路状态将过电流泄放到大地。

② 线路上设计隔离元件，隔离元件两边的电路不共地，当线路引入雷击过电压时，这个瞬间过电压施加在隔离元件的两边。

只要在过电压作用在隔离元件期间，隔离元件本身不被绝缘击穿，并且隔离元件前高压信号线不对其他低压部分击穿，线路上的雷击过电压就不能够转化为过电流进入设备内部，设备的内部电路也就得到了保护。这时线路上只需要设计差模保护，防护电路可以大大简化。例如，以太网口的保护就可以采用这种思路。能够实现这种隔离作用的元件主要有变压器、光耦合继电器等。

这里的变压器主要是指用于信号端口的各种信号传输变压器。变压器一般有初/次级间绝缘耐压的指标，变压器的冲击耐压值（适用于雷击）可根据直流耐压值或交流耐压值换算出来。大致的估算公式为：

$$冲击耐压值 = 2 \times 直流耐压值 = 3 \times 交流耐压值$$

图 7-45 所示为用变压器实现隔离。

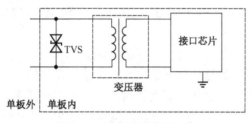

图 7-45　用变压器实现隔离

第三节　EMC 设计参考电路

本节将介绍一些常见的用来减少或抑制电磁兼容性的电子元件的选用和 EMC 设计参考电路技术。

一、电磁兼容性的电子元件的选用与 EMC 电路设计

有两种基本的电子元件：有引脚的元件和无引脚的元件。有引脚的元件有寄生效果，尤其在高频时。该引脚形成了一个小电感，大约是 1nH/mm/引脚。引脚的末端也能产生一个小电容性的效应，大约有 4pF。因此，引脚的长度应尽可能短。与有引脚的元件相比，无引脚且表面贴装的元件的寄生效果要小一些，其典型值为 0.5nH 的寄生电感和约 0.3pF 的终端电容。从电磁兼容性的观点看，表面贴装元件效果最好，其次是放射状引脚元件，最后是轴向平行引脚元件。

1. 数字器件与 EMC 电路设计

（1）器件的选择

大部分数字 IC 生产商都至少能生产某一系列辐射较低的器件，同时也能生产几种抗

ESD（Electro-Static Discharge，静电释放）的 I/O 芯片，有些厂商供应 EMC 性能良好的 VLSI（Very Large Scale Integration，超大规模集成电路）。在器件选择时，如 HC（高速）能用时绝不要使用 AC（先进集成电路），CMOS4000 能用就不要用 HC。选择集成度高并有 EMC 特性的集成电路时，应注意以下几点：

> 电源及地的引脚较近；
> 多个电源及地线引脚；
> 输出电压波动性小；
> 可控开关速率；
> 与传输线匹配的 I/O 电路；
> 差动信号传输；
> 地线反射较低；
> 对 ESD 及其他干扰现象的抗扰性；
> 输入电容小；
> 输出级驱动能力不超过实际应用的要求；
> 电源瞬态电流（有时也称穿透电流）小。

这些参数的最大、最小值应由其生产商一一指明。由不同厂家生产的具有相同型号及指标的器件可能有显著不同的 EMC 特性，这一点对于确保陆续生产的产品具有稳定的电磁兼容性是很重要的。

高技术集成电路的生产商可以提供详尽的 EMC 设计说明，比如 Intel 的奔腾 MMX 芯片就是这样。设计人员要了解这些并严格按要求去做。详尽的 EMC 设计建议表明：生产商关心的是用户的真正需求，这在选择器件时是必须考虑的因素。在早期设计阶段，如果 IC 的 EMC 特性不清楚，可以通过一简单功能电路（至少时钟电路要工作）进行各种 EMC 测试，同时要尽量在高速数据传输状态完成操作。发射测试可方便地在一标准测试台上进行，将近场探头连接到频谱分析仪（或宽带示波器）上，有些器件明显地比其他一些器件噪声小得多，测试抗扰度时可采用同样的探头，并连到信号发生器的输出端（连续射频或瞬态）。但如果探头是仪器专配的（不只是简单的短路环或导线），首先要检查其功率承受能力是否满足要求。测试时近场探头须贴近器件或 PWB 板，为了定位"关键探测点"和最大化探头方向，应首先在整个区域进行水平及垂直扫描（使探头在各个方向相互垂直），然后在信号最强的区域集中进行扫描。

（2）不宜采用 IC 座

IC 座对 EMC 很不利，建议直接在 PWB 上焊接表贴芯片，具有较短引线和体积较小的 IC 芯片则更好，BGA 及类似芯片封装的 IC 在目前是最好的选择。安装在座（更糟的是插座本身有电池）上的可编程只读存储器（PROM）的发射及敏感特性经常会使一个本来良好的设计变坏。因此，应该采用直接焊接到电路板上的表贴可编程储存器。

带有 ZIF 座（直流电源或型号线插接件座）和在处理器（能方便升级）上用弹簧安装散热片的母板，需要额外的滤波和屏蔽，即使如此，选择内部引线最短的 ZIF 座也是有好处的。

（3）电路技术

* 对输入和按键采用电平检测（而非边沿检测）。

*　使用前沿速率尽可能慢且平滑的数字信号（不超过失真极限）。

*　在 PCB 样板上，允许对信号边沿速度或带宽进行控制（例如，在驱动端使用软铁氧体磁珠或串联电阻器）。

*　降低负载电容，以使靠近输出端的集电极开路驱动器便于上拉，电阻值尽量大。

*　处理器散热片与芯片之间通过导热材料隔离，并在处理器周围多点射频接地。

*　电源的高质量射频旁路（解耦）在每个电源管脚都是重要的。

*　高质量电源监视电路需对电源中断、跌落、浪涌和瞬态干扰有抵抗能力。

*　需要一只高质量的"看门狗"。

*　绝不能在"看门狗"或电源监视电路上使用可编程器件。

*　电源监视电路及"看门狗"也须适当的电路和软件技术，以使它们可以适应大多数的不测情况，这取决于产品的临界状态。

*　当逻辑信号沿的上升/下降时间比信号在 PWB 走线中传输一个来回的时间短时，应采用传输线技术。

　　a．经验，信号在每毫米轨线长度中传输一个来回的时间等于 36ps；

　　b．为了获得最佳 EMC 特性，对于比 a 中经验提示短得多的轨线，使用传输线技术。

有些数字 IC 产生高电平辐射，常将其配套的小金属盒焊接到 PWB 地线而取得屏蔽效果。PWB 上的屏蔽成本低，但在需散热和通风良好的器件上并不适用。

时钟电路通常是最主要的发射源，其 PWB 轨线（导线）是最关键的一点，要做好元件的布局，从而使时钟走线最短，同时保证时钟线在 PWB 的一面但不通过孔。当一个时钟必须经过一段长长的路径到达许多负载时，可在负载旁边安装一时钟缓冲器，这样，长轨线中的电流就小很多了。这里，相对的失真并非重要。长轨线中的时钟沿应尽量圆滑，甚至可用正弦波，然后由负载旁的时钟缓冲器加以整形。

（4）扩展频谱时钟

所谓的"扩展频谱时钟"是一项能够减小辐射测量值的新技术，但这并非真正减小了瞬时发射功率，因此，对一些快速反应设备仍可能产生同样的干扰。这种技术对时钟频率进行 1%～2%的调制，从而扩散谐波分量，这样在 CISPR16（IEC CISPR16-2011《无线电骚扰和抗扰度测量仪和测量方法规范》）或 FCC（美国的强制性认定）发射测试中的峰值较低。所测的发射减小量取决于带宽和测试接收机的积分时间常数。因此这有一点投机之嫌，但该项技术已被 FCC 所接受，并在美国和欧洲广泛应用。扩展频谱时钟不能应用于要求严格的时间通信网络中，比如以太网、光纤、FDD、ATM、SONET 和 ADSL。

2．模拟器件与电路设计

从 EMC 的角度选择模拟器件不像选择数字器件那样直接，虽然同样希望发射、转换速率、电压波动、输出驱动能力要尽量小，但对大多数有源模拟器件，抗扰度是一个很重要的因素，所以确定明确的 EMC 订购特征相当困难。

来自不同厂商的同一型号及相同参数指标的运算放大器，可以有明显不同的 EMC 性能，因此确保后续产品性能参数的一致性是十分重要的。敏感模拟器件的厂商提供 EMC 或电路设计上的信噪处理技巧或 PWB 布局，这表明他们关心用户的需求，这有助于用户在购买时权衡利弊。

3．其他模拟电路技术

获得一稳定且线性的电路后，其所有连线可能还需滤波，同一产品中的数字电路部分总会把噪声感应到内部连线上，外部连线则承受外界的电磁环境的干扰。

决不要试图采用有源电路来滤波和抑制射频带宽以达到 EMC 要求，只能使用无源滤波器（最好是 RC 型）。在运放电路中，只有在其开环增益远大于闭环增益时的频率范围内，积分反馈法才有效，但在更高频率，它不能控制频率响应。

应避免采用输入、输出阻抗高的电路，比较器必须具有迟滞特性（正反馈），以防止因为噪声和干扰而使输出产生误动作，还可防止靠近切换点处的振荡。不要使用比实际需要快得多的输出转换比较器，保持 dv/dt 在较低状态。

对高频模拟信号（如射频信号），传输线技术是必需的，取决于其长度和通信的最高频率，甚至对低频信号，如果对内部连接用传输线技术，其抗扰度也将有所改善。

有些模拟集成电路内的电路对高场强极为敏感，这时可用小金属壳将其屏蔽起来（如果散热允许），并将屏蔽盒焊接到 PWB 地线面上。

与数字电路相同，模拟器件也需要为电源提供高质量的射频旁路（去耦），但同时也需低频电源旁路，因为模拟器件的电源噪声抑制率（PSRR）对 1kHz 以上频率是很微弱的，对每个运放、比较器或数据转换器的每个模拟电源引脚的 RC 或 LC 滤波都是必要的，这些电源滤波器转折频率和过渡带斜率应补偿器件 PSRR 的转折频率和斜率，以在所关心的频带内获得期望的 PSRR。

EMC 设计指南中都很少涉及射频设计，这是因为射频设计者一般都很熟悉大多数连续的 EMC 现象。然而需要注意的是，本振和 IF 频率一般都有较大的泄漏，所以需要着重考虑屏蔽和滤波。

二、EMC 设计参考电路

1. 电源滤波典型电路

图 7-46 为电源滤波典型电路。

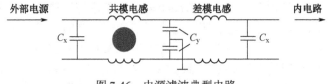

图 7-46 电源滤波典型电路

电路中，C_x：μF 级；C_y：nF 级；共模电感：mH 级；差模电感：几百 μH。

在系统主板的电源入口尽量增加这个参考电路，同时在交流电源入口也增加电源滤波器，否则 EMC 试验很难通过。

2. 滤波电容器的典型接法

一般 IC 芯片电源滤波电路采用储能电容器与高频电容器配合使用。大电容器滤低频，小电容器滤高频，而且这个高频小电容器尽量靠近 V_{cc}，电容器放置在 V_{cc} 电源信号入口而不是出口，两个电容值相差 100 倍左右效果较好。图 7-47 所示为滤波电容器的典型接法及衰减频段。

3. 关键 IC 的典型滤波电路

关键 IC（CPU 或 RF 主芯片）的典型滤波电路多采用磁珠加电容器的滤波方式，电容器也采用一个储能电容器与高频电容器配合使用。

图 7-48 为关键 IC 的典型滤波电路。

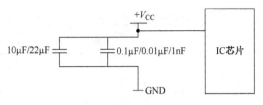

（a）滤波电容器的典型接法

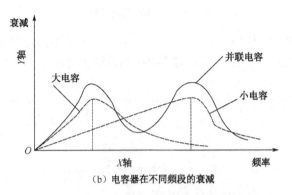

（b）电容器在不同频段的衰减

图 7-47　滤波电容器的典型接法及衰减频段

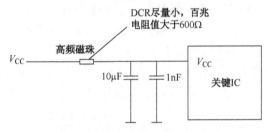

图 7-48　关键 IC 的典型滤波电路

4. 晶振电路典型接法

有源晶振电源滤波电路采用高频磁珠加电容器的滤波方式，大电容器滤低频信号，磁珠和小电容器配合滤除高次谐波。

无源晶体尽量采用"并联+串联电阻器"模式。图 7-49 所示为晶振电路典型接法。

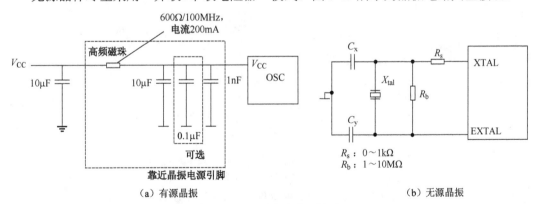

（a）有源晶振　　　　　　　　　　　　　　　　　　（b）无源晶振

图 7-49　晶振电路典型接法

完善的无源晶振接法如图 7-50 所示。电路中，C_1、C_2 为谐振电容器，可根据芯片功能

181

取值；R_1 和 R_2 可根据实际情况更换为低阻抗磁珠；C_3 为预设计，可根据需要增加或调整。

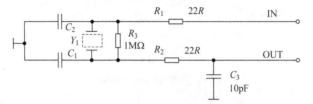

图 7-50　完善的无源晶振接法

完善的有源晶振接法如图 7-51 所示。电路中，R_1 为预留匹配设计，可根据实际情况调整或更换磁珠；C_1 为预留设计，可根据需要增加或调整处理。

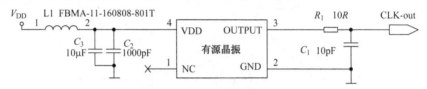

图 7-51　完善的有源晶振接法

5. 复位 RST、中断 IRQ 及按键开关滤波接法

采用双向瞬态抑制二极管（结电容要小，最好在 1000pF 以下），也可以用高频滤波电容器，典型值为 560pF（也可以用 1nF 代替）。目前，复位电路有用到 0.1μF 或 0.01μF 滤波电容器的，不一定能够滤除高频干扰脉冲。

复位信号 RST 和中断信号 IRQ 在不使用时禁止悬空，应采用上拉复位 RST、中断 IRQ 及按键开关滤波接法。复位 RST、中断 IRQ 及按键开关滤波接法如图 7-52 所示。

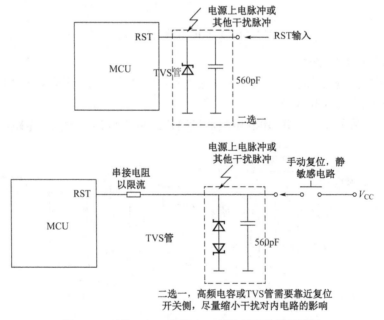

图 7-52　复位 RST、中断 IRQ 及按键开关滤波接法

6. LED 指示灯防静电电路

位于面部上的 LED 灯，需要做防静电设计，可以用高频滤波电容器或双向 TVS 来搭

建静电泄放回路，电容典型值为 560pF。图 7-53 所示为 LED 指示灯防静电电路。

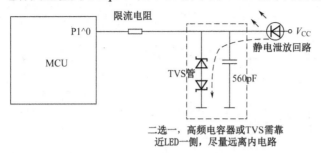

图 7-53 LED 指示灯防静电电路

7．其他相关电路

如交流变直流电路、DC-DC 电路、光耦隔离输入电路、S-Video 接口防护电路等，可参照相关资料自行学习。

三、电源口防雷电路设计

电源口防雷电路的设计需要注意的因素较多，有如下几方面：

➢ 防雷电路的设计应满足规定的防护等级要求，且防雷电路的残压水平应能够保护后级电路免受损坏。

➢ 在遇到雷电暂态过电压作用时，保护装置应具有足够快的动作响应速度，即能尽早地动作限压和旁路泄流。

➢ 防雷电路加在馈电线路上，不应影响设备的正常馈电。例如，采用串联式电源防雷电路时，防雷电路应可通过设备满负荷工作时的电流并有一定的裕量。

➢ 防护电路在系统的最高工作电压时不应动作。通常在交流回路中，防护电路的动作电压是交流工作电压有效值的 2.2～2.5 倍；在直流回路中，防护电路的动作电压是直流额定工作电压的 1.8～2 倍。

➢ 防雷电路加在馈电线路上，不应给设备的安全运行带来隐患。例如，应避免由于电路设计不当而使防雷电路存在着火等安全隐患。

➢ 在整个馈电通路上存在多级防雷电路时，应注意各级防雷电路间有良好的配合关系，不应出现后级防雷电路遭到雷击损坏而前级防雷电路完好的情况。

➢ 防雷电路应具有损坏告警、遥信、热容和过流保护功能，并具有可替换性。

下面分别给出交流电源口和直流电源口的防雷电路设计指导。

1．交流电源口防雷电路设计

（1）交流电源口防雷电路

图 7-54 是一个两级的交流电源口防雷电路，G_1 和 G_2 为气体放电管，R_{vz1}～R_{vz6} 为压敏电阻器，F_1 和 F_2 为空气开关，F_3 和 F_4 为保险，L_1 和 L_2 是退耦电感，PE 是保护接地。电路原理简述如下：

第 1 级防雷电路为具有共模和差模保护的电路，差模保护采用的压敏电阻器。共模保护采用压敏电阻器和气体放电管串联。第 1 级防雷电路的通流能力较强，通常在几十千安（8/20μs）。第 1 级防雷电路宜选用空气开关作为短路过流故障的保护器件。

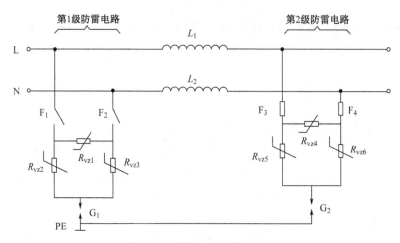

图 7-54　交流电源口防雷电路

第 2 级防雷电路的形式与第 1 级相同，合理设计第 1 级电路和第 2 级电路间的电感值，可以使大部分的雷电流通过第 1 级防雷电路泄放，第 2 级电路只泄放少部分雷电流，这样就可以通过第 2 级电路将防雷器的输出残压进一步降低，以达到保护后级设备的目的。第 2 级防雷电路应选用保险作保护器件。

防护电路中各保护器件的通流量的选择应达到设计指标的要求并有一定裕量；差模压敏电阻器的压敏电压取值可按压敏电阻的相关规定选择；压敏电阻器和气体放电管串联的共模防护电路中，压敏电阻器、空气放电管的取值仍可按压敏、放电管单独并接在线路中时的相关规定来选取。

（2）交流电源口防雷变形电路

电路 7-55（a）所示电路在后级电路抗浪涌过电压能力较强时采用，图 7-55（b）所示电路在外部具有一级保护措施时采用，一般设计在电源模块内部。变形电路降低了电路的复杂性，并且由于去掉了电感，不需要考虑满足通过设备正常工作电流的需要，方案更容易实现。由于该电路去掉了电感，它由一个串联式防雷电路变成了一个并联式防雷电路。当这个电路制作成一个独立的防雷器时，需要注意防雷器的安装问题。

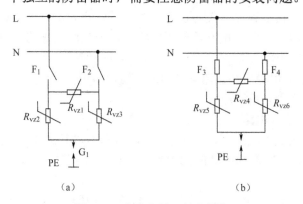

（a）　　　　　　　　　　（b）

图 7-55　交流电源口变形电路

2. 直流电源口防雷电路设计

（1）直流电源口防雷电路

图 7-56 是一个具有串联式 2 级差模防护的直流电源口防雷电路，可以做到标称放电电

流 5kA，RTN-Return 的简写，即回路线。电路原理简述如下：

第 1 级采用两个压敏电阻器并联的差模保护，两个气体放电管并联进行共模保护（注：这里选用两个器件并联的目的是降低残压和增大通流能力，在使用单个器件满足要求的情况下可以只使用一个器件），可以达到标称放电电流 5kA 的设计指标。第 2 级采用压敏电阻器和 TVS 保护，将残压降低到后级电路能够承受的水平，其中瞬态抑制二极管 T1 推荐采用双向 TVS，可以防反接，也可以采用单向的 TVS，但不能防反接。该电路的优点是具有较低的输出残压，适用于后级电路抗过电压水平很低的情况。防雷电路中各保护元件通流量、压敏电压、反向击穿电压的选择、电感的取值可参照相关规定进行。两级防雷电路都应选用保险作保护器件。

该防护电路的应用场合是后级电路的抗浪涌过电压的能力较弱、一级防雷电路不足以保护后级的设备，需要通过第 2 级的防雷电路将残压进一步降低。

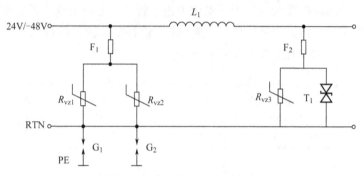

图 7-56　直流电源口防雷电路

（2）直流电源口防雷变形电路

变形电路（见图 7-57）是直流电源口防雷电路的简化设计：保留防雷电路中的第 1 级防雷电路，去掉电感及第 2 级防雷电路，其他设计要点同直流电源口防雷电路。

变形电路的应用场合是在后级电路抗浪涌过电压能力较强时采用，这个方案可以降低电路的复杂性。同时由于去掉了电感，不需要考虑满足通过设备正常工作电流的需要，方案更容易实现。由于变形电路去掉了电感，它由一个串联式防雷电路变成了一个并联式防雷电路。当这个电路制作成一个独立的防雷器时，需要注意防雷器的安装问题。

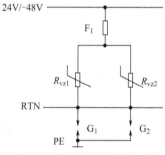

图 7-57　直流电源口变形电路

四、信号口防雷电路设计

设计信号口防雷电路应注意以下几点：

① 防雷电路的输出残压值必须比被防护电路自身能够耐受的过电压峰值低，并有一定裕量。

② 防雷电路应有足够的冲击通流能力和响应速度。

③ 信号防雷电路应满足相应接口信号传输速率及带宽的需求，且接口与被保护设备兼容。

④ 信号防雷电路要考虑阻抗匹配的问题。

⑤ 信号防雷电路的插损应满足通信系统的要求。

⑥ 对于信号回路的峰值电压防护电路不应动作，通常在信号回路中，防护电路的动作电压是信号回路的峰值电压的 1.3～1.6 倍。

1. E1 口防雷电路

当 E1（一种通信接口）电缆户外走线时，对端口的防护等级要求较高，根据被保护设备的不同特点，选择不同形式的 E1 口防护电路。

图 7-58 给出的是三种比较典型的 E1 口防护电路，对于非平衡 E1 端口，建议采用图 7-58（a）（b）所示电路，对于平衡 E1 端口建议采用图 7-58（c）所示的电路。其中，电路（a）和（c）采用气体放电管、电阻器、快恢复二极管、TVS 组成，气体放电管将线缆引入的大部分雷击过电流泄放。电阻器的作用是用于两级电路间的配合，由 TVS 和快恢复二极管组成的桥式电路是第 2 级防雷电路，进一步降低防雷器输出的残压，从而有效地保护后级设备。因为 E1 口信号电平较低，且设备在正常运行状态下工作地与保护地之间的电位差基本为零，电路中的气体放电管可以选用低动作电压的管子。由快恢复二极管和 TVS 形成组合电路，可以降低单个分立式 TVS 的结电容，由于快恢复二极管的结电容比 TVS 小很多，组合电路的结电容主要决定于快恢复二极管。

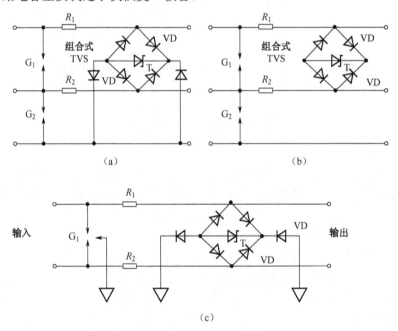

图 7-58　室外走线 E1 口防雷电路

2. 网口防雷电路

网口的防雷可以采用两种思路：一种思路是要给雷电电流以泄放通路，将高压在变压器之前泄放掉，尽可能减少对变压器影响，同时注意减少共模过电压转为差模过电压的可能性；另一种思路是利用变压器的绝缘耐压，通过良好的器件选型与 PCB 设计将高压隔离在变压器的初级，从而实现对接口的隔离保护。下面介绍的室外走线网口防雷电路和室内走线网口防雷电路就分别采用的是这两种思路。

（1）室外走线网口防雷电路

当有可能室外走线时，端口的防护等级要求较高，防护电路可以按图 7-59 设计。

图 7-59 给出的是室外走线网口防护电路的基本原理图，从图中可以看出该电路的结构

与室外走线E1口防雷电路类似。共模防护通过气体放电管实现，差模防护通过气体放电管和TVS组成的二级防护电路实现。图中G_1和G_2是三极气体放电管，它可以同时起到两信号线间的差模保护和两线对地的共模保护效果。中间的退耦选用2.2Ω/2W电阻器，使前后级防护电路能够相互配合，电阻值在保证信号传输的前提下尽可能往大选取，防雷性能会更好，但电阻值不能小于2.2Ω。后级防护采用TVS，因为网口传输速率高，在网口防雷电路中应用的组合式TVS需要具有更低的结电容。

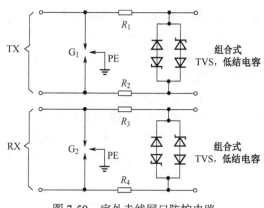

三极气体放电管的中间一极接保护地PE，要保证设备的工作地GND和保护地PE通过PCB走线在母板或通过电缆在结构体上汇合（不能通过0Ω电阻器或电容器），这样才能减小GND和PE的电位差，使防雷电路发挥保护作用。

（2）室内走线网口防雷电路

当只在室内走线时，防护要求较低，因此防雷电路可以简化设计，如图7-60所示。图7-60（a）是室内走线网口防护电路的基

图7-59 室外走线网口防护电路

本原理图，图7-60（b）是防护器件选用SLVU2.8-4时网口部分的详细原理图。

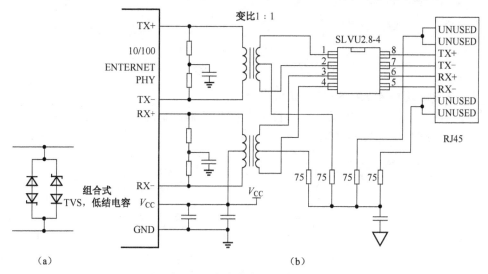

（a）　　　　　　　　　　　　　（b）

图7-60 室内走线网口防护电路

这种电路的共模防护主要靠变压器前级的PCB走线以及变压器的绝缘耐压实现，因此要严格注意器件的选型和PCB的设计。

3. 串行通信口防雷电路

1）RS232口防雷电路

RS232口在通信设备上作为调试用接口、板间通信接口和监控信号接口，传输距离不超过15m。调试用接口使用比较频繁，经常带电拔插，因此接口会受到过电压、过电流的冲击，若不进行保护，很容易将接口芯片损坏。常用RS232防护电路如图7-61所示。

RS232 接口芯片的输出电压不超过±15V，对接口收发信号线的保护可以选用双向瞬态抑制二极管，限流电阻器选 100Ω。

用于板间通信的 RS232 接口电路可以不用防护电路设计，但其他场合应考虑在接口侧输入和输出管脚上采用防护电路。

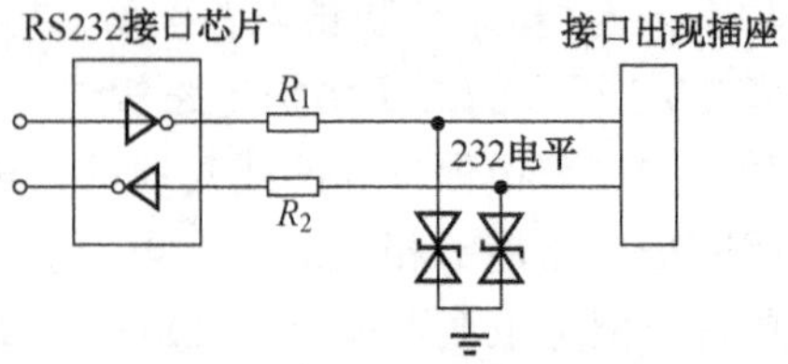

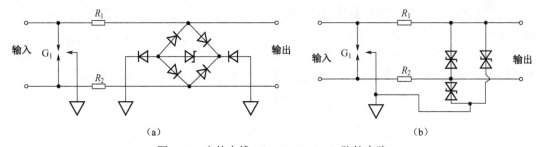

图 7-61　RS232 口防护电路

2）RS422&RS485 口防雷电路

（1）室外走线 RS422&RS485 口防雷电路

当信号线走线较长，可能出户外时，端口的防护等级要求较高，此时可采用图 7-62 所示的防护电路。

图 7-62（a）所示电路的原理与 E1 防雷电路的原理相同。G_1 为三极气体放电管，主要起共模保护；R_1、R_2 为 2W/4.7Ω 电阻器，阻值在不影响信号传输质量的情况下可以再取大一些；整流桥四周和对地共 6 个二极管为快恢复二极管，整流桥中间为 TVS，起后级的共模和差模保护作用。当被保护端口的信号速率不高时也可以采用图 7-62（b）所示的电路。

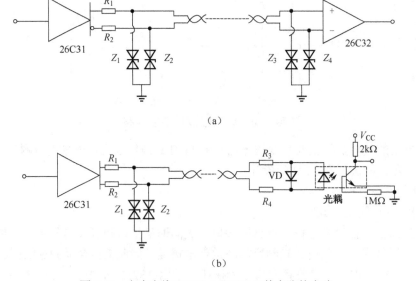

（a）　　　　　　　　　　　　　　（b）

图 7-62　室外走线 RS422&RS485 口防护电路

（2）室内走线 RS422&RS485 口防雷电路

当接口用于小于 10m 的框间通信时，可根据需要确定是否加防护电路，图 7-63 给出了该使用条件下端口常用的防护电路。

（a）

（b）

图 7-63　室内走线 RS422&RS485 口单点防护电路

第四节 产品内部的 EMC 设计技巧

目前，电子器材用于各类电子设备和系统仍然以印制电路板为主要方式。实践证明，即使电路原理图设计正确，印制电路板设计不当，也会对电子设备的可靠性产生不利影响。例如，如果印制电路板两条细平行线靠得很近，则会形成信号波形的延迟，在传输线的终端形成反射噪声。因此，在设计印制电路板的时候，应注意采用正确的方法。

一、地线设计

在电子设备中，接地是控制干扰的重要方法。如能将接地和屏蔽正确结合起来使用，可解决大部分干扰问题。电子设备中地线结构大致有系统地、机壳地（屏蔽地）、数字地（逻辑地）和模拟地等。在地线设计中应注意以下几点。

（1）正确选择单点接地与多点接地

在低频电路中，信号的工作频率小于 1MHz，它的布线和器件间的电感影响较小，而接地电路形成的环流对干扰影响较大，因而应采用一点接地。当信号工作频率大于 10MHz 时，地线阻抗变得很大，此时应尽量降低地线阻抗，应采用就近多点接地。当工作频率在 1～10MHz 时，如果采用一点接地，其地线长度不应超过干扰波长的 1/20，否则应采用多点接地法。

（2）将数字电路与模拟电路分开

印制电路板上既有高速逻辑电路，又有线性电路，应使它们尽量分开，而两者的地线不要相混，分别与电源端地线相连，要尽量加大线性电路的接地面积。

（3）尽量加粗接地线

若接地线很细，接地电位则随电流的变化而变化，致使电子设备的定时信号电平不稳，抗噪声性能变坏。因此，应将接地线尽量加粗，使它能通过印制电路板的允许电流。如有可能，接地线的宽度应大于 3mm。

（4）将接地线构成闭环路

设计只由数字电路组成的印制电路板的地线系统时，将接地线做成闭环路可以明显地提高抗噪声能力。其原因在于：印制电路板上有很多集成电路组件，尤其遇有耗电多的组件时，因受接地线粗细的限制，会在地线上产生较大的电位差，引起抗噪声能力下降；若将接地结构成环路，则会缩小电位差值，提高电子设备的抗噪声能力。

二、导线的选择和布线设计

（1）选择合理的导线宽度

由于瞬变电流在印制线条上所产生的冲击干扰主要是由印制导线的电感成分造成的，因此应尽量减小印制导线的电感量。印制导线的电感量与其长度成正比，与其宽度成反比，因而短而精的导线对抑制干扰是有利的。时钟引线、行驱动器或总线驱动器的信号线常常载有大的瞬变电流，印制导线要尽可能短。对于分立组件电路，印制导线宽度在 1.5mm 左右时即可完全满足要求；对于集成电路，印制导线宽度可在 0.2～1.0mm 之间选择。

（2）采用正确的布线策略

采用平等走线可以减少导线电感，但导线之间的互感和分布电容增加，如果布局允许，最好采用井字形网状布线结构。具体做法是，印制板的一面横向布线，另一面纵向布线，然后在交叉孔处用金属化孔相连。为了抑制印制板导线之间的串扰，在设计布线时应尽量避免长距离的平等走线。

三、去耦电容配置

在直流电源回路中，负载的变化会引起电源噪声。例如，在数字电路中，当电路从一个状态转换为另一种状态时，就会在电源线上产生一个很大的尖峰电流，形成瞬变的噪声电压。配置去耦电容可以抑制因负载变化而产生的噪声，是印制电路板可靠性设计的一种常规做法，配置原则如下：

① 电源输入端跨接一个 10～100μF 的电解电容器，如果印制电路板的位置允许，采用 100uF 以上的电解电容器的抗干扰效果会更好。

② 为每个集成电路芯片配置一个 0.01μF 的陶瓷电容器。如遇到印制电路板空间小而装不下时，可每 4～10 个芯片配置一个 1～10μF 钽电解电容器，这种器件的高频阻抗特别小，在 500kHz～20MHz 范围内阻抗小于 1Ω，而且漏电流很小（0.5μA 以下）。

③ 对于噪声能力弱、关断时电流变化大的器件和 ROM、RAM 等存储型器件，应在芯片的电源线（Vcc）和地线（GND）间直接接入去耦电容。

④ 去耦电容的引线不能过长，特别是高频旁路电容不能带引线。

四、印制电路板的尺寸与器件的布置

（1）印制电路板的尺寸与器件的布置

印制电路板大小要适中，过大时印制线条长，阻抗增加，不仅抗噪声能力下降，成本也高；过小，则散热不好，同时易受临近线条干扰。在器件布置方面与其他逻辑电路一样，应把相互有关的器件尽量放得靠近些，这样可以获得较好的抗噪声效果。时钟发生器、晶振和 CPU 的时钟输入端都易产生噪声，要相互靠近些。易产生噪声的器件、小电流电路、大电流电路等应尽量远离逻辑电路，如有可能，应另制作电路板，这一点十分重要。

（2）PWB 设计

防护电路的设计常犯的一个错误是：防护电路中的保护器件达到了设计指标的要求，但在 PWB 布板过程中出现问题，降低了防护电路的防护效果。

防护电路在 PWB 走线方面有如下几点要求：

① 进行接口部分电路的布线时，应注意印制走线不要太细。一般在印制板表层的走线，15mil 线宽可以承受的 8/20μs 冲击电流约 1kA。

② 采用变压器等隔离器件进行防护设计时，要特别注意器件的选型和 PWB 的绝缘设计，初级电路与单板上其他电路、地的印制线在单板上应分离开，并有足够的绝缘距离，不应存在意外的放电途径。

③ 防护器件宜放置在靠近输出端或连接器的地方，防护器件与被保护线路之间的连线以及防护器件到地的连线应尽可能短。

④ 从端口到气体放电管和压敏电阻器这种大通流量防护器件间的连线应尽量在 PWB 板的表层走线，防止因为过热造成 PWB 损坏。

⑤ 通过冲击电流的 PWB 连线，应尽量少过孔，线宽要保持一致，避免由于阻抗不匹配而产生的冲击电流波形反射现象。

⑥ 防护器件的输入和输出分开，走线互不交叉和平行，避免输入的冲击电流耦合到输出端，降低防护器件的性能。

第五节　电磁干扰的屏蔽方法

一、屏蔽效能及方案

EMI 有两条途径离开或进入一个电路：辐射和传导。信号辐射是通过外壳的缝、槽、开孔或其他缺口泄漏出去的。而信号传导则通过耦合到电源、信号和控制线上离开外壳，在开放的空间中自由辐射，从而产生干扰。很多 EMI 抑制都采用外壳屏蔽和缝隙屏蔽结合的方式来实现，大多数时候下面介绍的简单原则可以有助于实现 EMI 屏蔽，从源头处降低干扰。通过屏蔽、过滤或接地将干扰产生电路隔离以及增强敏感电路的抗干扰能力等。EMI 抑制性、隔离性和低敏感性是所有电路设计人员的目标，这些性能在设计阶段的早期就应完成。

对设计工程师而言，采用屏蔽材料是一种有效降低 EMI 的方法。如今已有多种外壳屏蔽材料得到广泛使用，从金属罐、薄金属片和箔带到在导电织物或卷带上喷射涂层及镀层（如导电漆及锌线喷涂等）。

1. 金属屏蔽效能

可用屏蔽效能 SE（Shielding Efficiency）对屏蔽罩的适用性进行评估，其单位是 dB，计算公式为

$$SE(dB)=A + R + B$$

式中，

　　　A——吸收损耗（dB）；

　　　R——反射损耗（dB）；

　　　B——校正因子（dB），适用于薄屏蔽罩内存在多个反射的情况。

一个简单的屏蔽罩会使所产生的电磁场强度降至最初的十分之一，而有些场合可能会要求将场强降至最初的十万分之一。

反射损耗（近场）的大小取决于电磁波产生源的性质以及与波源的距离。对于杆状或直线形发射天线而言，离波源越近波阻越大，然后随着与波源距离的增加而下降，但平面波阻则无变化。相反，如果波源是一个小型线圈，则此时将以磁场为主，离波源越近波阻越小。

2. 屏蔽效能等级

一般结构件的屏蔽效能分为以下 6 个等级，各级屏蔽效能指标规定如下：

E 级　30～230MHz，20 dB；230～1000MHz，10dB。

D 级　30～230MHz，30 dB；230～1000MHz，20dB。

C 级　30～230MHz，40 dB；230～1000MHz，30dB。

B 级　30～230MHz，50 dB；230～1000MHz，40dB。

A 级　30～230MHz，60 dB；230～1000MHz，50dB。

T 级　比 A 级高 10dB 或者以上，和（或）对低频磁场、1GHz 以上平面波屏蔽效能有特殊需求。

屏蔽效能等级由高至低分别为 T 级→A 级→B 级→C 级→D 级→E 级。一般统称 T 级和 A 级为高等级屏蔽效能，B 级和 C 级为中等级屏蔽效能，D 级和 E 级为低等级屏蔽效能。

一般结构件只需要注明需要达到哪一级即可，但是选用 T 级时需要注明具体的指标要求和其他特殊要求。

3. 屏蔽效能等级的确定

（1）选用屏蔽效能等级的要求

一般结构件最高选 B 级屏蔽等级，有特殊需求时允许选到 A 级。选用 T 级屏蔽效能等级一般用于以下场合：电源设备（一次/二次电源、逆变器等）有特殊需求时，可以专门要求低频磁场性能指标，这时应该考虑采取导磁性能良好的材料以提高结构件的磁屏蔽性能；电源设备与磁敏感元器件（如显示器）安装在一起，必要时可以提出磁场屏蔽效能要求，实现磁场的隔离，保证敏感元器件的正常工作；当系统 EMC 测试不能通过，且判定是结构件的屏蔽问题时，或者现有产品为了通过 EMC 测试，必须提高结构件的屏蔽效能（这时往往其他部分难以改动），这时允许提出特殊指标要求。

（2）屏蔽效能等级确定方法

具体项目设计时选择结构件屏蔽效能的等级应该根据不同情况区别对待：对于已有产品为实现电磁兼容而进行优化，可以先对现有系统进行测试，根据系统辐射发射以及辐射敏感度与标准要求之间的差距，得出结构件在各种频率下的屏蔽效能要求，并加 6～10dB 的安全裕量，从而确定出结构件的屏蔽效能等级。

屏蔽效能等级按照以下原则选择：

➢ 工作频率不超过 100MHz 的产品一般选用 D 级或者 E 级；

➢ 无线产品或工作频率超过 100MHz 的产品可以选 B 级或者 C 级；

➢ 只有在要求特别高时才选用 A 级；

➢ 慎重选用 T 级，实现存在较大的技术困难，而且结构件的成本将十分高。

4. 屏蔽方案

1）屏蔽方案的类别

为了使产品实现电磁兼容，采取屏蔽措施的方案按照屏蔽级别的不同可以分为 PWB 板、元器件、模块、插箱/子架、机柜等屏蔽。

（1）模块屏蔽

模块屏蔽是指将一些辐射大或抗干扰能力差的单板或模块单独安装在屏蔽盒中。模块屏蔽不但容易实现、成本低，而且可以减弱单板或模块之间的相互干扰，实现系统内部模块之间的电磁兼容。模块屏蔽是一种综合性能比较理想的解决方案，推荐在大多数产品中应用。

（2）插箱/子架屏蔽

插箱/子架屏蔽与模块屏蔽有一些类似，只是屏蔽体是插箱/子架。相对机柜级屏蔽，插箱/子架级屏蔽最大的优点是可以在出线的接插件上面采取屏蔽措施，从而避免了电缆采取屏蔽措施。插箱/子架屏蔽也是一种比较理想的屏蔽方式。

（3）机柜屏蔽

机柜屏蔽是指在机柜上面采取措施实现屏蔽。由于机柜中不可避免存在各种缝隙，机柜的屏蔽效能一般不能太高。另外，许多系统中线缆多，往往造成机柜屏蔽失败的主要原因正是电缆。机柜屏蔽方案中需要特别注意电缆的屏蔽措施，一般可以采取屏蔽电缆或者转接等方式。

2）选择屏蔽方案

对于产品应该选用什么屏蔽方案，应该考虑成本、技术难度以及操作性等其他方面的综合因素，一般应该参照以下原则：最好采取综合的方案，即根据实际情况，综合选用不同级别的屏蔽方案，达到综合性能最优的目的；对于进出线缆十分多的系统，最好采用模块屏蔽或者插箱/子架屏蔽，慎重使用机柜级屏蔽方案；对于要求特别高的产品，可以采用多级屏蔽的方式，即模块屏蔽加插箱/子架屏蔽，还可以加机柜屏蔽。这样每级屏蔽性能要求都不高，技术上比较容易，综合屏蔽效果却十分好，而且成本也不高。

二、缝隙、孔洞、线缆的屏蔽

1. 缝隙的屏蔽

两个零件结合在一起，结合面的缝隙是影响结构件屏蔽效能的主要因素。如果不安装屏蔽材料，结构方面影响缝隙屏蔽效能的因素主要有：缝隙的最大尺寸、缝隙的深度等。如果缝隙中安装屏蔽材料，缝隙的屏蔽效能还与屏蔽材料自身的特性有关。在实际设计中缝隙的最大尺寸与以下因素有关：紧固点的距离、零件的刚性、结合面表面的精度等。紧固点的紧固方式包含采取螺钉连接、铆接、点焊以及锁等使两个零件的结合面结合在一起之类的措施。实际设计中，由于其他因素往往会受到限制，紧固点的距离一般就直接决定了缝隙的最大尺寸，是影响缝隙屏蔽效能的最主要因素。由于目前尚无实用的计算方法计算缝隙的屏蔽效能，紧固点的距离只能从经济性和可操作性的角度考虑，按照以下经验数据取值：

➢ 中、低等级（C 级以下）屏蔽效能取 50～100mm；

➢ 高等级（C 级以上）屏蔽效能取 20～50mm。

具体取值还需考虑缝隙的深度以及结合面零件的刚性等因素。例如，当折弯次数多或者采用型材时，由于零件的刚性好，可以取大值；如果仅仅是单层钢板（或铝板）直接压紧，由于刚性差，应该取小值。如果紧固点太多导致存在装配工艺性差等困难，建议在缝隙中安装屏蔽材料，从而减少螺钉的数量。

2. 孔洞的屏蔽

1）孔洞屏蔽效能影响因素

结构方面影响孔洞屏蔽效能的因素主要有孔的最大尺寸、孔的深度、孔间距以及孔的数量，其中影响最大的是孔的最大尺寸和孔的深度。需要注意的是屏蔽效能只与孔的最大尺寸有关，而与孔的面积并没有直接关系，因此在设计中尽量开圆孔，其次考虑是开方孔，尽量避免开长腰孔。

2）通风孔的屏蔽

通风孔的屏蔽主要需要均衡通风与散热之间的矛盾。考虑屏蔽需求时，通风板的常用类型有穿孔金属板和波导通风板。

（1）穿孔金属板

穿孔金属板即在金属板上面开阵列通风孔。穿孔金属板的屏蔽效能已经有实用的计算方法，且计算的结论与实测误差较小，可以直接指导设计。由于孔的最大尺寸和孔的深度是影响其屏蔽效能的主要因素，相对而言孔的数量和孔间距影响较小，因此当通风板的屏蔽效能与散热相矛盾时，可以采取增加孔深，减小孔的直径，同时增加孔的密度和数量的方法来避免矛盾，尽量找到屏蔽和散热之间的平衡点。

一般情况下，穿孔金属板的屏蔽效能不超过 30～40dB，适合于 C 级以下屏蔽效能等级。穿孔金属板结构简单，价格低廉，大多数结构件均应该选用这种通风形式。只有 B 级以上屏蔽效能需求时才选用波导通风板。

（2）波导通风板

波导通风板是利用截止波导的原理制作成的通风板，也称之为蜂窝通风板。常用的波导通风板的厚度有 6.3mm、12.7mm 和 25.4mm 三种规格，厚度尺寸越大，屏蔽效能越高。为了提高通用性，规定若无特殊要求，一律选用厚度为 12.7mm。波导通风板的材料有铝合金和钢两种。铝制波导通风板一般是黏结制成的，因此需要导电处理（导电氧化、镀锡、镀镍等）后才能使用；而钢制波导通风板是采用钎焊方式制成的，使用时只要做防腐处理即可。波导通风板的价格昂贵，特别钢制波导通风板的价格更高，结构件中应优先选用铝制波导通风板。由于铝制波导通风板对低频磁场几乎是透明的，因此当对低频磁场有要求时（T 级要求），应该选用钢制波导通风板。铝制波导通风板的屏蔽效能一般可以达到 60～70dB，而钢制波导通风板的屏蔽效能则可以达到 90～100dB。使用波导通风板时需要特别注意处理与其框架之间的缝隙，一般装配以后可以采用焊接等方式将缝隙堵住。

（3）其他孔洞的屏蔽

由于指示灯、操作按钮、观察孔等需求会导致结构件上开各种孔洞，对于这些孔洞的屏蔽设计时按照以下步骤考虑：最好将这些指示灯、操作按钮、观察孔等设置在屏蔽体之外；建议选用屏蔽的元器件，如带屏蔽的指示灯、按钮以及屏蔽玻璃等，这时需要注意安装缝隙的屏蔽效果；采用加屏蔽罩的方法将这些孔洞屏蔽起来；对于小的孔洞，如果其屏蔽效能足够，只要孔洞中不引出电缆，可以不处理。

（4）穿透和开口要求

要注意由于电缆穿过机壳使整体屏蔽效能降低的程度。典型的未滤波的导线穿过屏蔽体时，屏蔽效能降低 30dB 以上。电源线进入机壳时，全部应通过滤波器盒。滤波器的输入端最好能穿出到屏蔽机壳外。若滤波器结构不宜穿出机壳，则应在电源线进入机壳处专为滤波器设置一隔舱。信号线、控制线进入/穿出机壳时，要通过适当的滤波器。具有滤波插针的多芯连接器适于这种场合使用。穿过屏蔽体的金属控制轴，应该用金属触片、接地螺母或射频衬垫接地。当要求使用对地绝缘的金属控制轴时，可用短的隐性控制轴，不调节时，用螺帽或金属衬垫弹性安装帽盖住。

为熔断器、插孔等加金属帽，用导电衬垫和垫圈、螺母等实现钮子开关防泄漏安装。在屏蔽、通风和强度要求高而质量不苛刻时，用蜂窝板屏蔽通风口，最好用焊接方式保持线连接，防止泄漏。

3. 线缆的屏蔽

严格地说，线缆的屏蔽超出了结构件电磁兼容的范围。但是线缆的处理对结构件的屏蔽有至关重要的关系，往往比结构件的屏蔽还要重要，因此对线缆的屏蔽提出基本要求，设计人员在机电协调和详细设计时必须足够重视线缆的屏蔽措施。电缆进出屏蔽体主要有以下几种形式。

1）通过屏蔽插头转接

一般情况下需要使用屏蔽电缆，这时的屏蔽效果主要是取决于插头的屏蔽效果。另外，对于子架/插箱屏蔽方式，电缆直接从模块的插座上面接出也是一种类似的方法，其屏蔽效果主要取决于插座上屏蔽措施的效果。采用转接的方式可以获取十分高的屏蔽效能，是一种理想的屏蔽方式，但是在线缆较多的时候成本比较高。

2）通过 EMI 滤波器连接

即电源线通过电源滤波器连接，信号线采用信号线滤波器如滤波连接器、馈通滤波器等转接。这种方式既可滤波，又可实现屏蔽。

3）直接出机柜

直接出机柜时可分为屏蔽电缆和非屏蔽电缆两种情况。对于屏蔽电缆，要求电缆在出屏蔽体时屏蔽层必须与屏蔽体 360°的接触，保证阻抗足够小，而不能仅仅是接通。对于非屏蔽电缆，可以采取套金属编制网、缠金属丝网等方式将电缆出屏蔽体的部分长度变成屏蔽电缆的形式，并按屏蔽电缆的要求将丝网与屏蔽体可靠接触。丝网缠绕的长度与屏蔽要求、线缆直径有关，一般为 2～3m。总之，一般不允许将电缆直接从屏蔽体穿出，需要将屏蔽层可靠接地。

三、屏蔽与接地和搭接

（1）接地

在电子设备中，接地是抑制电磁噪声和防止干扰的重要手段之一。在设计中如果能把接地和屏蔽正确地配合使用，对实现电子设备的电磁兼容性将起着事半功倍的作用。机壳的接地，通过接地柱连接大地。电路板的接地，电路板螺钉连接处即是电路板的大地连接点。

低频电路一般采用单点接地方式。射频、中频放大部分采用多点接地。信号地与电源地要分开。电缆屏蔽层的接地，以同轴电缆为例，在传输高频信号（大于100kHz）时，屏蔽层应采用两点或多点接地；传输低频信号时，屏蔽层应单点接地。实际经验表明，在100kHz 以下，电缆屏蔽层单点接地具有最佳的磁场抑制作用。另外，电缆屏蔽层不要在屏蔽盒体内部接地，否则容易在屏蔽盒体造成干扰，从而使屏蔽盒体的屏蔽效能降低。

（2）搭接

搭接是将设备、组件、元件的金属外壳或构架用机械手段连接在一起，形成一个电气上连续的整体。这样可避免在不同金属外壳或构架之间出现电位差，而该电位差往往是电磁干扰的诱发原因之一。

搭接类型分为直接搭接和间接搭接。

直接搭接可以利用螺栓等固定装置将一些经机加工的表面或带有导电衬垫的表面进行固定，也可利用铆接、熔焊、钎焊等工艺将搭接对象连接。间接搭接是借助中间过渡导体（搭接条或片）把两金属构件在电气上连接在一起，性能不如直接搭接好。搭接片的固定方法有螺栓连接、铆钉、熔焊或钎焊。

搭接条最好用导电性能好的扁平薄板料（铜或铝）制造。为减小搭接条的阻抗，推荐长宽比不超过 5：1。一般而言，随着频率的增高，搭接效能将下降。搭接条之间的搭接要注意防止电化学腐蚀。搭接表面应进行处理，不留非导电物质，保持良好连接。

四、屏蔽与衬垫及附件

目前，可用的屏蔽和衬垫产品非常多，包括铍-铜接头、金属网线（带弹性内芯或不带）、嵌入橡胶中的金属网和定向线、导电橡胶以及具有金属镀层的聚氨酯泡沫衬垫等。大多数屏蔽材料衬垫能达到 SE 估计值，但 SE 是个相对数值，它取决于孔隙、衬垫尺寸、衬垫压缩比以及材料成分等。

衬垫有多种形状，可用于各种特定应用，包括有磨损、滑动以及带铰链的场合。目前许多衬垫带有黏胶或在衬垫上面就有固定装置，如挤压插入、引脚插入或倒钩装置等。各类衬垫中，涂层泡沫衬垫是最新也是市面上用途最广的产品之一。这类衬垫可做成多种形状，厚度大于 0.5mm，也可减少厚度以满足 UL 燃烧及环境密封标准。还有另一种新型衬垫，即环境/EMI 混合衬垫，有了它就可以无须再使用单独的密封材料，从而降低屏蔽罩成本和复杂程度。这些衬垫的外部覆层对紫外线稳定，可防潮、防风、防清洗溶剂，内部涂层则进行金属化处理并具有较高导电性。最近的另外一项革新是在 EMI 衬垫上装了一个塑料夹，同传统压制型金属衬垫相比，它的重量较轻、装配时间短，而且成本更低，因此更具市场吸引力。

选择使用什么种类电磁密封衬垫时要考虑四个因素：屏蔽效能要求、有无环境密封要求、安装结构要求、成本要求。不同电磁密封衬垫的比较见表 7-4。

表 7-4　不同电磁密封衬垫的比较

衬垫种类	优　点	缺　点	适用场合
导电橡胶	同时具有环境密封和电磁密封作用；高频屏蔽效能高	需要的压力大；价格高	需要环境密封和较高屏蔽效能的场合
金属丝网条	成本低；不易损坏	高频屏蔽效能低，不适合 1GHz 以上场合；没有环境密封作用	干扰频率为 1GHz 以下的场合
指形簧片	屏蔽效能高；允许滑动接触；形变范围较大	价格高；没有环境密封作用	有滑动接触的场合；屏蔽性能要求较高的场合
螺旋管	屏蔽效能高；价格低；复合型能同时提供环境密封和电磁密封	过量压缩时容易损坏	屏蔽性能要求高的场合；有良好压缩限位的场合；需要环境密封和很高屏蔽效能的场合
多重导电橡胶	弹性好；价格低；可以提供环境密封	表层导电层较薄，在反复摩擦的场合容易脱落	需要环境密封和一般屏蔽效能的场合；不能提供较大压力的场合
导电布	柔软，需要压力小；价格低	湿热环境中容易损坏	不能提供较大压力的场合

设备一般都需要进行屏蔽，这是因为结构本身存在一些槽和缝隙。所需屏蔽可通过一些基本原则确定，但是理论与现实之间还是有差别。例如，在计算某个频率下衬垫的大小

和间距时还必须考虑信号的强度，如同在一个设备中使用了多个处理器时的情形。表面处理及垫片设计是保持长期屏蔽以实现 EMC 性能的关键因素。

实践练习七

7-1　找出并解释图 7-64 所示电路中 EMC 元件在电路中的作用，主要针对浪涌电压。

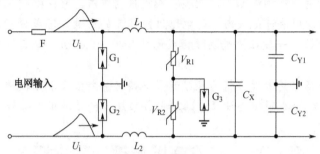

图 7-64　题 7-1 图

7-2　找出并解释图 7-65 所示电路中 EMC 元件在电路中的作用。

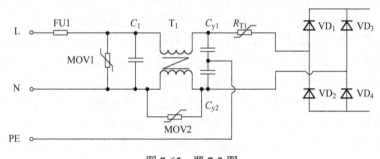

图 7-65　题 7-2 图

第八章　容差分析与设计

● 容差分析与设计基本概念。
● 容差分析方法示例。

容差分析技术是一种预测电路性能参数稳定性的方法。它主要研究电路组成部分的参数偏差，在规定的使用条件范围内，对电路性能容差的影响。容差分析应从设计早期即给出初步电路图时开始，一般在做过故障模式影响分析（FMEA）之后进行。在电路修改后应再进行容差分析。

本章将主要介绍以灵敏度分析为基础的最坏情况分析以及利用概率统计的方法，通过已知器件参数的随机分布规律去计算电路特性分布规律的蒙特卡罗分析法等内容。

第一节　容差分析与设计基本概念

电路中元器件参数的数值是其标称值容差范围内的一个随机数值。电子产品的设计必须考虑元器件参数容差的影响。容差问题包括容差设计与容差分析。容差设计：设计电路的标称值及分配电路中元器件参数的容差，使电路性能的偏差最小或在保证电路性能满足指标要求的条件下，允许元器件参数的容差范围最大。容差设计也称之为电路参数的容差分配设计。元器件的精度越高其误差范围越小，价格也越高。容差设计的目的是在电路满足性能要求、尽可能价格低的情况下，实现电路参数的最佳设计。容差分析是在给定电路参数容差范围的条件下，计算器件参数变化对电路性能的影响。

常用电路容差分析有阶矩法、最坏情况分析法、蒙特卡罗分析法等。

（1）以灵敏度分析为基础的方法

➢ 灵敏度分析解决的是单个元器件参数变化对电路性能的影响；
➢ 容差分析是利用灵敏度信息解决多个元器件参数偏离标称值对电路性能的影响，如阶矩法、最坏情况分析法。

（2）统计方法

利用概率统计的方法，通过已知器件参数的随机分布规律去计算电路特性的分布规律。蒙特卡罗分析法就是一种统计抽样方法。利用这种方法在器件参数容差范围内对参数进行随机抽样，对大量的抽样值做电路仿真，计算出电路性能的统计特性和偏差范围。

一、容差分析程序

1. 确定待分析电路

根据任务的重要性、经费与进度的限制条件以及 FMEA 或其他分析结果来确定各研制阶段需要进行容差分析的关键电路。主要有：

➢ 严重影响产品安全性的电路；
➢ 严重影响主要功能的电路；

➢ 昂贵的电路；

➢ 采购或制作困难的电路；

➢ 需要特殊保护的电路。

2. 明确电路设计的有关基线

电路设计的有关基线包括：

➢ 被分析电路的功能和使用寿命；

➢ 电路性能参数及偏差要求；

➢ 电路使用环境应力条件（或环境剖面）；

➢ 元器件参数的标称值、偏差值和分布；

➢ 电源和信号源的额定值和偏差值；

➢ 电路接口参数。

3. 电路分析

对电路进行分析，得出在各种工作方式下电路的性能参数、输入量和元器件参数之间的关系。

4. 容差分析

容差分析内容包括：

➢ 根据已确定的待分析电路的具体要求和条件，适当选择相应的分析方法。

➢ 根据已明确的电路设计的有关基线按选定的方法对电路进行容差分析。

➢ 列出性能参数的偏差范围，找出对电路敏感度影响较大的参数并进行控制，使电路满足要求。

5. 分析结果判别

把容差分析所求得的电路性能参数的偏差范围与电路性能指标要求相比较，比较结果分两种情况：

➢ 符合要求，则分析结束。

➢ 若不符合要求，则需修改设计（重新选择电路组成部分参数或其精度等级，或更改原电路结构）。设计修改后，仍需进行容差分析，直到所求得的电路性能参数的偏差范围完全满足电路性能指标要求为止。

容差分析程序见图 8-1。

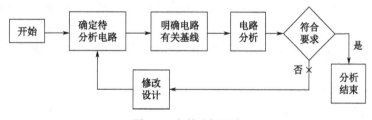

图 8-1　容差分析程序

6. 容差分析结果应形成报告

容差分析报告应反映分析的主要内容和结果，一般要包括下列内容：

➢ 产品的描述；

➢ 分析时所考虑的参数；

➢ 用于评价电路（系统）特性时的统计极限判断；

> 分析结论及其相应建议。

二、容差分析方法

1. 电路容差分析应考虑的因素

电路容差分析除了考虑给定的电路有关基线外，还应考虑如下因素：

> 参数随时间的漂移量；

> 电路负载的变动；

> 所有的正常工作方式、预料中的偶然工作方式及各个工作点的情况。

2. 分析方法

1）最坏情况试验法

最坏情况试验法是使被测电路处于温度、大气压力、电源电压、电网频率、元器件参数、信号源幅度和频率等主要因素均为上、下限值的条件下，测试电路性能参数偏差的方法。一般在电路可靠性要求高、成本不严格限制时采用此方法。

2）阶矩法

阶矩法是根据电路组成部分参数的均值和方差来分析电路性能参数偏差的一种概率统计方法。阶矩法对电路进行容差分析的具体做法如下：

> 给出电路组成部分参数的均值 μ_{x_i} 和方差 $\sigma_{x_j}^2$；

> 求出电路性能参数的均值 μ_y 和方差 σ_y^2，分析电路性能参数容许偏差的出现概率。

一般容许偏差要求以 $K\sigma_y$ 的形式给出，K 一般为给定的 4 以下的正整数。利用灵敏度分析的结果，可以估计电路中多个器件参数发生变化时电路输出性能的变化量。

当电路组成部分参数及其他有关量 X_i 均为正态分布，且电路性能参数也为近似正态分布时，可借助标准正态分布表对应参数漂移范围分析它的出现概率，或者给定出现概率预测参数的允许漂移范围。

$$P_r\left\{\mu_y - K\sigma_y < Y < \mu_y + K\sigma_y\right\} = \Phi(K) - \Phi(-K) \qquad (8\text{-}1)$$

式中：P_r——性能参数在偏差容许范围内的出现概率；

$\Phi(K)$、$\Phi(-K)$——标准正态分布函数；

Y——电路性能参数。

当电路性能参数不近似为正态分布时，可用其他分析方法（如蒙特卡罗法）进行电路容差分析。

阶矩法适用于线性电路或非线性电路（仅当电路组成部分参数的随机漂移是在标称值 X_0 附近不大范围内时）。

3. 最坏情况分析法

最坏情况分析法是分析在电路组成部分参数最坏组合情况下的电路性能参数偏差的一种非概率统计方法。它需要给出电路的网络函数，其表达式为

$$Y = f(X_1, \cdots, X_n) \qquad (8\text{-}2)$$

式中：Y——电路性能参数；

$X_1, \cdots, X_n$——电路组成部分及其他有关量参数值。

最坏情况分析法包括线性展开法、直接代入法和仿真软件仿真分析法。

（1）线性展开法

线性展开法是将电路的网络函数 $Y=f(X_1,\cdots,X_n)$ 在工作点附近展开并取偏导数，简化为线性关系式，求出电路性能参数的变化范围，用下式表示：

$$\Delta Y = \sum_{i=1}^{n} \left| \frac{\partial Y}{\partial X_i} \right|_{\text{工作点}} \cdot \Delta X \qquad (8\text{-}3)$$

当考虑到有补偿和负反馈时，ΔX 是电路组成部分参数的原偏差、补偿偏差和负反馈偏差等绝对值之和。

当 $f(X_1,\cdots,X_n)$ 在工作点附近变化较小、容差分析精度要求不高、设计参数变化范围较小时，可采用此法。

（2）直接代入法

直接代入法是将设计参数的偏差值按最坏情况组合直接代入电路的网络函数表达式中，求出性能参数的上限值和下限值。具体做法如下：将偏导数为正的电路组成部分参数及输入量的上偏差、偏导数为负的电路组成部分参数及输入量的下偏差代入 $f(X_1,\cdots,X_n)$ 中，求出电路性能参数的上限值；将偏导数为正的电路组成部分的参数及输入量的下偏差、偏导数为负的电路组成部分的参数及输入量的上偏差代入 $f(X_1,\cdots,X_n)$ 中，求出电路性能参数的下限值。

当 $f(X_1,\cdots,X_n)$ 在工作点附近变化较大，或容差分析精度要求较高，或设计参数变化范围较大时，可采用此法。

（3）仿真软件仿真分析法

EWB、PSpice 和 Multisim 等仿真软件提供了多种分析功能，不用设置，直接在菜单中选择所需的功能即可。选择"Simulate/Analyses"命令或单击按钮，即会弹出分析功能级联菜单，有十几种分析功能，其中 Worst Case Analysis 为最坏情况分析。Multisim 分析方法的操作比较简单。

4. 蒙特卡罗分析法

蒙特卡罗分析法是当电路组成部分的参数服从某种分布时，由电路组成部分的参数抽样值分析电路性能参数偏差的一种统计分析方法。

具体做法是：按电路包含的元器件及其他有关量的实际参数 X 的分布，对 X 进行第一次随机抽样，该抽样值记作 $(X_1,\cdots,X_n)$，并将它代入性能参数表达式，得到第一个随机值 Y；如此反复进行 n 次。得到 n 个随机值。从而就可对 Y 进行统计分析，画直方图，求出不同容许偏差范围内的出现概率。

在进行电路抽样分析时，抽样次数应该满足统计分析的精度要求。蒙特卡罗分析法适用于可靠性较高的电路。

第二节　容差分析方法示例

一、阶矩法示例

[例 8.1] 图 8-2 是一个继电器控制电路及其等效电路。信号源的信号经过继电器通向受控部件，而继电器由一控制线路操纵，该线路由电池、开关和继电器、匹配电阻等部分组

成。继电器线圈电流为电路性能参数，规定其偏差范围在±2mA 之内。试采用阶矩法分析继电器线圈电流的偏差范围。

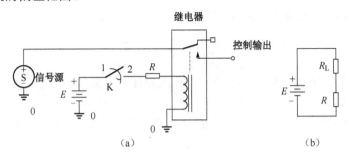

图 8-2　继电器控制电路图及其等效电路

① 该电路的组成部分参数、均值和均方差见表 8-1 所列

表 8-1　继电器控制电路的组成参数表

序　号	参 数 名 称	参 数 标 识	均　值	均 方 差
1	电源电压	E	20V	0.67V
2	线圈内阻阻值	R_L	100Ω	3.33Ω
3	匹配电阻阻值	R	900Ω	30Ω

② 电路的性能参数（线圈电流）与电路组成部分参数（电源电压、电阻）之间的函数关系如下：

$$I = \frac{E}{R_L + R}$$

依据式（8-2）可以得到对应的电路性能参数（线圈电流）均值和方差的计算公式：

$$\mu_I = \frac{\mu_E}{\mu_{R_L} + \mu_R}$$

$$\sigma_I^2 = (\frac{1}{\mu_{R_L} + \mu_R})^2 \sigma_E^2 + (\frac{\mu_E}{(\mu_{R_L} + \mu_R)^2})^2 \sigma_{R_L}^2 + (\frac{\mu_E}{(\mu_{R_L} + \mu_R)^2})^2 \sigma_R^2$$

式中：μ_I、μ_E、μ_{R_L}、μ_R ——线圈电流、电源电压、线圈内阻阻值、匹配电阻阻值的均值；

σ_I、σ_E、σ_{R_L}、σ_R ——线圈电流、电源电压、线圈内阻阻值、匹配电阻阻值的均方差。

③ 计算线圈电流的均值和均方差，结果如下：

$$\mu_I = 20\text{mA}, \quad \sigma_I = 0.9\text{mA}$$

④ 计算线圈电流在规定偏差范围内的出现概率：

$$P\{18 < I < 22\} = \Phi(2/0.9) - \Phi(-2/0.9) = 0.9736$$

⑤ 电流均方差为 0.9mA，在规定偏差范围（18mA～22mA）之内的概率为 0.9736，不能完全满足设计要求。

二、灵敏度分析示例

灵敏度分析可帮助用户找到电路中对电路性能影响最大的元件。该分析的目的是努力减少电路对元件参数变化或温度漂移的敏感程度。灵敏度分析计算出节点电压或电流对所有元件或一个元件的灵敏度。灵敏度以数值或百分比的形式表示。当电路中每个元件独立变化时，输出电压或电流也随之改变。

三、最坏情况分析法示例

[例 8.2] 线性展开法。

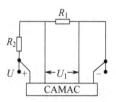

图 8-3　CAMAC 测量电路

本例用线性展开法分析测量电路（见图 8-3）的测量偏差。某型号燃料贮箱温度的测量系统由导线、电阻、传感器、电源和计算机自动测量与控制（CAMAC）部分组成，已知温度测量范围为 $-10\sim+45℃$，允许测量偏差为 $\pm1.50℃$。

图 8-3 所示电路中，U 为电源电压值，R_1 为传感器电阻值，U_1 为 CAMAC 测量的电压值，R_2 为电路中串联的电阻值（包括导线电阻值）。

设：

$$R_1=a_1+b_1Y$$
$$R_2=a_2+b_2Y$$

式中：a_1、a_2——0℃时对应的电阻值，Ω；

　　　b_1、b_2——电阻温度系数，$\Omega/℃$；

　　　Y——温度值，℃。

由图 8-3 可知：

$$U_1=UR_1/(R_1+R_2)$$
$$=U(a_1+b_1Y)/(a_1+b_1Y+a_2+b_2Y)$$

则

$$Y=[(a_1+a_2)U_1-a_1U]/[(b_1U-(b_1+b_2)U_1)]$$

上式在参数变化范围内为单调函数，将 U 和 U_1 值代入上式即可得到 Y 值。

欲求出测量温度的最大偏差，应将函数 Y 在工作点附近展开，得到最大偏差为

$$\Delta Y = \frac{\partial Y}{\partial U}\times\Delta U + \frac{\partial Y}{\partial U_1}\times\Delta U_1 + \frac{\partial Y}{\partial a_1}\times\Delta a_1 + \frac{\partial Y}{\partial a_2}\times\Delta a_2 + \frac{\partial Y}{\partial b_1}\times\Delta b_1 + \frac{\partial Y}{\partial b_2}\times\Delta b_2$$

$$\frac{\partial Y}{\partial U} = \frac{(a_1b_2+a_2b_1)U_1}{\left[b_1U-(b_1+b_2)U_1\right]^2}$$

$$\frac{\partial Y}{\partial U_1} = \frac{(a_2b_1+a_1b_2)U}{\left[b_1U-(b_1+b_2)U_1\right]^2}$$

$$\frac{\partial Y}{\partial a_1} = \frac{(U_1-U)}{\left[b_1U-(b_1+b_2)U_1\right]}$$

$$\frac{\partial Y}{\partial a_2} = \frac{U_1}{\left[b_1U-(b_1+b_2)U_1\right]}$$

$$\frac{\partial Y}{\partial b_1} = \frac{(U_1-U)\times\left[(a_1+a_2)U_1-a_1U\right]}{\left[b_1U-(b_1+b_2)U_1\right]^2}$$

$$\frac{\partial Y}{\partial b_2} = \frac{U_1\left[(a_1+a_2)U_1 - a_1U\right]}{\left[b_1U - (b_1+b_2)U_1\right]^2}$$

设电路设计参数为：

a_1=46.0±0.023Ω；

a_2=2000±5Ω；

b_1=0.21±0.001Ω/℃；

b_2=0.103±0.001Ω/℃；

U=27.0V，测量精度 ΔU=0.01V。

U_1 是随被测温度变化的电压值，其测量精度，ΔU_1=0.001V。将选定的工作点上的各参数的灵敏度与偏差值代入公式中（要求每项乘积的符号相同），经过计算列出表 8-2。

表 8-2　温度测量的偏差值℃

温度 Y	−10	−5	0	5	10	15
Δ Y	1.1263	1.1169	1.1075	1.1474	1.1873	1.2272
温度 Y	20	25	30	35	40	45
Δ Y	1.2672	1.3073	1.3474	1.3875	1.4276	1.4678

从表 8-2 列出的数据不难看出，该系统测量偏差在规定的误差范围之内，满足了任务规定要求。若分析结果不能满足任务规定的要求，则应修改设计或重新选择参数，一般应修改那些对结果影响比较大的或比较容易改进的参数。

[例 8.3] Multisim 仿真软件最坏情况分析法。

音频功率放大电路如图 8-4 所示，其 Multisim 仿真软件最坏情况分析法的步骤如下：

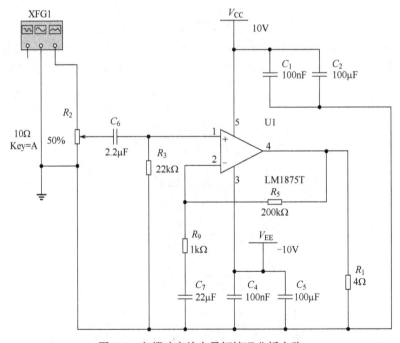

图 8-4　音频功率放大最坏情况分析电路

① 执行菜单命令"Simulate/Analysis"，选择"最坏情况"，单击"添加容差"按钮添

加元器件容差。如图 8-5 所示，添加每个元器件容差值，"容差类型"中电阻、电容一般选择百分比。

图 8-5 最坏情况分析——添加容差

② 设置"分析参数"，选择"直流工作点"，然后单击"Run"按钮，如图 8-6 所示。

图 8-6 最坏情况分析——直流工作点

四、蒙特卡罗分析（MC）

此分析使用统计模拟方法，在给定电路元件参数容差的统计分布规律的情况下，用一组伪随机数求得元器件参数的随机抽样序列，估算出电路性能的统计分布规律，如电路性能的中心值、方差，以及电路合格率、成本等。用此结果作为是否修正设计的参考，增加了模拟的可信度。

[例 8.4] 差动放大电路 PSpice 仿真。

差动放大电路如图 8-7 所示，使用前文讨论过的方法分析电路的不同特性，并且用蒙特卡罗分析法分析电路元件误差对输出波形的影响。

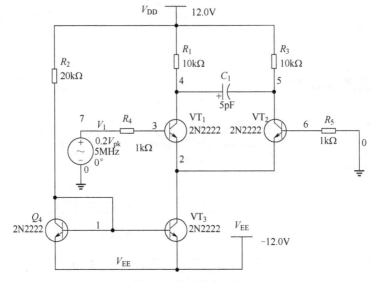

图 8-7　差动放大电路

1）电路图的绘制

输入电路图名称（如 CHD），绘制电路图。其中 V_1 信号源取用正弦源，正弦源有 5 个参数需要设置：直流偏置电压（V_{OFF}）——0V；振幅（V_{AMPL}）——0.2V；频率（f_{REP}）——5MHz；延迟时间（TD）——0；阻尼系数（D_F）——0；相位延迟（P_{HASE}）——0。

2）直流分析

创建新仿真文件，名称为"CHADONG"，在直流扫描设置对话框的"Sweep variable"中选择"Voltage soure"，且在"Name"中键入"V1"；在"Sweep type"选择"Linear"，在"Start"空白中键入"−0.18"，在"End"空白处键入"0.18"，在"Increment"空白处键入"0.01"。执行 PSpice 程序后的结果波形如图 8-8 所示，这是差动电路的输入/输出传输特性。

3）交流分析

运行菜单"PSpice/Edit Simulation Setting"，在交流扫描设置对话框的"AC Sweep type"中选择"Logarithmi"，其下面的下拉列表框中选择"Decade"，在"Start"空白处键入"1k"，在"End"空白中键入"100MEG"，在"Points/Decade"空白中键入"10"。执行 PSpice 程序后的结果波形如图 8-9 所示。

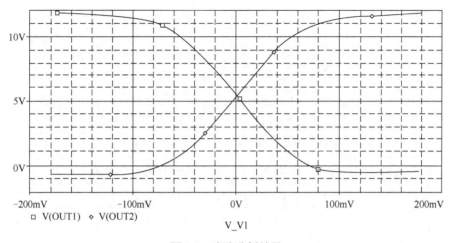

图 8-8　直流分析结果

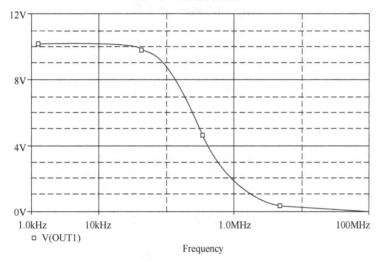

图 8-9　交流分析结果

4）瞬态分析

运行菜单"PSpice/Edit Simulation Setting"，在瞬态分析设置对话框的"Run to"空白中键入"2u"，在"Start saving data"空白处键入"0"，在"Maximum step"空白处键入"0.001u"。执行 PSpice 程序后的结果波形如图 8-10 所示。这是差动电路 V(OUT1)、V(OUT2)的瞬时波形图。

5）直方图的使用方法

Goal Function 就是一种能从输出数据中，搜寻某指定及其坐标值的函数。在 Probe 窗口下，用 Goal Function 函数可以快捷取出常见的幅、相频响应的频宽、-3dB 的频率、中心频率、峰值、最大值、最小值等。

[例 8.5] 切比雪夫滤波器 PSpice 仿真，要求中心频率为 10kHz，带宽为 1.5kHz，电路如图 8-11 所示。

207

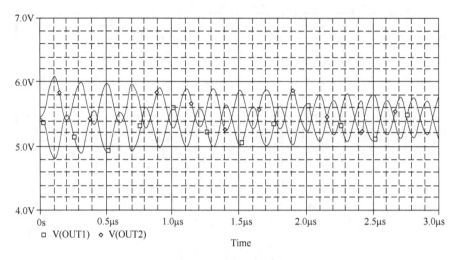

图 8-10　瞬态分析结果

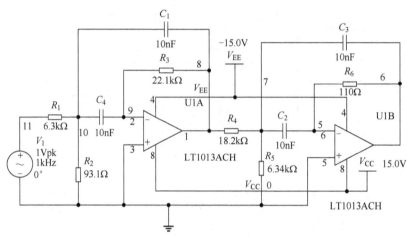

图 8-11　切比雪夫滤波器电路

（1）电路图的绘制

其中，Rbreak(R1-R6)、Cbreak(C1-C3)、R 和 C 从 Breakout.olb 库中提取，以便设置误差系数。设置方法是选择"Edit PSpice Modil…"，创建模型，如图 8-12 所示。model Rbreak RES R=1 DEV=1%，model Cbreak CAP C=1 DEV=5%。

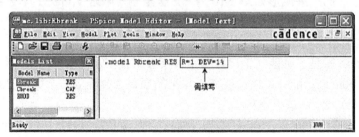

图 8-12　设置误差系数

（2）分析参数的设量

分析参数的设置如图 8-13 和图 8-14 所示。

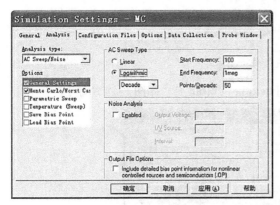

图 8-13　交流分析参数设置

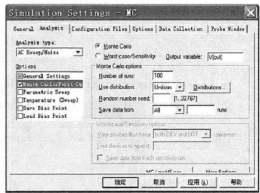

图 8-14　蒙特卡罗分析参数设置

（3）执行 PSpice 程序，创建直方图

✓ 对话框设置完毕后，选择"PSpice/Run"或单击其对应的图标。屏幕会出现 PSpice A/D 视窗，进行模拟分析。模拟结束后，出现如图 8-15 所示的界面。

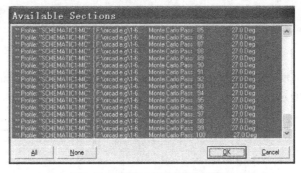

图 8-15　蒙特卡罗分析波形资料

✓ 呼叫带宽波形。如图 8-16 所示在"Plot/Axis Settings"对话框，勾选"Performance Analysis"复选框或单击用图标，将 Probe 界面转换成目标函数性能设计界面。然后选择"Trace/Add Trace…"，或者直接单击图标，如图 8-17 所示。

图 8-16　指定性能分析

209

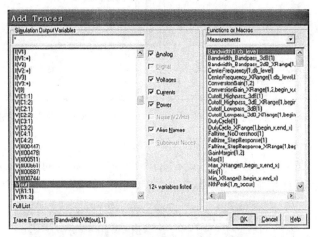

图 8-17　性能分析图标

在"Measurement"中选取带宽函数(Bandwidth(Vdb(out,1)，如图 8-18 所示。

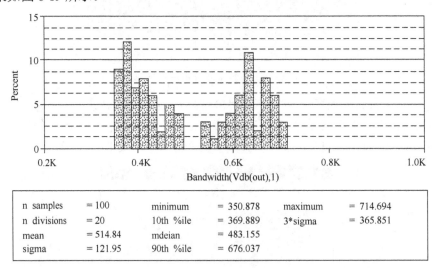

图 8-18　选取带宽函数(Bandwidth(Vdb(out,1)

图 8-18 中选择的是带宽函数，即针对输出 V(out)的频率作统计图表（带宽直方图），所得结果如图 8-19 所示。

图 8-19　滤波器带宽直方图

n samples	= 100	minimum	= 350.878	maximum	= 714.694
n divisions	= 20	10th %ile	= 369.889	3*sigma	= 365.851
mean	= 514.84	mdeian	= 483.155		
sigma	= 121.95	90th %ile	= 676.037		

图 8-19 所示带宽直方图的解释：

① n samples　蒙特卡罗分析的次数，现设为 100 次，上限为 4000 次。

② n divisions　显示的长方形个数，现设为 20 次。

③ Mean　输出变量平均值，现约为 514.84kHz。

④ Sigma　输出变量平均误差值，现为 121.95kHz。

⑤ minimum、maximum、median　输出变量的最小值、最大值、中间值。

⑥ 10th %ile、90th %ile　所有输出变量处于前 10%和前 90%的输出值。

实践练习八

8-1　对图 8-20 所示滤波器进行直流工作点分析、交流分析、灵敏度分析、最坏情况仿真分析和蒙特卡罗分析。

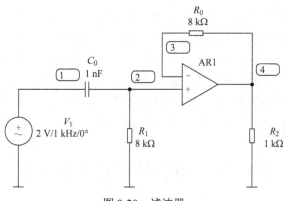

图 8-20　滤波器

8-2　试用 Multisim 仿真软件对图 8-21 所示放大电路进行直流工作点分析、灵敏度分析、最坏情况仿真分析和蒙特卡罗分析。对差动放大电路进行蒙特卡罗分析时，选择下述分析参数：元件 R_3，误差分析次数 3，误差函数，均匀分布函数，允许误差范围 10%，输出节点 9，扫描用于瞬态分析。

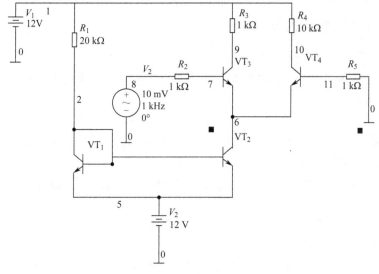

图 8-21　放大电路

第九章　可靠性预计

● 可靠性预计基础知识。
● 可靠性预计方法。

可靠性预计是产品可靠性设计中的重要内容。可靠性预计是在设计阶段对系统可靠性进行定量的估计，它是根据历史的产品可靠性数据、系统的结构特点和构成，以及系统的工作环境等因素来估计组成系统的部件及系统可靠性。系统的可靠性预计是根据组成系统的元器件或零部件的可靠性来估计的，是"自下而上"进行的。

本章将介绍根据产品的功能结构及其相互关系、工作环境以及组成产品的零部件（或元器件）的可靠性数据，推测该产品可能达到的可靠性指标等内容。

第一节　可靠性预计基础知识

可靠性预计是在规定的性能、费用和其他计划的条件（如重量、体积等）约束下进行的，从研究产品的设计方案开始，到样机制造、试生产阶段，都必须反复进行可靠性预计，以确保产品满足可靠性指标的要求。否则在产品研制成功后，可能因为未能采取必要的可靠性措施而达不到可靠性指标的要求；或因所采取的措施带有很大的盲目性，而导致经济和时间上的重大损失。

一、可靠性预计的基本概念

1. 可靠性预计的目的和用途

可靠性预计是为了估计产品在给定工作条件下的可靠性而进行的工作，可靠性预计的目的和用途主要是：

➢ 评价是否能够达到要求的可靠性指标，预测产品的可靠度值；
➢ 在方案论证阶段，通过可靠性预计，比较不同方案的可靠性水平，为最优方案的选择及方案优化提供依据；
➢ 在设计中，通过可靠性预计，发现影响系统可靠性的主要因素，找出薄弱环节，采取设计措施，提高系统可靠性；
➢ 为可靠性增长试验、验证及费用核算等提供依据；
➢ 为可靠性分配奠定基础。

可靠性预计的主要价值在于，它可以作为设计手段，为设计决策提供依据。因此，要求预计工作具有及时性，即在决策之前做出预计，提供有用的信息，否则这项工作就会失去意义。为了达到预计的及时性，在设计的不同阶段及系统的不同层次上可采用不同的预计方法，随着研制工作的不断深入而不断细化。

2. 可靠性预计的分类

GB/T 7827-1987《可靠性预计程序》有以下规定：

可靠性预计分为基本可靠性预计和任务可靠性预计，基本可靠性预计用于估算由于产品不可靠将导致对维修与后勤保障的要求；任务可靠性预计用于估计产品在执行任务的过程中完成其规定功能的概率。

可靠性预计可按不同的方法分类。

1）按可靠性设计时期划分

（1）设计初期的可行性预计

在设计初期，由于缺乏足够的数据，因此不能进行精确预计。但是，初期预计对可靠性指标实现的可能性、备用方案的比较等方面的研究，有着非常重要的意义。可行性预计方法主要有相似产品法、相似电路法等。

（2）设计中期的可靠性初步预计

设计中期的可靠性预计可以促进设计方案的细节及其计划等方面的确定，常用的有元器件计数法等。

（3）设计终期的可靠性预计

在设计终期能用于预计的信息最多，因此可以进行精确地预测，常用的有元器件应力分析法等。

2）按预计指标分类

可分为可靠度（包括不可靠度、失效率等）预计、平均无故障工作时间预计、平均修复时间预计和可用度预计等。

3）按产品组成分类

可以分为零件、元器件可靠性预计，产品可靠性预计（即系统可靠性预计）。

3. 可靠性预计的局限性

可靠性预计的基础是元器件（或零部件）的失效率数据。但是，从以前的产品现场使用获得的失效数据是否适用于以后的设计，要看硬件设计和预期的环境条件两方面所具有的相似程度。从在一种环境中使用的产品所获得的数据，不一定能适合用于在其他环境中使用的产品上。同时，对于型号规格相同而生产厂家不同，或由同一家生产而批次不同的元器件，由于其参数的离散性而存在偏差，给可靠性预计的准确性带来影响。一般来说，预计结果与实际结果相差 50%～200% 都是正常的。

因此，可靠性预计的一个主要的局限性是能不能积累对新用途有效的数据，而可靠性工作者必须注意可靠性数据的积累；另一个困难是预计技术的复杂性。

4. 可靠性预计的一般程序

系统可靠性预计通常是：首先确定元器件的可靠性，进而预计部件的可靠性，以后逐级预计，最后综合出产品的可靠性。具体的预计程序一般如下：

① 明确产品的目的、用途、任务、性能参数、系统组成及其接口；

② 明确产品工作条件和失效条件，确定产品的故障判据；

③ 绘制产品的可靠性框图，可靠性框图绘制到最低一级功能层；

④ 确定可靠性特征量（确定产品的应力、失效分布、失效率、可靠度等）；

⑤ 建立产品可靠性数学模型；

⑥ 预计各组成单元的可靠性；

⑦ 根据系统可靠性模型预计系统（产品）的可靠性；

⑧ 编写预计报告。

二、元器件（零部件）的失效率预计

为了预计电子产品的可靠度（或 MTBF），必须对组成产品的基本元器件的失效率做出预计。所谓元器件的失效率通常是指平均失效率。然而，一方面，由于元器件的失效率与其所承受的电应力、热应力以及本身的质量等因素有关。即使是同一型号规格的元器件，在不同的应力下有不同的失效率。另一方面，失效率还受到不同的操作者、不同的维护方法、不同的测量技术或失效定义的影响。因此，利用公式推导出的失效率的准确性是有限的，它只能大体确定一个数值范围。尽管预计的结果与真实结果可能相差 50%～200%，但它仍有重要的实际意义。原因是：可靠性指标本身就是统计量，虽然预计范围较大，但是给出了定量指标，对以后改进产品和提高可靠性水平起到了积极作用。通常，预计元器件失效率的方法有收集数据法、经验公式计算法、应力分析法、计数可靠性预计法等。

1. 收集数据法

首先，可以利用国内现有的数据，供设计人员使用。国产元器件可以从中国电子产品可靠性数据交换网与从《电子设备可靠性预计手册》中查找，也可从 GJB299-1987《电子设备可靠性预计手册》中查找。

其次，对于进口元器件可以利用 MIL—HDBK-217《美国电子产品可靠性预计手册》估算，此手册已从 217A 发展到 217F。手册对电子元器件失效率的预计有一整套方法，已有许多国家利用这一手册中的数据和失效模型来预计元器件的失效率。

利用上述各种电子设备的可靠性预计手册，可以进行失效率预计的元器件有：集成电路、半导体独立器件（晶体管、二极管、光电子器件等）、电子管、电阻器、电位器、电容器、感性元件、继电器、开关、连接器、旋转电机、印制电路板和焊接点，以及磁性元件、石英谐振器、微波元器件、熔断器、氖指示灯、加热器等。

2. 经验公式计算法

影响元器件失效的因素很多，其中主要是温度和应力。各种不同的元器件，其基本失效率的数学模型也不同，如半导体分立元器件的基本失效率的数学模型是：

$$\lambda_b = A e^{\left(\frac{N_T}{273+T+\Delta TS}\right)} e^{\left(\frac{273+T+\Delta TS}{T_M}\right)_P} \qquad (9\text{-}1)$$

式中：A——失效率水平调整参数（常数）；

$\quad\quad T$——工作环境温度或带散热片功率器件的管壳温度；

$\quad\quad T_M$——无结电流或功率时的最高允许温度；

$\quad\quad \Delta T$——T_M 与满额时最高允许温度的差值；

$\quad\quad S$——工作电应力与额定电应力之比；

$\quad\quad P$——形状参数；

$\quad\quad N_T$——温度常数。

而固定电阻器的基本失效率的数学模型是：

$$\lambda_b = A e^{B\left(\frac{273+T}{N_T}\right)^G \left[\frac{S}{N_S}\left(\frac{273+T}{273}\right)^J\right]^H} \qquad (9\text{-}2)$$

式中：A——失效率水平调整参数（常数）；

$\quad\quad B$——形状参数；

T——工作环境温度；

N_T——温度常数；

G、J、H——加速系数；

S——工作电应力与额定电应力之比；

N_S——应力常数。

在工程实践中，大多数是通过《电子设备可靠性预计手册》查出相应的基本失效率。

3. 元器件应力分析可靠性预计法

这种预计方法是详细的可靠性预计，是在产品设计的后期阶段的预计。一般情况是产品已研制完成，在对它的结构、电路及各元器件的环境应力都明确的条件下才能应用。这种预计方法是建立在以元器件的基本失效率为基础，根据使用环境、生产制造工艺、质量等级、工作方式和工作应力的不同，做出相应的修正来预计产品元器件的工作失效率，进而求出部件的失效率，最后得到产品的失效率。

分立半导体器件中的晶体管及二极管的工作失效率的数学模型为

$$\lambda_p = \lambda_b(\pi_E \cdot \pi_Q \cdot \pi_A \cdot \pi_{S2} \cdot \pi_R \cdot \pi_C) \tag{9-3}$$

式中：λ_b——基本失效率；

λ_p——工作失效率；

π_E——环境系数；

π_Q——质量系数；

π_A——应用系数；

π_{S2}——电压应力系数；

π_R——额定系数；

π_C——种类或结构系数。

微电子器件中单片电路工作失效率的数学模型为

$$\lambda_p = \pi_Q[C_1\pi_T\pi_V + (C_2 + C_3)\pi_E]\pi_L \cdot \lambda_b \tag{9-4}$$

式中：π_Q——质量系数；

π_T——温度加速系数；

π_V——电压减额应力系数；

π_E——环境系数；

π_L——器件成熟系数；

C_1、C_2——电路复杂度系数；

C_3——封装复杂度系数；

λ_b——基本失效率。

在大量电子设备中广泛使用的固定电阻器（包括金属膜电阻器、碳膜电阻器、功率薄膜电阻器、精密绕线电阻器、热敏电阻器等）工作失效率的数学模型为

$$\lambda_p = \lambda_b(\pi_E \cdot \pi_Q \cdot \pi_R) \tag{9-5}$$

式中：λ_b——基本失效率；

π_E——环境系数；

π_Q——质量系数；

π_R ——额定系数。

电容器的工作失效率的数学模型为

$$\lambda_p = \lambda_b(\pi_E \cdot \pi_Q \cdot \pi_{CV} \cdot \pi_{SR} \cdot \pi_C) \tag{9-6}$$

式中： λ_p ——工作失效率；

λ_b ——基本失效率；

π_E ——环境系数；

π_Q ——质量系数；

π_{CV} ——电容量系数；

π_{SR} ——串联电阻系数；

π_C ——电容器种类系数。

上面各系数根据实际使用情况在《电子设备可靠性预计手册》中均可查到。

4. 评分预计法

组成系统的各单元可靠性由于产品的复杂程度、技术水平、工作时间和环境条件等主要影响可靠性的因素不同而有所差异。评分预计法是在可靠性数据非常缺乏的情况下（可以得到个别产品可靠性数据），通过有经验的设计人员或专家对影响可靠性的几种因素进行评分，对评分结果进行综合分析以获得各单元产品之间的可靠性相对比值，再以某一个已知可靠性数据的产品为基准，预计其他产品的可靠性。应用这种方法时，时间因素一般应以系统工作时间为基准，即预计出的各单元 MTBF，是以系统工作时间为其工作时间的。

评分预计法通常考虑的因素有：复杂程度、技术水平、工作时间和环境条件。在工程实际中，可以根据产品的特点增加或减少评分因素。下面以产品故障率为预计参数来说明评分原则。各种因素评分范围为 $1\sim10$，分值越高说明可靠性越差：

复杂程度——它是根据组成单元的元部件数量以及它们组装的难易程度来评定的。最复杂的为 10 分，最简单的为 1 分。

技术水平——根据单元目前技术水平和成熟程度来评定。水平最低的为 10 分，水平最高的为 1 分。

工作时间——根据单元工作时间来评定。单元工作时间最长的为 10 分，最短的为 1 分。

环境条件——根据单元所处的环境来评定。单元工作过程中将经受极其恶劣而严酷的环境条件的为 10 分，环境条件最好的为 1 分。

三、系统可靠性预计

系统可靠性预计是以组成系统的各个单元的预计值为基础的，根据系统可靠性模型，对系统基本可靠性和任务可靠性进行预测。对于使用以前的系统或成品（不做任何改进或修改），以及购买现成的产品不再进行可靠性预计，直接用以往的统计值或可靠性指标。

1. 基本可靠性预计的一般方法（数学模型法）

基本可靠性模型为串联模型，设系统组成单元之间互相独立，则有：

$$R_s(t_s) = R_1(t_1) \cdot R_2(t_2) \cdot \cdots \cdot R_n(t_n) \tag{9-7}$$

严格地讲，系统内各组成单元的工作时间并非一致。例如，一架飞机，其燃油、液压、电源等系统是随飞机同时工作的，而其应急动力、弹射救生等系统则是仅在应急状态下才工作，故其相应的工作时间远远小于飞机工作时间。

而在工程上，若各单元的故障率均以系统工作时间为基准，即 $t_1=t_2=...=t_n=t_s$；或无法得知各单元故障率的时间基准，为简单起见，将系统内各单元工作时间视为相等。

也就是说，对于串联系统模型，其系统故障率等于各单元故障率之和。另外，值得一提的是，若系统中有部分单元的工作时间少于系统工作时间，则这样预计的结果一定是偏保守的。

2. 元件计数法

元件计数法适用于电子设备方案论证阶段和初步设计阶段，元器件的种类和数量大致已确定，但具体的工作应力和环境等因素尚未明确时，对系统基本可靠性进行预计。这种方法的基本原理也是对"通用故障率"的修正。其计算步骤如下：

先计算系统中各种型号和各种类型元器件数目，然后再乘以相应型号或相应类型元器件的通用故障率，最后把各乘积累加起来，即可得到部件、系统的故障率。这种方法的优点是只使用现有的工程信息，不需要详尽地了解每个元器件的应力及环境条件就可以迅速地估算出该系统的故障率。其通用公式为

$$\lambda_s = \sum N_i \left(\lambda_{Gi} \cdot \pi_{Qi} \right) \tag{9-8}$$

式中：λ_s —— 系统总的故障率；

　　　λ_{Gi} —— 第 i 种元器件的通用故障率；

　　　π_{Qi} —— 第 i 种元器件的通用质量系数；

　　　N_i —— 第 i 种元器件的数量。

元器件通用故障率 λ_G 及质量等级 π_Q 可以查 GJB/Z 299C—2006《电子产品可靠性预测手册》获得。

3. 边值法（上下限法）

对于一些复杂系统，采用数学模型很难得到可靠性的函数表达式，此时，不采用直接推导的办法，用近似的数值来逼近系统的可靠度值，这就是边值法的基本思想。该方法曾经应用于阿波罗飞船这样复杂系统，并且它的预计精度已经被实践所证实。

顾名思义，这种方法要求出系统的可靠度上下限值。首先，它假定系统中并联部分的可靠度为 1，从而忽略了它的影响，这样算出的系统可靠度显然是最高的，这就是上限值；然后假设并联单元不起冗余作用，全部作为串联单元处理，这样处理系统的方法最为简单，但所求的可靠度肯定是最低的，即下限值。如果考虑一些并联单元同时失效对可靠度上限的影响，并以此来修正上限值，则上限值会更逼近真值。同理，若考虑某个并联单元失效不引起系统失效的情况，则又会使系统的可靠度下限值提高而逼近真值。考虑因素越多，上下限值越逼近真值。最后通过综合公式而得到系统近似的可靠度。

第二节　元器件应力分析可靠性预计法

国产元器件依据 GJB/Z 299C—2006《电子设备可靠性预计手册》进行可靠性预计，进口元器件依据 MIL—HDBK—217F《电子设备可靠性预计手册》进行可靠性预计。

一、元器件应力分析可靠性预计法的定义和符号

1. 基本失效率 λ_b

基本失效率是指电子元器件在电应力和温度应力作用下的失效率，是电子元器件未计

其质量控制等级、环境应力、应用状态、功能额定值和种类、结构等影响因素，只考虑温度和电应力比（工作电应力/额定电应力）影响时的失效率。

2. 工作失效率 λ_p

工件失效率是指电子元器件在应用环境下的失效率。除个别元器件外，工作失效率包含基本失效率和温度、电应力及元器件质量控制等级、环境应力、应用状态、功能额定值和种类、结构等失效率影响因素。

二、应用元器件应力分析法的程序

具体如下：

① 建立电子设备的可靠性结构模型及确定工作环境；

② 确定电子设备的元器件清单；

③ 确定各元器件的参数额定值和质量等级；

④ 确定各元器件在设备中的工作方式和应力状态；

⑤ 确定预计所依据的标准。一般来说，国产元器件采用 GJB/Z 299C—2006；进口元器件采用 MIL—HDBK—217F；

⑥ 根据所选用元器件的类别、工作环境、工作方式及质量等级，从预计手册中查出基本失效率 λ_b 和各修正系数 π；

⑦ 根据各类元器件的失效率模型，计算出各元器件的工作失效率 λ_p；

⑧ 也可将⑥和⑦合并后用预计软件进行预计；

⑨ 根据电子设备可靠性结构模型和数学模型，预计出设备的总失效率 λ_s 或 MTBF。

三、工作失效率模型

元器件工作失效率模型是元器件失效率与影响失效率因素之间的关系模型。工作失效率模型除反映热、电等基本因素外，还包含其他多种的失效率影响因素，如质量因子、环境因子、设计因子、工艺因子、结构因子以及应用因子等。

在引用电子元器件工作失效率模型时，应考虑到 GJB/Z 299C—2006 和 MIL—HDBK—217F 两个标准之间的差别，对于某些元器件的工作失效率模型的描述两者是不同的。

四、应用元器件应力分析法应考虑的因素

1. 质量系数 π_Q（质量等级）

质量系数 π_Q 是指元器件不同的质量等级对元器件工作失效率影响的调整系数。电子元器件质量等级的选取一般为民用品等级。

2. 环境系数 π_E

环境系数 π_E 是指不同环境类别的环境应力（除温度应力外）对元器件失效率影响的调整系数。产品环境及对应系数见表 9-1。

表 9-1 产品环境及对应系数

产品环境		GJB/Z 299C—2006 代号	MIL—HDBK—217F 代号
一般情况	地面固定	G_{F1}	G_F
特殊情况	平稳地面移动（如车载）	G_{M1}	G_M
	背负（人携带）	M_P	G_M

3. 成熟系数 π_L

π_L 反映了生产批电路的成熟程度。一般认为，符合产品标准，正式、稳定地投产 2 年或 2 年以上的产品为成熟产品。

4. 温度系数 π_T

π_T 是指元器件在不同工作温度下的修正系数。元器件的工作温度通常用结温 T_J、壳温 T_C 和环境温度 T_A 表示。微电路 T_J 的确定详见 MIL—HDBK—217F 中的 5.11 节 "微电路 T_J 的确定" 或 GJB/Z 299C—2006 中表 5.1.1.1-5d "半导体集成电路结温的近似值"。半导体集成电路结温的近似值见表 9-2。

5. 通用工作环境温度

通用工作环境温度是指元器件在某环境类别下工作时其周围环境温度的通用值。在元器件计数可靠性预计时采用此通用值。

6. 通用失效率 λ_G

λ_G 是指元器件在某一环境类别中，在通用工作环境温度和正常工作应力下的失效率。在元器件计数可靠性预计时使用此通用失效率。

7. 芯片复杂度失效率（MIL-HDBK-217F 中表示为 C_1，GJB/Z 299C—2006 中表示为 C_1、C_2）

集成电路复杂度失效率的表示方法：

（a）数字电路以等效门数来表示；

（b）模拟电路以晶体管数来表示；

（c）存储器和微处理器以位数来表示；

（d）门数大于 60000 的 CMOS 电路以芯片面积和图形特征尺寸来表示。

表 9-2　半导体集成电路结温的近似值

电 路 类 型		复 杂 度	结温（T_J）的近似值/℃
金属圆外壳封装的模拟电路			$T_J = T_C + 25$
$P_{CM} \geqslant 10W$ 并带散热装置的金属菱形外壳模拟电路			$T_J = T_C + 30$
其他封装形式的双极及 MOS 数字电路、PAL 和 PLA 电路、模拟电路和存储器	低功耗	门数≤100，晶体管数≤100	$T_J = T_C + 3$
		100<门数≤1000，100<晶体管数数≤400	$T_J = T_C + 6$
		1000<门数≤2000，400<晶体管数数≤700	$T_J = T_C + 9$
		门数>2000，晶体管数>700	$T_J = T_C + 12$
	其他	门数≤100，晶体管数≤100，位数≤1024	$T_J = T_C + 10$
		100<门数≤1000，100<晶体管数数≤400，1024<位数≤16384	$T_J = T_C + 15$
		1000<门数≤2000，400<晶体管数数≤700，16384<位数≤32768	$T_J = T_C + 20$
		门数>2000，晶体管数>700，32768<位数≤65536	$T_J = T_C + 25$
		位数>65536	$T_J = T_C + 30$

8. 封装复杂度失效率（MIL—HDBK—217F 中表示为 C_2，GJB/Z 299C—2006 表示为 C_3）

封装复杂度失效率体现了不同封装形式、不同功能引脚数对环境应力承受能力的差别。

9. 其他工作应力因素

包括工作电压、额定电压、工作功率、额定功率、工作环境温度、额定温度、EEPROM的读/写循环周期、静电损伤阈值电压等。

五、元器件应力分析可靠性预计法

除微电路外，大多数元器件的工作失效率 λ_p 的预计模型都为基本失效率 λ_b 与 π_E、π_Q 等一系列 π 系数相连乘的形式。在元器件种类条文中提供了 λ_b 与温度 T、电应力比 S 的关系模型，并以 T-S 表和曲线图的形式给出了不同应力下的 λ_b 值，以及有关的 π 系数值。预计时，要求预先分析元器件工作环境温度 T 和电应力比（负荷率）S，以便用 T-S 表或曲线图查得 λ_b 值。在此基础上，根据确定的设备工作环境类别和元器件质量等级等，查其相应的 π 系数值，进而计算元器件的 λ_p 以至设备的可靠性预计值。

1. 概述

元器件应力分析可靠性预计法可对半导体单片集成电路、混合电路以及声表面器件提供可靠性预计。

各类微电路复杂程度的表征：半导体单片数字电路、PLA、PAL、PLD 和 FPGA，以门数表示它们的复杂程度；微处理器（CPU）、DSP、微控制器以晶体管数表示它们的复杂程度；单片模拟电路以晶体管数表示它们的复杂程度；存储器以位数表示它们的复杂程度；砷化镓微波单片集成电路以晶体管数表示它们的复杂度。

在这里，门是指与、或、与非、与或、或非、异或和反相等逻辑功能中的任何一种。如果没有逻辑图，则采用下式并通过电路的晶体管数来确定其门数。

① 双极型电路：门数=晶体管数/3；

② CMOS 电路：门数=晶体管数/3.75；

③ 其他 MOS 电路：门数=晶体管数/3；

④ J-K 或 R-S 触发器等效于 8 个门，T 或 D 型触发器等效于 6 个门。

2. 半导体单片集成电路可靠性预计

半导体单片集成电路工作失效率预计模型见表 9-3。

表 9-3　半导体单片集成电路的工作失效率模型

类　别		工作失效率预计模型
单片数字电路		$\lambda_p=\pi_Q[C_1\pi_T\pi_V+(C_2+C_3)\pi_E]\pi_L$
单片模拟电路		$\lambda_p=\pi_Q[C_1\pi_T\pi_V+(C_2+C_3)\pi_E]\pi_L$
微处理器		$\lambda_p=\pi_Q[C_1\pi_T\pi_V+(C_2+C_3)\pi_E]\pi_L$
存储器	SRAM、DRAM、ROM、FIFO 及 CCD	$\lambda_p=\pi_Q[C_1\pi_T\pi_V+(C_2+C_3)\pi_E]\pi_L$
	PROM	$\lambda_p=\pi_Q[C_1\pi_T\pi_V\pi_{PT}+(C_2+C_3)\pi_E]\pi_L$
	UVEPROM、EEPROM、FLASH	$\lambda_p=\pi_Q[C_1\pi_T\pi_V\pi_{CYC}+(C_2+C_3)\pi_E]\pi_L$
砷化镓微波单片集成电路（GaAs MMIC）		$\lambda_p=\pi_Q[C_1\pi_T\pi_V\pi_P+C_3\pi_E]\pi_L$

表 9-3 中，π_T 表示温度应力系数，其值取决于电路的工艺和电路的结温 T_j。T_j 可用下式计算：

$$T_j=T_C+R_{th(j\text{-}c)}P \qquad (9\text{-}9)$$

式中：T_C——管壳温度，℃；

　　　$R_{th(j\text{-}c)}$——结到管壳的热阻，℃/W；

P——系统处于最恶劣状态时，电路所承受的功率，W。

六、半导体分立器件工作失效率预计模型的使用说明

1. 器件的额定值

晶体管的额定值一般为最大耗散功率值，二极管为最大允许电流值。通常每种器件规定两个额定温度点，即 T_M 和 T_S。

当工作环境温度或管壳温度高于 T_S 值时，负荷应参照图 9-1 的降额曲线降额，以便内部升温不超过最高允许结温 T_M。对硅器件而言，最高允许结温通常为 175～200℃（微波管为 150℃）；对于锗器件，通常为 100℃（微波管为 70℃）。

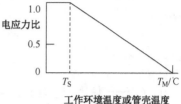

图 9-1 典型的降额曲线

2. 电应力调整系数（C）和温度（T）的校正

以上基本失效率见 GJB/Z 299C—2006《电子设备可靠性预计手册》表 5.3.2-1～表 5.3.11-1，是根据典型的额定温度 T_M、T_S 值而制定的。如果所要预计的硅器件的 T_M 较低或 T_S 较高，在应用 λ_b 表之前，器件的电应力比、环境温度（T）或管壳温度（T_C）则必须加以调整。

硅器件的电应力调整系数（C）和温度（T）的校正：

① 对于 $T_S=25℃$ 及 $T_M=175～200℃$ 的器件，则

$$C=1 \tag{9-10}$$

② 对于 $T_S>25℃$ 及 $T_M=175～200℃$ 的器件，则

$$C = \frac{175 - T_S}{150} \tag{9-11}$$

③ 对于 $T_S=25℃$ 及 $T_M<175℃$ 的器件，则

$$C = \frac{T_M - 25}{150} \tag{9-12}$$

④ 对于 $T_S>25℃$ 及 $T_M<175℃$ 的器件，则

$$C = \frac{T_M - T_S}{150} \tag{9-13}$$

3. 电应力比的计算

（1）晶体管的电应力比

① 对于一个管壳中仅有一个晶体管的器件，有

硅管：
$$S = \frac{P_{OP}}{P_M} C \tag{9-14}$$

锗管：
$$S = \frac{P_{OP}}{P_M} \tag{9-15}$$

式中：P_{OP}——使用功耗，W；

P_M——T_S 时的额定功耗，W。

② 一个管壳中装有两个晶体管的器件，有

管壳中单管 S 的计算公式为：

$$S = \left[\frac{P_1}{P_S} + P_2 \left(\frac{2P_S - P_T}{P_T P_S} \right) \right] C \tag{9-16}$$

式中：S——所要计算的单管的电应力比；

$\quad\quad P_1$——所要计算的单管的使用功耗，W；

$\quad\quad P_2$——另一单管的使用功耗，W；

$\quad\quad P_S$——两管中一个不工作，所要计算的单管在 T_S 时的额定功耗值（单管额定值），W；

$\quad\quad P_T$——两管都工作，在 T_S 时的额定功耗值（两管额定值），W。

（2）普通二极管和闸流晶体管的电应力比

硅管：
$$S = \frac{I_{OP}}{I_M} C \quad\quad\quad (9\text{-}17)$$

锗管：
$$S = \frac{I_{OP}}{I_M} \quad\quad\quad (9\text{-}18)$$

式中：I_{OP}——使用的平均正向电流，A；

$\quad\quad I_M$——在 T_S 时的额定平均正向电流，A。

（3）齐纳二极管的电应力比

齐纳二极管的额定值为最大电流或功率，即
$$S = \frac{P_{OP}}{P_M} C$$

或
$$S = \frac{I_{Z(OP)}}{I_{Z(M)}} C \qu\quad\quad (9\text{-}19)$$

式中：P_{OP}——实际使用功耗，W；

$\quad\quad P_M$——T_S 时的额定功耗，W；

$\quad\quad I_{Z(OP)}$——实际使用电流，A；

$\quad\quad I_{ZM}$——T_S 时的额定电流，A。

（4）微波混频二极管的电应力比

$$S = \text{工作尖峰漏泄能量}/25℃\text{时额定烧管能量}$$

（5）微波检波二极管的电应力比

$$S = P_{OP}/P_M \quad\quad\quad (9\text{-}20)$$

（6）变容、阶跃、隧道和体效应二极管的电应力比

$$S = \frac{P_{OP}}{P_M} C \quad\quad\quad (9\text{-}21)$$

[例 9.1] 某双硅 NPN 晶体管的额定值：P_S=0.5W，P_T=0.6W；工作条件：第一只管 P_1=0.1W，第二只管 P_2=0.4W。求其电应力比。

第一只管：
$$S = \left[\frac{P_1}{P_S} + P_2 \left(\frac{2P_S - P_T}{P_T P_S} \right) \right]$$
$$= \frac{0.1}{0.5} + 0.4 \left(\frac{2 \times 0.5 - 0.6}{0.6 \times 0.5} \right)$$
$$= 0.2 + 0.4 \times 1.333$$
$$= 0.733$$

第二只管：

$$S = \left[\frac{P_1}{P_S} + P_2 \left(\frac{2P_S - P_T}{P_T P_S} \right) \right]$$

$$= \frac{0.4}{0.5} + 0.1 \left(\frac{2 \times 0.5 - 0.6}{0.6 \times 0.5} \right)$$

$$= 0.8 + 0.1 \times 1.333$$

$$= 0.933$$

[例 9.2] 已知符合 GJB 33A JP 级的硅 NPN 单管，在恶劣地面固定设备的线性电路中使用。使用功耗是额定功耗（0.7W）的 0.4，工作环境温度为 40℃，T_s=25℃，T_M=175℃，外加电压 V_{CE} 是额定电压 V_{CEO} 的 60%。计算其工作失效率。

下面所提到的表为标准 GJBZ 299C-2006《电子设备可靠性预计手册》中对应表。

第一步 T_s=25℃，T_M=175℃。根据式（9-10），调整系数 C=1，且 $\frac{P_{OP}}{P_M}$ = 0.4，则应力比：

$$\frac{P_{OP}}{P_M} C = 0.4 \times 1 = 0.4$$

第二步 T=40℃，S=0.4，查表 5.3.2-1 得

$$\lambda_b = 0.075 \times 10^{-6} / h$$

第三步 恶劣地面固定，查表 5.3.2-5 得

$$\pi_E = 5$$

第四步 线性工作，查表 5.3.2-7 得

$$\pi_A = 1$$

第五步 GJB 33A JP 级产品，查表 5.3.2-6 得

$$\pi_Q = 0.1$$

第六步 P_M=0.7W，查表 5.3.2-8 得

$$\pi_r = 1$$

第七步 S_2=60%，查表 5.3.2-9 得

$$\pi_{S_2} = 0.88$$

第八步 单管，查表 5.3.2-10 得

$$\pi_C = 1$$

第九步 计算工作失效率：

$$\lambda_P = \lambda_b \pi_E \pi_Q \pi_A \pi_{S_2} \pi_r \pi_C$$

$$= 0.075 \times 5 \times 0.1 \times 1 \times 1 \times 0.88 \times 1$$

$$= 0.33 \times 10^{-6} / h$$

第三节　电子电气产品可靠性寿命预计

电子产品寿命分布大多是正态分布，而空气调节器等电器产品寿命分布大多是威布尔分布，本节借助 GB12282.1—1990《寿命试验用表 最好线性无偏估计用表（极值分布，威布尔

分布)》、GB12282.2—1990《寿命试验用表 简单线性无偏估计用表(极值分布,威布尔分布)》、GB 12282.3—1990《寿命试验用表 最好线性无偏估计用表（正态分布，对数正态分布）》、GB 12282.4—1990《寿命试验用表 简单线性无偏估计用表（正态分布，对数正态分布）》四个标准给出了威布尔分布电器产品和正态分布电子产品的可靠性寿命预计方法。

一、威布尔分布电器产品的可靠性寿命预计方法

1. 最好线性无偏估计法

（1）所用符号

本书采用 GB/T 3187-1994《可靠性、维修性术语》规定的名词。$\hat{\mu}$——极值分布的位置参数 μ 的最好线性无偏估计；$\hat{\sigma}$——极值分布的尺度参数 σ 的最好线性无偏估计；$\hat{m}$——威布尔分布的形状参数 m 的估计；$\hat{\eta}$——威布尔分布的特征寿命 η 的估计。其他符号参照 GB2689.4—1981《寿命试验和加速寿命试验的最好线性无偏估计法（用于威布尔分布）》。

（2）威布尔分布和极值分布

二参数威布尔分布的分布函数为

$$F(t) = \begin{cases} 1 - e^{-\left(\frac{t}{\eta}\right)^m} & t \geqslant 0 \\ 0 & t < 0 \end{cases} \tag{9-22}$$

式中：$m>0$，为形状参数；$\eta>0$，为特征寿命。

令 $x=\ln t$，其中 t 为产品寿命，x 为寿命对数，服从极值分布，其分布函数为

$$F_x(x) = 1 - \exp\left[-\left(\frac{x-\mu}{\sigma}\right)\right] \tag{9-23}$$

式中：$\mu = \ln\eta$，$\sigma = \dfrac{1}{m}$，分别称为极值分布的位置参数和尺度参数。当 $\mu = 0$，$\sigma = 1$ 时，称为标准极值分布。

（3）最好线性无偏估计

当产品寿命服从威布尔分布时，从这批产品中随机抽取 n 件，进行定数截尾寿命试验，到有 r 个失效时实验停止。r 个失效产品的失效时间为

$$t_1 < t_2 \leqslant \cdots \leqslant t_r，（r \leqslant n）$$

μ，σ 的最好线性无偏估计为

$$\hat{\sigma} = \sum_{j=1}^{r} C(n,r,j)\ln t_j \tag{9-24}$$

$$\hat{\mu} = \sum_{j=1}^{r} D(n,r,j)\ln t_j \tag{9-25}$$

如果采用以 10 为底的常用对数 $\lg t_j$ 进行计算，则

$$\hat{\sigma} = 2.3026\sum_{j=1}^{r} C(n,r,j)\lg t_j \tag{9-26}$$

$$\hat{\mu} = 2.3026\sum_{j=1}^{r} D(n,r,j)\lg t_j \tag{9-27}$$

式中：$C(n,r,j)$、$D(n,r,j)$分别称为极值分布中参数σ和μ的最好线性无偏估计系数。

由σ和μ的威布尔估计值$\hat{\sigma}$、$\hat{\mu}$可以求得威布尔分布参数m,η的估计值：

$$\hat{m} = g_{r,n} / \hat{\sigma} \tag{9-28}$$

$$\hat{\eta} = e^{\hat{\mu}} \tag{9-29}$$

式中：$g_{r,n}$称为m的修正系数。

（4）数表

最好线性无偏估计系数表见 GB12282.1—1990 的表 1，最好线性无偏估计有关数值表见 GB12282.1—1990 的表 2。

表中，$E(Z_{r,n})$为标准极值分布次序统计量$Z_{r,n}$的均值；$Z_{r,n}^{-1}$为$\hat{\sigma}/\sigma$的方差的倒数；$A_{r,n}^{-1}$为$\hat{\mu}/\sigma$的方差的倒数。

[例 9.3] 某种电子产品的寿命服从威尔布分布。现从一批产品中随机抽取 12 个样品，在一定应力下进行寿命试验，到有 8 个样品失效时试验停止。每个失效样品的失效时间列于表 9-4 第二列，现根据此 8 个失效时间，用威布尔分布求m和η的估计值。

表 9-4　样品数量 n=12、截尾数 r=8 时参数表

序号 j	失效时间 t_j	$\lg t_j$	$C(n,r,j)$	$C(n,r,j)\lg t_j$	$D(n,r,j)$	$D(n,r,j)\lg t_j$
1	2.5	0.3979	−0.1216	−0.0484	−0.0293	−0.0117
2	7.5	0.8751	−0.1251	−0.1095	−0.0190	−0.0166
3	17.5	1.2430	−0.1200	−0.1492	−0.0049	−0.0061
4	44	1.6435	−0.1085	−0.1783	0.0125	0.0205
5	63	1.7993	−0.0907	−0.1632	0.0332	0.0597
6	83	1.9191	−0.0661	−0.1269	0.0579	0.1111
7	425	2.6284	−0.0333	−0.0875	0.0875	0.2300
8	1250	3.0969	0.6653	2.0604	0.8622	2.6701
Σ				M_1=1.1974		M_2=3.0570

步骤 1　在 n=12、r=8 的参数表中，对应 j=1，2，…，8 分别查出 $C(12,8,j)$ 及 $D(12,8,j)$。

步骤 2　先计算极值分布的参数σ和μ的估计值$\hat{\sigma}$和$\hat{\mu}$。根据式（9-26）有

$$\hat{\sigma} = 2.3026 \sum_{j=1}^{8} C(12,8,j) \lg t_j = 2.3026 \times M_1$$

式中：M_1=1.1974，即表 9-4 中的数值。故

$$\hat{\sigma} = 2.3026 \times 1.1974 = 2.7513$$

根据式（9-27），有

$$\hat{\mu} = 2.3026 \sum_{j=1}^{8} D(12,8,j) \lg t_j = 2.3026 \times M_2$$

式中：M_2=3.0570，即表 9-27 中所列数值。故

$$\hat{\mu} = 2.3026 \times 3.0570 = 7.0390$$

步骤 3　由式（9-28）和式（9-29）可以得到威布尔分布参数 m 和 η 的估计值$\hat{m}$和$\hat{\eta}$，即

$$\hat{m} = g_{r,n} / \hat{\sigma} = \frac{0.8851}{2.7513} = 0.3210$$

修正系数 $g_{r,n}$ 由 GB12282.1—1990 的表 1 查得。

$$\hat{n} = e^{\mu} = e^{7.0390} = 1141.39$$

计算中常用的表格见 GB12282.1—1990。

2. 简单线性无偏估计法

定数截尾寿命试验时，极值分布（或威布尔分布，$26 \leqslant n \leqslant 200$）参数的简单线性无偏估计方法。当产品寿命服从威布尔分布时，从这批产品中随机抽取 n 件，进行定数截尾寿命试验，到有 r 个失效时试验停止。r 个失效产品的失效时间为

$$t_1 < t_2 \leqslant \cdots \leqslant t_r, \quad (r \leqslant n)$$

当样品数 $n > 25$ 时，用威布尔分布求极值分布中参数 μ，σ 的估计值，公式如下

$$\hat{\sigma} = \begin{cases} \dfrac{rX_r - M_1}{0.4343 n_{kr,n}} & \dfrac{r}{n} < 0.9 \\[4mm] \dfrac{(2S - r - 1)X_S - \sum\limits_{i=1}^{s} X_i + \sum\limits_{i=s+1}^{r} X_i}{0.4343 n_{kr,n}} & \dfrac{r}{n} \geqslant 0.9 \end{cases} \quad (9\text{-}30)$$

$$\hat{\mu} = \begin{cases} 2.3026 X_r - E(Z_{r,n})\hat{\sigma} & \dfrac{r}{n} < 0.9 \\[4mm] 2.3026 X_s - E(Z_{s,n})\hat{\sigma} & \dfrac{r}{n} \geqslant 0.9 \end{cases} \quad (9\text{-}31)$$

式中：$X_i = \lg t_i$，$M_1 = \sum\limits_{j=1}^{r} X_j$，$nk_{r,n}$，$E(Z_{r,n})$ 和 S 见 GB12282.2-1990 中的表 2。

由 $\hat{\sigma}$ 和 $\hat{\mu}$ 可得威布尔分布中形状参数 m 和特征寿命 η 的估计值：

$$\hat{m} = g_{r,n} / \hat{\sigma} \quad (9\text{-}32)$$

$$\hat{\eta} = e^{\hat{\mu}} \quad (9\text{-}33)$$

式中：$g_{r,n}$ 为修正系数。

二、正态分布电子产品的可靠性寿命预计方法

1. 最好线性无偏估计法

定数截尾寿命试验时，采用对数正态分布（或正态分布）参数的最好线性无偏估计法进行预计分析。

（1）对数正态分布和正态分布

对数正态分布函数为

$$F(t) = \int_0^t \frac{1}{\sqrt{2\pi}\sigma t} \exp\left[-\frac{(\ln t - \mu)^2}{2\sigma^2} \right] dt \quad (9\text{-}34)$$

式中：μ 为对数均值；σ^2 为对数方差。

令 $x = \ln t$，其中 t 为产品寿命，x 为寿命对数，服从正态分布，其分布函数为

$$F_x(x) = \frac{1}{\sqrt{2\pi}\sigma} \int_{-\infty}^{x} \exp\left[-\frac{(x_1 - \mu)^2}{2\sigma^2} \right] dx \quad (9\text{-}35)$$

参数 μ、σ^2 分别为正态分布的均值和方差，$\mu = 0$、$\sigma^2 = 1$ 时成为标准正态分布。

（2）最好线性无偏估计

当产品寿命服从对数正态分布时，从这批产品中随机抽取 n 件，进行定数截尾寿命试验，到有 r 个失效时，试验停止。r 个失效产品的失效时间为

$$t_1 \leqslant t_2 \leqslant \cdots \leqslant t_r \quad (r \leqslant n)$$

μ、σ 的最好线性无偏估计式为

$$\hat{\sigma} = \sum_{j=1}^{r} C'(n,r,j)\ln t_j \tag{9-36}$$

$$\hat{\mu} = \sum_{j=1}^{r} D'(n,r,j)\ln t_j \tag{9-37}$$

如果用以 10 为底的常用对数进行计算，则

$$\hat{\sigma} = 2.3026\sum_{j=1}^{r} C'(n,r,j)\lg t_j \tag{9-38}$$

$$\hat{\mu} = 2.3026\sum_{j=1}^{r} D'(n,r,j)\lg t_j \tag{9-39}$$

式中：$C'(n,r,j)$，$D'(n,r,j)$ 分别称为正态分布中参数 σ 和 μ 的最好线性无偏估计系数。

（3）数表

最好线性无偏估计系数表（见 GB12282.3—1990 中表 1），最好线性无偏估计有关数值表（见 GB12282.3—1990 中表 2）。表中，$E(Z_{r,n})$ 为标准正态分布次序统计量 $Z_{r,n}$ 的均值，$L'_{r,n}$ 为 $\hat{\sigma}/\sigma$ 的方差，$A'_{r,n}$ 为 $\hat{\mu}/\sigma$ 的方差。

[例 9.4] 设某种类型的电机寿命服从对数正态分布，抽取 10 台，做定数截尾寿命试验，直到有 6 个电机失效时为止，试验结果见表 9-5 第二列。求 μ、σ 的最好线性无偏估计值。

表 9-5 样品试验结果表

失效样品序号 j	失效时间 t_j	$\ln t_j$	$C'(n,r,j)$	$D'(n,r,j)$	$C'(n,r,j)\ln t_j$	$D'(n,r,j)\ln t_j$
1	3610	8.1915	−0.3930	−0.0316	−3.2193	−0.2589
2	4428	8.3957	−0.2063	−0.0383	−1.7320	0.3216
3	4690	8.4532	−0.1192	0.0707	−1.0076	0.5976
4	5648	8.6391	−0.0501	0.0962	−0.4328	0.8311
5	5815	8.6682	0.0111	0.1185	0.0962	1.0272
6	6367	8.7589	0.7576	0.7078	6.6357	6.1995
Σ					0.3402	8.7181

从最好线性无偏估计系数表 $n=10$、$r=6$，查得系数 $C'(n,r,j)$ 和 $D'(n,r,j)$ 并填入表 9-6 的第 4、5 列。表 9-6 的全表见 GB12282.3-1990。由式（9-38）和式（9-39）可求得

$$\hat{\sigma} = 0.3402$$
$$\hat{\mu} = 8.7181$$

表9-6　最好线性无偏估计系数表

n	r	j	$C'(n,r,j)$	$D'(n,r,j)$	n	r	j	$C'(n,r,j)$	$D'(n,r,j)$
2	2	1	−0.8862	0.5000	5	2	1	−1.4971	−0.7411
2	2	2	0.8862	0.5000	5	2	2	1.4971	1.7411
3	2	1	−1.1816	0.0000	5	3	1	−0.7696	−0.0638
3	2	2	1.1816	1.0000	5	3	2	−0.2121	0.1498
3	3	1	−0.5908	0.3333	5	3	3	0.9817	0.9140
3	3	2	0.0000	0.3333	5	4	1	−0.5117	0.1252
3	3	3	0.5908	0.3333	5	4	2	−0.1668	0.1830
4	2	1	−1.3654	−0.4056	5	4	3	0.0274	0.2147
4	2	2	1.3654	1.4056	5	4	4	0.6511	0.4771
4	3	1	−0.6971	0.1161	5	5	1	−0.3724	0.2000
4	3	2	−0.1268	0.2408	5	5	2	−0.1352	0.2000
4	3	3	0.8239	0.6431	5	5	3	0.0000	0.2000
4	4	1	−0.4539	0.2500	5	5	4	0.1352	0.2000
4	4	2	−0.1102	0.2500	5	5	5	0.3724	0.2000
4	4	3	0.1102	0.2500	6	2	1	−1.5988	−1.0261
4	4	4	0.4539	0.2500	6	2	2	1.5988	2.0261

其他参数见 GB12282.3—1990 中表 1 及续表 1。

2．简单线性无偏估计法

定数截尾寿命试验时，对数正态分布（或正态分布）参数的简单线性无偏估计方法。

当产品寿命服从对数正态分布时，从这批产品中随机抽取 n 件，进行定数截尾寿命试验，到有 r 个失效时，试验停止。r 个失效产品的失效时间为

$$t_1 \leqslant t_2 \leqslant \cdots \leqslant t_r \qquad (r \leqslant n)$$

当样品数量 $n > 20$ 时，用 GLUE 求 μ、σ 的估计公式是

$$\hat{\sigma} = \frac{r \ln t_r - \displaystyle\sum_{j=1}^{r} \ln t_j}{n k_{r,n}} \tag{9-40}$$

$$\hat{\mu} = \ln t_r - E(Z_{r,n})\hat{\sigma} \tag{9-41}$$

式中：$k_{r,n}$ 为无偏性系数；$E(Z_{r,n})$ 为标准正态分布第 r 个次序统计量 $Z_{r,n}$ 的均值。

实践练习九

9-1　已知按 GB/T 15298—1994《电子电位器总规范》生产的非密封有机实芯电位器 WS-2-0.5W-100kΩ-X±20%，引出端数 $N=3$，用于一般地面固定环境设备内。工作环境温度为 35℃，工作功耗为 0.1W，求其工作失效率。

9-2　已知某一按 GB/T 7213—2003《非固体或固体电解质电容器》生产的固体钽电解电容器，其额定工作电压为 40V（直流），额定电容量为 15μF，用于机载雷达中，工作电压为 16V（直流），工作环境温度为 70℃。电容器和电源之间的回路电阻是 80Ω。计算其

工作失效率。（提示：根据电容器的额定电压和工作电压计算其负荷率，$S = \dfrac{16}{40} = 0.4$）。

9-3　已知按 GJB 597A—1996 的筛选要求进行筛选的 B2 质量等级的 MOS 型 16 位微处理器，含晶体管数约 50 万个，有 40 个引脚的陶瓷扁平封装，用于平稳地面移动，是成熟产品。其实际工作电压 V_s=5V，功耗 P=1.5W，通过标准 GJBZ 299C—2006《电子设备可靠性预计手册》，计算其工作失效率。该类电路的失效率预计模型为：

$$\lambda_p = \pi_Q \left[C_1 \pi_T \pi_V + \left(C_2 + C_3 \right) \pi_E \right] \pi_L$$

9-4　已知符合 GJB 597A—1996 的 4K 静态随机存储器 LC1301，用于宇宙飞行，是列入了质量认证合格产品目录的 B1 级产品。该电路具有 24 个引脚，密封双列直插式封装，为成熟产品。其实际工作电压为 6V，通过标准 GJBZ 299C—2006《电子设备可靠性预计手册》，计算其工作失效率。该类电路的失效率预计模型为：

$$\lambda_p = \pi_Q \left[C_1 \pi_T \pi_V + \left(C_2 + C_3 \right) \pi_E \right] \pi_L$$

第十章　电子元器件使用可靠性

● 集成电路的使用可靠性。
● 晶体管和特种半导体器件的使用可靠性。
● 电阻器、电容器、继电器的使用可靠性。

国内外电子设备所用元器件的使用可靠性问题比较突出，从失效分析数据可以看出，80%左右损坏的元器件是由于使用不当造成的。有关统计资料显示，由于元器件使用不当，造成设备或系统故障占总故障数的一半以上。因此，为了提高电子设备的整机可靠性水平，必须下大力抓元器件的使用可靠性。

电子元器件是构成电子设备和系统的基本单元，它们的种类繁多，以下针对集成电路、晶体管和电子元件三大类器件的有关使用问题进行介绍。

第一节　集成电路的使用可靠性

一、电过应力损伤

电过应力（简称 EOS）和静电放电（简称 ESD）损伤是过应力损伤的主流。集成电路和晶体管大部分属于微功耗、微型结构器件，它本身承受"过应力"的能力很差；也就是说本身也很脆弱，很容易受到过应力，特别是 ESD 或 EOS 的损伤。

电过应力的来源很多，最常见的有以下几种。

1. 电浪涌损伤

电浪涌即电瞬变，它是一种随机的、短时间的电压或电流冲击。它是电子设备在装调维护过程中经常遇到的问题，系统越大就越复杂，就越容易出现这种问题。电浪涌虽然平均功率很小，但瞬时功率很大，并且电浪涌的出现是随机的，不容易被操作者发现。所以给半导体器件带来的危害特别大，轻则引起电路出现逻辑错误，重则使器件的 PN 结受到损伤或引起功能失效。

常见的电浪涌来源有以下几种。

(1) 交流 220V 电压突跳

我国的市电电压不够稳定，电压常出现瞬间升高的异常现象。这种现象常常是由于附近线路上连接有大型耗电设备或大电流接触器等。在这种大功率负载的接通或断开瞬间，交流电源的电压就会发生突跳。另一种特殊情况是，交流电系统的某处突然出现意外的短路现象，也会引起很大的电压突跳。并且这种交流电压瞬间跳动的电压浪涌，交流和直流稳压器都不能将其滤除，它会直接进入直流电源系统。

这种电源内的电浪涌，轻则引起电子线路发生故障或误动作（尤其是对数字电路比较敏感），重则导致集成电路或半导体器件的烧毁。

交流电源系统的电浪涌是随机的，因此应采取有效的防范措施，常用的措施是在直流电源的交流输入端串接"交流滤波器"。

（2）核爆炸瞬间在空间产生的核电磁脉冲是一次很强的电浪涌

当电子设备之间的连线或电缆屏蔽不良时，在导线或电缆线内会感应出很强的电浪涌。

（3）某些电子检测仪器在某种特殊情况下会从检测端输出电浪涌

例如，某些示波器的同步端、数字电压表的 V(−)端或参数测试仪的插座端子等都可能出现电浪涌。但这种电浪涌仅在很特殊的情况下出现，只有通过对失效器件的仔细分析，才可能找出电浪涌出现时的特殊条件。

（4）电感负载的反电动势

如果集成电路的负载是电感性的，例如，继电器线包、偏转线圈、电机和长电缆等。在电流关断瞬间，由于电感线圈内出现的反电动势就会突然加在负载晶体管上，这种电压浪涌的冲击，对晶体管 BC 结造成的电损伤，会引起 EC 间漏电增大，并且这种损伤是累积性的，当损伤达到一定程度后就会导致二次击穿烧毁。

反电动势的大小与线圈电感量、dI/dt、直流电压和电流大小有关。它引起电压的瞬间跳动值是电源电压的 2～5 倍。这种瞬变电压的大小应采用"记忆示波器"进行检测，测得的数值是电路设计尤其是可靠性设计中的重要根据。

防范措施有：

✧ 电感线圈两端并联箝位二极管；

✧ 在长电缆两端对地分别连接箝位二极管。

反电动势引起的电压浪涌，由于速度极快，瞬变时间很短，所以箝位二极管的开关速度必须很快，并且要求能够承受很大的瞬时电流，因此最好选择专用器件（如电压瞬变抑制二极管）或能满足要求的开关二极管。

（5）大电容负载和白炽灯泡负载产生的电流浪涌

电容器充电时产生的电流浪涌，电容值越大，充电电压越高，浪涌电流就会越大。当瞬变电流值超过集成电路与电容器相连的晶体管的安全值时就会带来电损伤。

白炽灯泡在开启瞬间，由于冷电阻值很小，因而有很大的突发电流，此电流为稳定后电流的 8～15 倍。

对上述电流浪涌，应根据使用电路的实际情况采取分流或限流措施，确保集成电路的安全应用。

2. 操作失误造成的损伤

① 双列直插式封装的集成电路，当测试时不慎反插，往往就会造成电源和地两端插反，其结果是集成电路电源与地之间存在的 PN 结隔离，二极管就会处于正偏（正常情况是反偏），出现近 100mA 的正向电流，这种电过应力损伤随着通电时间的增加而更加严重。这种损伤如果不太严重，虽然电路功能正常，只表现出静态功耗增大，但这种受过损伤的电路，可靠性已严重下降，如果上机使用，就会给机器安全带来隐患。

② T0-5 型金属管壳封装的集成电路，电测试时容易出现引脚插错或引脚间相碰短路。这种意外情况有时也会导致电路内部某些元器件的电损伤。

③ 电路调试时，不慎出现"试笔头"桥接短路引脚，这种短接有时会造成电损伤。

④ 在电子设备中设置的"检测点"，如果位置设置不当又无保护电路时，维修时就可能将不正常的电压引入该端而损伤器件。

3. 多余金属物引起短路

引脚浸锡时在引脚根部残留的焊锡碴或者是印制板上留下的多余锡碴、导线头、细金属丝、金属屑等可动多余物，容易引起集成电路输出对电源或对地短路，这种短路引起的过大电流会损伤集成电路。

4. 电烙铁或仪器设备漏电引起的电损伤

集成电路或晶体管的引脚与漏电的电烙铁、仪器或设备机壳相碰，或者在仪器设备上更换元器件以及修补焊点等，都会带来损伤。最容易被损伤的集成电路有：带有 MOS 电容的集成电路、MOS 电路、微波集成电路、STTL 和 LSTTL 电路、单稳电路和振荡器、A/D 和 D/A 电路、高精度运算放大器、LSI 和 VLSI 电路。其中，单稳电路和振荡器在调试时发生的这种电损伤很不容易发现，因为损伤的表现形式往往是单稳电路的脉冲宽度发生漂移、振荡器的振荡频率发生漂移，调试人员往往把这种现象错误地认为是没有将电路调试好。当更改定时元件 RC 后，参数可以恢复正常，但这种"恢复正常"的电路，工作一段时间后又会出现上述的参数漂移现象。

5. CMOS 电路发生可控硅效应（闩锁效应）

CMOS 电路的静态功耗极小，但可控硅效应被触发后功耗会变得很大（50~200mA），并导致电路发生烧毁失效。CMOS 电路的硅芯片内部，在 V_{DD} 与 V_{SS} 之间有大量寄生可控硅存在，并且所有输出端和输入端都是它的触发端，在正常条件下工作，由于输入和输出电压满足下列要求：

$$V_{DD} > V_{out} > V_{SS} \qquad V_{DD} > V_{in} > V_{SS}$$

所以在正常工作条件下 CMOS 电路不会发生可控硅效应。但在某些特殊情况下，上述条件就会不满足，凡是出现以下情况之一，可控硅效应（闩锁）就可能发生，发生闩锁的 CMOS 电路如果无限流保护就会被烧毁：

① 两台电子设备连接时，处于接口部位的 CMOS 电路容易发生闩锁。因为两台设备不是使用同一直流电源，由于电源电压的差别会引起接收端的 CMOS 电路发生闩锁。即使用同一直流电源，两台设备的电源由于开关时间的不同步也会引起接收端 CMOS 电路发生闩锁。

② CMOS 电路进行高温电老化时，信号源和老化板之间的连接与上述情况完全相同，也同样会发生闩锁。

上述两种情况的改进措施如下：

① 当 CMOS 电路的输出端有大电容负载时，容易引起闩锁。由于关断电源或者电源电压下跌都有可能使得大电容器上的电压大于 V_{DD}，即 $V_{out} > V_{DD}$，并且大电容器的充放电电流较大，也可能触发闩锁。预防闩锁的措施是：在大电容器上串进数 kΩ 限流保护电阻。

② CMOS 电路的输入端连接长线或长电缆时容易发生闩锁。因为电缆和长线的电感和分布电容容易引起 LC 振荡，振荡时会出现瞬间 $V_{in} < V_{SS}$ 的情况。改进措施是：在输入端串接限流电阻，将电流限制在 1mA 以下。

③ CMOS 电路使用高阻电源时容易发生闩锁。虽然 CMOS 电路的功耗很小，但仍然要求电源的动态电阻小，否则电路在开关瞬间，瞬态电流在电源内阻上产生的压降，会使电源中出现负毛刺，也就是说会发生 $V_{out} > V_{DD}$ 或 $V_{in} < V_{SS}$ 的意外情况。改进措施是：在 V_{DD} 与地之间并联两只电容器，1 只为 10~50μF 电解电容器，另 1 只是 0.01μF 的高频率电

容器。

④ CMOS 电路的地线电阻较大时容易发生闩锁。此时相当于在 CMOS 电路的 V_{SS} 端与地之间串入一个电阻。功耗电流流经该电阻时产生的压降将使 CMOS 电路 V_{SS} 端的电压抬高，当输入端是低电平时，就可能出现 $V_{in}<V_{SS}$ 的意外情况。改进措施：在布线设计时，想法尽量减小地线电阻。

⑤ 抗闩锁性能差的 CMOS 电路容易发生闩锁，不同厂家、不同工艺、不同品种的 CMOS 电路，抗闩锁性能有较大差异。在选择与采购电路时，首先应选择抗闩锁性能较好的 CMOS 电路。

6. CMOS 电路振荡引起功率过负荷

① 当 CMOS 电路的任何一个输入端发生浮空时，CMOS 电路都会发生自激振荡。

② CMOS 电路输入缓慢变化的脉冲时容易引起振荡。输入缓慢变化的脉冲使输入端处于 $V_{DD}/2$ 的时间增长，导致输出端出现不稳定的时间增长，容易诱发 CMOS 电路发生振荡。振荡后电路功耗增大，发生电过应力损伤。

防止振荡的方法有：

① 在任何意外的情况下都不允许 CMOS 电路的任何一个输入端出现浮空状态。

② 输入脉冲的上升和下降时间应有要求，普通 CMOS 电路上升时间应小于 10μs。而计数器和移位寄存器电路，5V 时应小于 5μs，10V 时应小于 1μs，15V 时应小于 200μs。

③ 利用施密特触发器进行整形。

7. 静电放电（ESD）损伤

静电放电损伤是电过应力损伤的特殊形式，它的特点是电压高、电荷量小，并且这种损伤是偶然发生的，损伤引起的破坏性带有积累性，当损伤较轻时器件并不会失效，但随着损伤次数的增加，器件就会突然发生失效。

在电子工业中存在的静电放电现象十分普遍，由于生产过程中大量使用塑料和高分子材料，所以静电荷的产生与积累都很严重。而半导体器件和集成电路都向高速、高集成、微功耗方向发展，这样就使得它们对静电放电损伤变得更加敏感。但是许多器件用户对静电放电危害性的认识不足，客观上是因为 ESD 损伤很难察觉。例如，人体静电压是在 1～2kV 范围内发生的 ESD，人体并无感觉，但对静电敏感器件却会引起失效。因此，ESD 损伤往往是在不知不觉中发生的，ESD 损伤具有隐蔽性。

1）引起 ESD 损伤的三种途径

① 人体活动引起的摩擦起电是重要的静电来源，带静电的操作者与电器接触并通过器件放电。

② 器件与用绝缘材料制作的包装袋、传递盒和传送带等摩擦，使器件本身带静电，它与人体或地接触时发生的静电放电。

③ 当器件处在很强的静电场中时，因静电感应在器件内部的芯片上将感应出很高的电位差，从而引起芯片内部薄氧化层的击穿，或者某一引脚与地相碰也会发生静电放电。

根据上述三种 ESD 的损伤途径，建立了三种 ESD 损伤模型，即人体带电模型、器件带电模型和场感应模型，其中人体模型是主要的。

2）ESD 损伤的失效模式

（1）双极型数字电路

✓ 输入端漏电流增加；

✓ 参数退化；

✓ 失去功能。

其中，对带有肖特基管的 STTL 和 LSTTL 电路更为敏感。

（2）双极型线性电路

✓ 输入失调电压增大；

✓ 输入失调电流增大；

✓ MOS 电容器（补偿电容器）漏电或短路；

✓ 失去功能。

（3）MOS 集成电路

✓ 输入端电流增大；

✓ 输出端漏电流增大；

✓ 静态功耗电流增大；

✓ 失去功能。

（4）双极型单稳电路和振荡器电路

✓ 单稳电路的单稳时间发生变化；

✓ 振荡器的振荡频率发生变化；

✓ RC 连接端对地出现反向漏电。

3）ESD 对集成电路的损坏形式

✓ MOS 电路输入端保护电路的二极管出现反向漏电流增大；

✓ 输入端 MOS 管发生栅穿；

✓ MOS 输入保护电路中的保护电阻或接触孔发生烧毁；

✓ 引起 ROM 电路或 PAL 电路中的熔断丝熔断；

✓ 集成电路内部的 MOS 电容器发生栅穿；

✓ 运算放大器输入端（对管）小电流放大系数减小；

✓ 集成电路内部的精密电阻的阻值发生漂移；

✓ 与外接端子相连的铝条被熔断；

✓ 引起多层布线间的介质击穿。

4）ESD 损伤机理

（1）电压型损伤

✓ 栅氧化层击穿（MOS 电路输入端、MOS 电容器）；

✓ 气体电弧放电引起的损坏（芯片上键合根部、金属化条的最窄间距处、声表面波器件的梳状电极条间）；

✓ 输入端多晶硅电阻与铝金属化条间的介质击穿；

✓ 输入/输出端 N^+ 扩散区铝金属化条间的介质击穿。

（2）电流型损伤

✓ PN 结短路（MOS 电路输入端保护二极管、线性电路输入端保护网络）；

✓ 铝条和多晶硅条在大电流作用下的损伤（主要在多晶硅条拐弯处和多晶硅条与铝的接触孔）；

✓ 多晶硅电阻和硅上薄膜电阻的阻值漂移（主要是高精度运放和 A/D、D/A 电路）。

5）ESD 损伤实例

最容易受到静电放电损伤的集成电路有 CCD、EPROM、微波集成电路、高精度运算放大器、带有 MOS 电容的放大器、HC、HCT、LSI、VLSI、精密稳压电路、A/D 和 D/A 电路、普通 MOS 和 CMOS、STTL、LSTTL 等。

（1）国外实例

Motorola 公司生产的 MOS 大规模集成电路——微处理器（CPU），在进行老炼试验的 11 个星期中进行了仔细观察和记录。通过观察和记录发现，在试验开始阶段因为没有采用导电盒放置样品，拒收数与被试验元件总数之比约为 4×10^{-n}（n 值为保密数字）。但从第四个星期开始，样品采用镀镍盒进行放置后，则降低至 15×10^{-n}。此试验相继跟踪了 7 个多星期，平均的拒收比例为 18×10^{-n}，说明 MOS 大规模电路在使用过程中必须采取严格的防 ESD 措施。

（2）国内实例

某厂生产的 CMOS 电路经筛选入库后，在抽查中每次都发现有较大数量失效（约占 5%），失效模式为输入漏电增大。经调查与分析发现，失效是由 ESD 损伤引起的。因为该厂生产的 CMOS 电路在测试前后都放置于普通塑料盆内，塑料上的静电荷传递给 CMOS 电路，在测试过程中，当器件接触人体或桌面上的接地金属时就会立即引起放电，导致 ESD 损伤而失效。后来采取了一系列防 ESD 措施，并将普通塑料盒改用导电塑料盒，这一失效现象就立即消失了。

6）预防 ESD 损伤的措施

凡是对 ESD 比较敏感的器件，在整个使用过程中都应采取全面而严格地防静电损伤措施。其原则是：

◇ 尽量防止和减小静电荷的产生；

◇ 加速静电荷的泄漏，防止静电荷积累。

控制静电荷的产生主要是控制工艺过程和控制工艺过程中所用材料的选择。控制静电荷积累的主要途径是：设计加速静电荷的泄漏和中和，使静电压不超过安全限制。例如：接地、增湿、加入抗静电添加剂等均属于加速静电泄漏的方法；运用离子发生器等装置消除静电荷危害的方法均属于加速静电中和的方法。

（1）设置防静电工作区

对静电敏感的半导体器件，应在防静电工作区内铺设导电地板，配合使用的椅子与地板接触的腿和座位表面都应该是静电导电的。

导电性地面指用电阻率在 $10^5 \Omega \cdot cm$ 以下的材料制成的地面。例如，混凝土、导电橡胶、导电合成树脂、导电木板、导电水磨石、导电瓷砖等地面，但表面不应上蜡。

工作人员在普通橡胶板上行走时，人体静电电压可高达 7500V。但当此人在导电橡胶板上行走三步之后，人体静电电压可立即降低到 100V 以下。这里还必须指出，黏合导电性地面使用的黏着剂也必须具有一定导电性，否则达不到防静电的目的。

（2）工作台面防静电

工作台的台面应铺设用静电耗散材料（表面电阻率为 $10^5 \sim 10^9 \Omega/cm$）制作的保护工作面，并接地。

（3）操作者的穿戴防静电

静电防护区内的操作者应使用防静电肘带或腕带（用导电塑料或导电橡皮制作的线或软性带）。

为保证人身安全，肘带或腕带还应置于人体靠近仪器设备的一侧，肘带或腕带就通过 $1 \sim 10M\Omega$ 电阻接地（这种接地称为静电接地或软接地）。如果流动工作人员使用防静电肘带或腕带有困难，可用手经常触摸金属接地线，以泄放其身上的静电荷，尤其是在接触电路板前，必须先泄放人身静电。为了防止人体带电，静电防护区内的工作人员应穿导电性鞋（防静电鞋），导电性鞋的底（包括袜子）的电阻不应超过 $10M\Omega$。为了防止人体触电，导电鞋鞋底的电阻也不宜低于 $10M\Omega$，但不能穿橡胶底鞋或塑料底鞋。

静电防护区内的操作者应穿防静电工作服、戴防静电手套和工作帽，例如纯棉工作服和纯棉手套，并且应定期用静电电压表监测人体静电电压。不允许穿化纤（尼龙、的确良等）工作服和戴尼龙手套以及化纤工作帽等。所有防静电设施每月应进行一次检查，以保证工作台面、接地垫和人体等的静电接地正常。定期对防静电工作服、鞋、袜、帽、手套等进行泄漏电阻的检测，一般要求泄漏电阻在 $10 \sim 1000M\Omega$。

对静电的产生、带电情况以及消除静电的效果等要经常进行检测，并做好记录，力求经常掌握准确情况。对防静电工作服的要求见表 10-1。

表 10-1 电子工业各类场所对防静电工作服的管理指标

静 电 项 目	静电敏感车间	计 算 机 房	一般防静电时间
表面电荷密度	$0.5\mu C/m^2$	$3\mu C/m^2$	$7\mu C/m^2$
工作服电量	$0.1\mu C/件$	$0.1\mu C/件$	$1\mu C/件$
人体最大单位	<200V	<200V	<2000V
衰减时间	<0.1s	<1s	<7s
表面电阻率	$<10^8 \Omega/cm$	$<(10^9 \sim 10^{10})\Omega/cm$	$<10^{11} \Omega/cm$

对操作静电放电敏感器件的人员，应进行静电放电防护知识和技术的培训及考核，未经培训或没有通过考核者不允许上岗操作。

静电放电敏感器件必须采用防静电材料包装，它们包括：

- ✓ 防静电软垫；
- ✓ 静电导电泡沫塑料；
- ✓ 防静电装运盒；
- ✓ 导电分流器；
- ✓ 静电防护外壳。

二、超声清洗的损伤

为了确保系统的可靠性，印制板装焊完毕一般应清洗掉焊接时留下的焊剂。但使用超声波清洗时要特别小心，如果使用不当，对器件会产生破坏作用。例如，印制电路板接触清洗器的超声振动板，就会对板上的器件产生破坏作用。

三、可靠性试验中的机械损伤

进行可靠性试验时，如果考虑不周到或者对某些问题注意不够，以及操作不当等都会给被试器件带来机械损伤。例如：

离心试验 试验夹具不合适或装夹不良，试验时会对管壳的气密性和管脚根部带来机械损伤。

检漏试验 无论是粗检漏或细检漏试验，检漏前都需要加压充气，以便提高检漏精度。但对于混合集成电路和模块电路一类的大管壳，如果要加压，加压条件一定要按管壳体积和结构进行分类，采取合适的条件进行；否则会因压力过大而损坏器件，造成管壳顶盖变形。

四、过高温度引起的损伤

温度是一种重要的应力，过高的温度将会给被试器件带来损伤。半导体器件一般不宜长时间处于高温状态，器件在使用过程中应防止过高温度引起的破坏。容易出问题的地方有以下几方面。

（1）高温存储中出现异常高温

因为我国选用的高温存储温度为175℃，比国外规定的存储温度150℃要高25℃，如果稍有不慎，就容易出现过高温度引起的破坏。

（2）引腿浸锡时的锡锅温度、浸锡时间和浸锡高度无控制

当焊锡浸到引腿根部时很容易损坏器件，其中对二极管尤为敏感。锡锅温度切勿超过2600℃

（3）焊接温度过高、焊接时间过长

器件引腿剪得太短，焊接时烙铁的温度过高并且焊接时间过长，也易损伤器件。

（4）器件的可靠性在很大程度上取决于它的工作环境

处在设备内的半导体器件如果布局设计不当，在它旁边安装有大型电阻器一类发热源，器件会受到不正常加热，长期工作后，器件的可靠性会显著下降。

五、化学腐蚀

半导体器件在使用过程中因引脚受到化学玷污引起的腐蚀也是使用中的重要问题，导致腐蚀的原因有以下几方面。

（1）焊接腐蚀

焊接或引脚浸锡时使用的焊剂必须是中性的，并且要保持焊剂清洁。焊剂如果带有碱性或比较脏，则会引起引脚发生缓慢腐蚀。

（2）清洗不净

印制板装焊完毕后进行的清洗，清洗不干净时留下焊接剂对印制板产生腐蚀。

（3）操作者带来的玷污

器件在测试、传递、引脚整形切断、装配等工序中，操作者不戴手套就容易对引脚表面带来玷污，某些玷污物很容易引起引脚腐蚀。

（4）包装盒引起的玷污

包装纸盒内装插器件的含有漂白粉（含氯）纸芯，对引脚容易引起腐蚀。防静电包装

用的黑色导电塑料泡沫，它的含碳物质很容易通过操作者的手将它抹到陶瓷管座上，它虽然腐蚀性不强，但是会引起引脚间漏电。

（5）存放和保管不当引起的腐蚀

存放保管环境的湿度不能太高，过高的湿度容易引起腐蚀。保管环境应无有害气体，灰尘要少。不能与电解电容、硫化橡胶等可能释放出有害气体的物质存放在一起。

（6）应力腐蚀

器件引脚在测试、电装、焊接过程中会引入机械应力，如果操作不当造成了机械损伤，情况就更为严重。它不仅损伤镀层和引入过大的机械应力，而且还会引入玷污。损伤处在应力和化学腐蚀的共同作用下引起应力腐蚀。应力腐蚀的速度比单纯的化学腐蚀要快得多、严重得多。

（7）塑封器件的腐蚀

塑封器件抗高温、高潮的能力差，受树脂中有害杂质的影响大。它的主要失效原因是芯片上的"铝金属化"被腐蚀。塑封材料内含有有害杂质，它又是直接与芯片接触，塑封材料具有轻微吸湿性，它与引脚的黏结处附近容易浸入潮气。因此，长期处在高温、高湿环境中工作的集成电路很容易发生铝金属化被腐蚀而失效。

六、噪声引起的故障

噪声引起电子系统和设备发生的故障在机器调试过程中常有出现，尤其是在计算机和数字系统中尤为突出。这种噪声信号是随机的，常常捉摸不定，因此查找和分析都十分困难，需要反复试验和查找才能找到噪声信号的来源。它与布线设计、印制板安装位置，以及电源系统中的电浪涌大小有关。

（1）产生噪声的相关因素

① 噪声源与信号线间有漏抗。

② 噪声源与信号线间有静电耦合。

③ 信号源和信号线间因电磁感应造成耦合。

④ 两根信号线靠得太近，因电磁感应和静电感应产生串音。

⑤ 信号线在收、发信号端分别接地时，两个接地点间的电位差有时会变成噪声。

⑥ 信号线阻抗不匹配引起的反射波重叠在信号上，从而变成噪声。

⑦ 接地不良，使地线回路存在公共阻抗而引起的噪声。

（2）消除噪声的方法

① 采用屏蔽消除噪声，将信号线和系统屏蔽起来。

② 采用交流滤波器滤去交流系统的电浪涌。

③ 采用屏蔽双扭线消除串音。

④ 改进地线消除噪声：

✓ 多回路一点接地；

✓ 小信号地线与大功率地线分开；

✓ 尽量降低地线的阻抗。

⑤ 消除传输线的信号反射引起的干扰。

⑥ 削弱脉冲电流引起的噪声。

第二节　晶体管和特种半导体器件的使用可靠性

半导体分立器件包括二极管、三极管和特种半导体器件，它们的种类繁多，因此在使用方面存在的问题也很多，但有许多问题与集成电路是相同的。本节将介绍半导体分立器件不同的或特有的使用可靠性问题，与集成电路相同的问题不再赘述。

1. 双极型功率管

二次击穿是一种热电击穿，它与芯片上的因电流分布不均匀引起的热-电正反馈所导致的恶性循环有密切关系。这种击穿对器件具有严重破坏性，它是导致功率管和高反压管烧毁的主要原因。为了提高功率管抗二次击穿的性能，从使用方面考虑，应注意以下问题：

（1）选择安全工作区宽的管子

晶体管的工作区分为安全工作区和二次击穿区，安全工作区越宽抗二次击穿性能越好。即使同一型号器件，由于生产厂家不同，安全工作区也有较大差别。同一厂家的同型号管子由于生产日期不同，安全工作区也有一定差别。因此在功率管的选择与采购中，应选择安全工作区宽的管子。

这里必须注意的是，功率晶体管并不一定工作在雪崩区时才会遇到二次击穿问题，往往工作点在靠近二次击穿的安全工作区内也会发生二次击穿。

（2）合理选择管芯结构类型

功率管芯片结构和工艺方案的不同，在抗二次击穿性能方面的优缺点也各不相同：一般而言，单扩散型管的正偏二次击穿电压高，饱和压降小，但收集极耐压较低和开关速度慢；双扩散型管的二次击穿耐量较大，收集极耐压高，但饱和压降大和开关速度慢；三重扩散型管的二次击穿耐量比上述两种结构稍差，收集极耐压偏低，但开关速度快，饱和压降最小。因此，在使用功率时，应根据电路要求，合理选择功率管的结构类型。

（3）安全工作区与管子的使用温度有关

使用温度越高，安全工作区越小。通常在产品手册上给出的安全工作区是壳温 $250℃$ 时的数据。当管子在更高温度下使用时（管子的功耗较大或环境温度较高），应采用器件制造厂给出的安全工作区热降额曲线来确定该工作温度下的安全工作区参数。

（4）安全工作区的大小与管子的工作状态有关

脉冲安全工作区总是比直流安全工作区要宽，并且脉冲越窄或占空比越大则脉冲安全工作区越宽。

2. VMOS 管

VMOS 功率管与双极功率管相比，具有以下优点：

✓ 输入阻抗高，驱动功率小；

✓ 开关速度快，工作频率高；

✓ 热稳定性优良；

✓ 无二次击穿，安全工作区宽；

✓ 高度线性的跨导特性。

因此，它特别适合于使用在开关电路中，例如开关稳压电源等。但在使用中应注意以下问题：

① 电浪涌损伤。虽然 VMOS 管的电浪涌耐量比双极管好，但它常常是工作在高压大电流下，因此也需要采取防电浪涌的措施，其方法是如下。

✓ 在电感线圈两端并联续流二极管；

✓ 在源－漏间并联续流二极管。

由于 VMOS 管的开关速度快，所以续流二极管的开关速度也应很快，否则达不到箝位限幅的目的。最好选用瞬变电压抑制二极管或肖特基二极管。

② 静电放电损伤。如果 VMOS 管栅－源间在内部未设计保护二极管时，则应在栅-源间增加齐纳二极管，以便防 ESD 损伤。

③ 防寄生振荡。在栅极上串联一个 $100\Omega \sim 1k\Omega$ 的电阻；尽量缩短外连线；减少分布参数，避免输出至输入的线间耦合。

④ 防 dv/dt 损伤。当 dv/dt 较大时，可能会导致 VMOS 管内部的寄生双极晶体管发生导通，使器件受损。因此，在使用 VMOS 管时应了解 dv/dt 的最大允许值（一般为 $10 \sim 50V/\mu s$），使用时应降低栅极驱动电路的阻抗，或在栅一源之间跨接阻尼电阻或齐纳二极管，它们有利于防止 dv/dt 引起的损伤。

3. 微波 GaAs 场效应功率管

微波 GaAs 场效应功率管在测试、筛选和使用的全过程中，应注意以下几方面的问题。

（1）采用定序偏置

偏置电压施加不当，是在操作过程中造成微波 GaAs 功率管烧毁的主要原因之一。施加偏置电压时应先加栅压，后加漏压；相反，在断开偏置时，则应先去除漏压，后降低栅压。而且，所加偏置电压最好是渐变的。为了保证偏置电压按正确的次序接入，应专门设计一种具有规定开关响应的偏置电路，电路如图 10-1 所示。

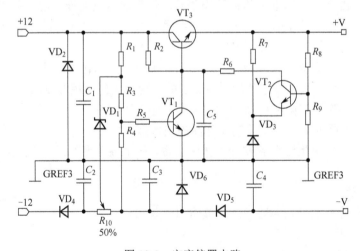

图 10-1　定序偏置电路

（2）输出失配及保护

微波功率放大器或振荡器的输出端如果与负载匹配良好，则输出的微波功率全部由负载吸收。但是，如果由于某种原因造成输出失配时，将会使微波功率管的负荷大大增加。一方面是由于电感性负载的影响，会使加在功率管输出端的瞬时射频电压，远远超过其最大额定值；另一方面，输出失配会造成信号的强烈反射，反射回来的能量由微波功率管承担，这样就可能导致功率管发生热电击穿或烧毁。功率管输出失配的大小由负载驻波比来衡量，负载驻波比越大，表示失配越严重。

改进措施有：

① 选用抗电压驻波比（CSWR）大的微波功率管。

功率管的抗电压驻波比越大，则抗负载失配的能力越强。图 10-2 所示是采用反馈原理对负载驻波比进行保护的电路框图与驻波比特性曲线。

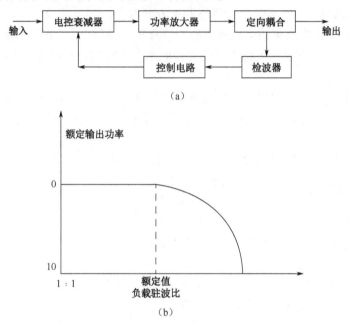

图 10-2　负载驻波比保护电路框图与驻波比特性曲线

反射功率经过耦合器、检波器及控制电路产生一个控制信号来控制衰减器的衰减量。负载驻波比越大，反射功率也越大，它控制衰减器的衰减量变大，使功率放大器的输出功率减小，从而达到保护功率器件的目的。

在功率放大器末级串接隔离器，也是负载驻波比保护的有效方法。如果隔离度理想，反射功率将被第三端口的"吸收负载"全部吸收，从而保护了功率器件。但隔离器必须有足够的功率容量，否则会烧毁吸收负载，进而导致被保护器件的损坏。

② 输入过驱动保护。

为了避免过激励驱动导致的输出功率管受损，可以预告设置一个最大射频输出功率，通过比较电路与外加参考信号相比较，当输出功率达到最大射频输出功率时，采样信号与参考信号相当，此时控制电路将控制输入部分的衰减器，以减少输入功率。

4. 硅可控整流器（SCR）

SCR 适合于用作高压大电流整流器、闭锁开关、灵敏的高增益放大控制。在使用过程中应特别注意以下问题。

（1）阳极电流增大率（dI/dt）

SCR 受到触发后，阳极电流不能够立即增大到最大值，增大的最大速率是器件制造厂对硅可控整流器规定的一条限制。因为紧接控制脉冲之后，SCR 芯片表面的电流分布并不均匀，大部分电流集中在靠近控制极附近，然后逐渐向整个导电区扩散。因此，限制阳极电流的增长速率可以防止在控制极附近出现的过热现象。

如果使用者仅考虑 SCR 的功耗和耐压，忽视了对（dI/dt）和（dv/dt）系数的选择，使用线路上又未采取防范措施，在这种情况下即使降额很多，SCR 也会被烧毁，这是使用时应特别注意的问题。

（2）正向电压上升率（dv/dt）

SCR 从导通转向关断时，重要的是确定 SCR 对 dv/dt 承受能力的特性，它是 SCR 关闭特性的重要组成部分。这一特性包括以下两个方面内容：

① 由阳极电源的电压跳动引起初始的电路激发，此时在电源电压上叠加了快速的上升时间瞬变。这种瞬变可能是由电路中开关器件的工作引起或者是由调节电路中其他 SCR 的工作状态引起。

② 正向阻断电压允许的最高重复速率，因为高的正向电压上升率（dv/dt）可使 SCR 转入"开态"或低阻抗的正向导通状态。为了保证电路的可靠性，重要的是确定器件对 dv/dt 的承受能力。

为了抑制阳极电压过大的增长率 dv/dt，可采用图 10-3 所示的抑制电路。

电路中电阻 R_L（Ω）和电容 C（μF）的时间应满足：

$$\tau \leqslant R_L C$$

τ 是 SCR 指数正向电压上升的最小时间常数。SCR 使电容 C 经 R_d 放电，R_d 值应根据 SCR 导通期间电容放电峰值电流（V/R_d）的限制来选取。

（3）电瞬变对控制极的损伤

SCR 虽然是功率器件，但它的控制极却很脆弱，容易受到电瞬变的损伤。因此电路设计时应增加电瞬变保护电路，如图 10-4 所示。

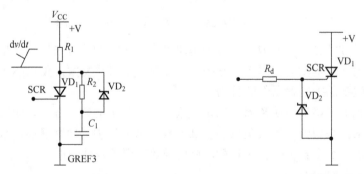

图 10-3　dv/dt 抑制电路　　　　图 10-4　SCR 控制极的保护电路

5. 单结晶体管

单结晶体管具有控制大的脉冲电流能力而且电路简单，因此在各种开关应用中，在构成定时电路或触发 SCR 等方面获得了广泛应用。它的开关特性具有很高的温度稳定性，基本上不随温度而变化。

单结晶体管又名双基极二极管，它作为振荡器的基本电路，如图 10-5 所示。

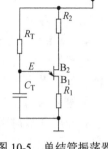

为了提高使用可靠性，在使用过程中应注意以下问题：

① 在第二基极 B_2 上串联 1 个限流电阻 R_2，限制单结晶体管的峰值功率。因为电路工作时，在 B_2 和 E 间常常表现出很大的峰值功率。R_2 应满足：

$$R_2 = \frac{0.4R_{BB}}{\eta V_1}$$

图 10-5　单结管振荡器

式中：V_1——电源电压；

$$R_{BB} = R_{B1} + R_{B2}$$

$$\eta = \frac{R_{BB}}{R_{B1} + R_{B2}}$$

② 电路中的 C_T 或 V_P（峰值电压）较大时，C_T 上应串联一个保护电阻器，以保护发射极 B_1 不受到电损伤。

第三节　电阻器、电容器、继电器的使用可靠性问题

一、电阻器的使用可靠性问题

电阻器按功能分类有固定式和可变式两大类；按结构分类有合成型、薄膜型和线绕型三大类。

1. 电阻器的合理选择

电阻器的种类繁多，为了择优选择所用的电阻器，设计人员应了解以下有关内容：

➢ 尽可能多地了解供选择的电阻器的类型。

➢ 各种电阻器的优缺点。

➢ 电阻器在各环境条件下的特性。

➢ 电路对电阻器的要求。

➢ 各种电阻器的失效机理及失效原因。

➢ 特定条件下的所有要求及其工作条件。

2. 电阻器安装中的问题

电阻器的安装在很大程度上决定着热应力、冲击和振动的机械应力是如何从环境传到电阻器上的。散热不当是导致电阻器失效的最主要原因之一。

电阻器焊接后不能采用硅橡胶和环氧树脂等绝热物质对电阻器体进行加固，更不允许将电阻体埋在这些绝热体内。尤其是对于精度要求高而功率又比较大的金属膜电阻器更应如此，否则随着工作时间的增长，电阻值会逐渐增大。

安装应避免电阻器表面出现不正常热点。例如，电阻器表面与绝热相接触，就会出现这种情况。

3. 金属膜电阻器的使用问题

金属膜电阻器的性能稳定、温度系数小、高频性能好，但使用在脉冲电路中，如果出现

瞬时脉冲功率过荷就容易导致阻值增加。电阻器在脉冲状态下工作时，在任何情况下，瞬时峰值功率不得大于电阻器额定功率的 4 倍；而脉冲峰值电压则应低于额定电压的 1.4 倍。

4. 精密型固定线绕电阻器的使用问题

精密型固定线绕电阻器不仅阻值精确，而且具有非常高的稳定性。但如果使用不当，高精度就会受到严重破坏。

引腿浸锡到根部对可靠性的危害很大。因为这种电阻器是用很细的电阻丝绕制的，外表包有一层环氧树脂，这种结构在浸锡时，如果浸锡到根部，锡锅的热量通过引腿的传导，很容易将引腿根部的环氧包封材料烫伤收缩，引起黏附强度下降，因而容易造成引腿松动。如果引腿一旦发生松动，会很容易将电阻端头的电阻丝接头拉断，这种拉断后仅靠机械接触连通的精密电阻，必然会出现阻值不稳定，甚至产生开路失效。因此，精密电阻器的引腿浸锡操作均应特别注意防止这种不应有的过高温度引起的损伤和破坏。

上述问题在用环氧树脂包封的小型电感器或小型热敏电阻器和光敏电阻上也同样存在，且并十分敏感，因此在引腿浸锡的操作规程中，最好对精密电阻器、小型电感器和热敏电阻器、光敏电阻器等都应做出专门规定。

精密电阻器在引腿的切断、整形过程中应注意保护引腿根部的包封树脂，以免树脂碎裂脱落。如果发生树脂碎裂脱落，潮气容易从该处缝隙浸入，导致内部的电阻丝和焊接点受到腐蚀。同时，树脂碎裂脱落后使引腿机械强度下降，在使用中容易发生引腿松动并引起失效。这一问题在小型电感和热敏电阻器中同样很重要。

5. 微型线绕电位器的使用问题

在高可靠性场合，最好不要使用微型电位器。如果必须使用，应特别注意以下问题：

这种电位器不是气密性的，在焊接后的清洗，焊剂容易从缝隙进入内部并引起腐蚀；喷涂"三防"漆时，漆很容易从缝隙进入，导致触点不能滑动或电接触不良，从而引起失效。

在用螺丝刀调整电阻值的过程中要缓慢，用力不能过猛过大，并且调整的次数要尽量少。

引腿浸锡和焊接时温度不宜过高，时间不宜过长，更不能离根部太近；否则容易引起电极内部的焊点出现虚焊。

6. 热敏电阻器的使用问题

热敏电阻器是一种特殊电阻，它的电阻值随温度而变化。由于它与一般是电阻不同，因此使用中应注意以下问题：

- ➢ 即使很短时间的超功率或超电流使用都不允许（不能承受电浪涌冲击）。
- ➢ 负温度系数的热敏电阻器，在使用电路上应有限流保护电阻器。
- ➢ 电热式热敏电阻器绝不要放置在导热不良的介质或环境中。
- ➢ 避免在高于热敏电阻器的最高"热点"温度下工作。

二、电容器的使用可靠性问题

1. 电容器的合理选择

电容器的种类繁多，按介质材料分为陶瓷（包括独石）、云母、塑料/纸薄膜、玻璃釉、钽电解、铝电解等类电容器。为了选择适合特定用途的电容器，电路设计人员不仅需要了解各类电容器的一般特性和性能指标，而且还必须了解在给定用途下各种电容器的优缺点、结构特点、机械或环境的限制条件、可靠性和主要失效模式或机理等。

2. 电容器的电学考虑

电学考虑以下问题：

① 使用中如果有可能遇到电浪涌或瞬变电压，必须选择额定电压更高的电容器。如果在脉冲电路中工作，最高脉冲电压不得超过额定直流电压。

② 使用 1000V 电压以上的电容器时，应考虑电晕的影响。在交流或脉冲条件下，电晕特别容易发生。电晕是由于在介质或电极层中存在空隙而发生，它会引起介质损坏。

③ 电容器在交流条件下工作，如果该电容器未提供交流工作的额定值，则必须对器件的交流限制进行研究。首先应考虑以下三个问题：

➢ 在任何情况下的交流电压峰值不得超过额定直流电压值。

➢ 由于 I^2R 损耗而产生的内部温升（一般要求外壳温度限制在 100℃ 以内）。

➢ 电晕起始电平（电晕可能在相当低的交流电平下发生）。塑料薄膜电容器和云母电容器对电晕比较敏感。例如：聚酯膜电容器，电晕的起始峰值电压为 250V。

④ 电容器用于大时间常数的定时、分压器网络和储存充电电荷等，应选择绝缘电阻很高的电容器。

⑤ 金属化纸介电容器的绝缘电阻小，容易发生介质击穿。

3. 电容器的使用问题

（1）云母电容器的使用问题

在引腿烫锡或焊接过程中，如果烫锡到根部，锡锅温度过高或烫锡时间过长都会引起内部焊料熔化，并导致电极内部接触不良甚至短路。对于这种接触不良，当受到振动或冲击时还容易引起内部连接断裂。在高温高湿环境中工作，云母电容器容易出现漏电或短路失效，尤其是引腿根部包封材料有损伤的电容器更是如此。

（2）塑料膜电容器的使用问题

引腿烫锡和焊接过程中，过高的热量会引起内部焊料熔化和塑料薄膜熔化，造成漏电或短路失效。金属化塑料膜电容器不应当用于定时或记忆（存储）电路中，也不能用于不容许介质瞬时击穿的任何地方。

（3）陶瓷电容器的使用问题（包括独石电容器）

焊接或烫锡不当（如烫锡到根部、锡锅温度过高、引腿短和焊接时间又长等），过高的热量会损伤引腿根部的密封材料和引起内部焊料熔化。

银电极的电容器不应在潮湿环境下存放，也不宜于在高潮湿的环境中工作。独石电容器的电极材料有银和钯银合金两种，银电极独石电容器的可靠性比钯银电极独石电容器的可靠性要差得多，它不宜用于军用产品中。

钛酸钡的陶瓷电容器具有电压效应，当受到振动或冲击的作用会在两电极间引起瞬间电压，它对精密电路的工作会产生不利影响。

（4）固体钽电容器的使用问题

固体钽电容器具有高的体积比电容率，对温度和时间呈现良好的稳定性，在军用场合使用最为广泛，但使用中必须重视以下问题：

➢ 固体钽电容器有"自愈"效应，在高阻电路中暂时的击穿可以自愈。所以充电回路应设计具有阻抗 3Ω/V 的保护电阻器。

➢ 在任何情况下电容器两端都不能出现反向电压，即使是瞬时的反向下冲电压，也不允许。

➤ 为了确保较高的可靠性，通过电容器的脉动电流应降额至制造厂推荐的降额值的70%。

➤ 包括电容器的内部温升，壳温应限制在500℃以下。

➤ 这种电容器具有介质吸收特性，将它的两个电极短路后电容器上仍然会有残留电压存在。因此，固体钽电容器用在阻容定时电路、触发系统和移相网络中时应考虑到这一影响。

（5）液体钽电容器的使用问题

液体钽电容器对反向电压极为敏感，它不能够承受任何数值的反向电压，即使是时间很短、幅度很小的反向脉冲电压也不允许。一般情况下，这种瞬时反冲电压不会出现，但在某些特殊情况下就有可能出现，例如：

➤ 在开关电路中用作整流的二极管开关特性不良，而开关脉冲的上升或下降时间又很短，此时整流出来的正向脉冲就会出现上述的反冲现象。因为二极管从正向导通状态转变到反向截止状态时，存在反向恢复时间内输出波形会形成"反冲"并有一定电流。反向恢复时间越长则电流幅度越大；开关速度越快，反向电流的变化率 di/dt 越大。在这两种情况下对钽电容器产生的危害越大。

➤ 用欧姆表检查电路板，或直接检测钽电容器时，不慎将极性接反（欧姆表的红表笔是负电压，因而容易出现上述情况）。

➤ 充满电的液体钽电容器不能用导线直接短路，这种突然短接放电就会导致出现瞬时电压反冲。因此，从可靠性角度考虑，液钽电容器不能直接短接放电，也不能用于向低阻抗负载重复放电，为的是避免产生累积性退化。

液钽电容器使用前应仔细检查密封质量，因为它是依靠紧压的橡胶塞进行密封，这种工艺不属于良好的气密性封装，如果密封工艺存在缺陷，电解质会以气态或液态形式泄漏，从而降低电容量并引起灾难性失效，损坏相邻电路。

因为液钽电容器的正极是靠橡胶密封，它承受扭转力矩（扭矩）的能力很差。如果在安装电容器时电容标志没有露在外面，操作者为了检查电容标志就可能扭转电容器本体，这种扭矩就可能导致液钽电容器发生泄漏。

在低偏置电压（0～2.2V，DC）下液钽电容值和耗损因子会发生变化，使用时应予以注意。

在航天航空系统中不提倡使用液体钽电容器，它不是优选类型。只有当要求电压高、电容量大、漏电流小和体积小的情况下，又无其他合适类型可供选用时才能选用液钽电容器。

（6）铝电解电容器的使用问题

铝电解电容器的单位电容量的体积最小，成本最低，大量应用于低频滤波中。在使用中应注意以下问题：

➤ 它只能用于地面设备，不能用于飞机或航天设备上，因为它不能承受低温和低气压。

➤ 这种电容器不能在额定温度下连续工作，否则会引起电容量减小和串联电阻增加。因此铝电解电容器也不宜放置于发热元件附近工作。

➤ 应使用夹持装置或其他减振配件进行安装。不能用其引线进行安装。当电容器焊入电路后，电容器本体不要受到扭转，否则内部正电极焊接的部位可能发生断裂开路。

➤ 为了确保可靠性，使用的直流工作电压其最高值应为额定电压的75%。

三、继电器的使用可靠性问题

继电器是机电式元件，它容易遭受电气和机械方面的双重影响，使用不当会导致可靠性降低，误用是导致继电器失效的重要原因。继电器在使用过程中应注意以下问题：

① 触点的并联只能作为提供余度用，不能作为增大额定电流的方法。因为若干触点不会同时接通或断开，最坏的情况将是一个触点承受所有负载。

② 继电器用于转换感性、容性或灯泡负载时，设计人员应考虑到瞬态电流对触点的影响。因为在转换的接通或断开瞬间会产生大约 10 倍于稳态电流的浪涌电流。因此，在电路设计时应适当增加限流电阻器来减小这种浪涌电流。

③ 在继电器线圈两端并联开关特性良好的续流二极管可以抑制线圈产生的瞬态电压，从而保护驱动继电器线圈的半导体器件。但并联二极管后，会导致触点动作变慢，触点释放时间延长，因而在触点间容易产生电弧和增长放电时间，从而减小了可以转换的电流总量，并缩短了继电器触点的寿命。因此，在不要求抑制继电器线圈瞬态电压的场合，最好不采用续流二极管。

④ 绝不能为了增大电压额定值而使触点串联工作。

⑤ 继电器不能降低线圈的额定工作电压。因为使用低于额定值的线圈激励电压会严重危害继电器的工作寿命（降低电压后会使触点动作时间和飞弧时间大大增加）。如果用于振动环境，加速度力作用到触点上，还容易引起触点抖动。

⑥ 在高温下使用继电器应适当提高线圈额定电压，因为温度升高将使线圈电阻增加（大约以 $0.004\Omega/℃$ 的速率上升），工作电流下降，使继电器工作不正常。生产厂提供的额定电压是室温下的电压值。

⑦ 用外壳不接地的继电器转换高压有可能引起人身危险。但外壳接地后，触点的电流和电压额定值的降额应当比外壳不接地时要更多。因为有些继电器内部的间隙很小，或者缺少电弧阻挡层，容易产生内部放电。

⑧ 继电器触点上的电压应低于规定的额定电压。

⑨ 继电器不能先在高电平负载下短期工作，然后再用到低电平负载的电路中长期使用。

⑩ 如果继电器的负载是电机并且需要反向制动时，应使用功率继电器。因为电机在反向制动时，会导致电流和电压大大超过额定值。

⑪ 继电器用于小电流负载时，应考虑最小电流容量（沾染试验电流）。否则容易出现触点接触不良。因此，触点的电流/电压不能过度降额，降额太多就会没有足够电流/电压来穿透触点上的氧化层。

⑫ 当继电器线圈由缓慢增大的电流控制时，应注意以下特殊问题：在激励电流逐渐增大的过程中，当衔铁开始动作并接近极面时，就会产生一个反电动势，它将衔铁向外推，使触点释放，只有激励电流继续增大到足以克服这种反电动势时触点才能闭合。

⑬ 通常，继电器不能应用于紧急状态下的通电闭合，而只能使继电器断电释放。

⑭ 继电器触点在吸合或释放瞬间所产生的电弧会引起金属迁移和氧化，使触点表面变得十分粗糙，进而出现接触不良或释放不开的问题。因此，使用中可在触点间增加消火花电路，以便保护触点，延长使用寿命。

实践练习十

10-1 简述图 10-6 所示串联稳压电源电路各元件的使用可靠性要求。

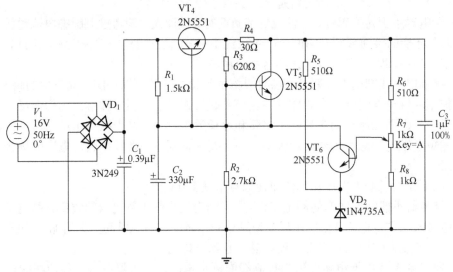

图 10-6 串联稳压电源

10-2 简述电容器、继电器的使用可靠性要求。

10-3 简述开关电源电路中二极管、三极管、脉冲变压器和电阻器的使用可靠性要求。

10-4 简述 ESD 对集成电路有哪些损坏形式。

第十一章　可靠性试验

- 电子电气产品环境试验。
- 电子电气产品常用环境试验方法。
- 加速可靠性试验方法。

本章将主要介绍电子电气产品环境试验方法、加速可靠性试验方法。

第一节　电子电气产品环境试验

环境试验的目的，一是通过模拟真实的环境条件或再现环境条件的影响，确定样品寿命期间在规定环境条件下对储存、运输和使用环境条件的适应性；二是提供有关产品设计或生产质量的资料。

一、环境试验的基本概念

环境试验信息包括环境试验及其严酷程度的基础信息，还包括测量和试验的大气条件的相关信息。电子电气产品（包括电气、机电、电子设备和装置及其组件、分组件、元件，以下统称样品）的环境试验一般按照 GB/T2423、GB/T2424 等系列标准的相关规范进行，以便使该产品的环境试验达到统一而又具有再现性。

环境条件试验或环境试验包括了产品所承受的自然环境条件和人工环境条件，以评价产品在实际使用、运输和储存过程中的性能。

环境试验的目的是为产品规范制定者和产品试验者提供一系列统一和可再现的环境（主要为气候和机械强度）试验方法，包含测量和试验用标准大气条件。

这些试验方法是以已有的国际工程经验和鉴定意见为基础，主要用于提供样品在各种环境因素（如温度，压力，湿度，机械应力等）及其组合的规定限值内的工作能力，提供样品耐储存和运输条件的能力。

环境试验系列标准的试验方法可用于比较抽样产品的性能，为了评定给定生产批量的产品的质量或有效寿命，应按照相应的抽样方案使用这些方法，如需要还可以用适当的辅助试验予以补充。

为了提供适用于不同环境条件强度的试验，有些试验程序有许多严酷等级，这些不同的严酷等级是通过单独或综合地改变时间、温度、气压或一些其他决定因素得到的。

二、常用术语

散热试验样品：在自由空气条件和试验用标准大气条件规定的大气压力（86～106kPa）下，在温度稳定后测得的表面最热点温度与环境温度之差大于 5℃的试验样品。

非散热试验样品：在自由空气条件和试验用标准大气条件规定的大气压力（86～106kPa）下，在温度稳定后测得的表面最热点温度与环境温度之差小于 5℃的试验样品。

温度稳定：试验样品各部分的温度与其最后温度之差在 3℃（或相关规范规定的其他值）以内时的状态。

非散热试验样品的最后温度就是放置有试验样品的试验箱当时的平均温度。散热试验样品的最后温度需要重复测量，以确定温度变化 3℃（或相关规范规定的其他值）的时间间隔，当相邻两段时间间隔之比大于 1.7 时，则认为达到了温度稳定状态。当试验样品的热时间常数小于在给定温度中暴露的持续时间时，则不需要测量；当试验样品的热时间常数与暴露持续时间为同一数量时，则应进行检查，以确定：

① 非散热试验样品是否处于放置试验样品的平均温度范围内；

② 对散热试验样品，重复测量温度变化3℃（或相关规范规定的其他值）所需要的时间间隔，确定相邻两段时间间隔之比是是否大于1.7。

实践中，或许不可能直接测量试验样品的内部温度，此时，可测量某些与温度有已知函数关系的其他参数，从而间接得到温度数据。

综合试验：两种或多种试验环境同时作用于试验样品的试验。

组合试验：把试验样品依次连续暴露到两种或多种试验环境中的试验。各次暴露之间的时间间隔可能对试验样品有显著影响，应准确地予以规定。各次暴露之间一般不进行预处理恢复和稳定。检测工作通常在第一次暴露前和最后暴露结束后进行。

试验顺序：试验样品被依次暴露到两种或两种以上试验环境中的顺序。各次暴露之间的时间间隔通常对试验样品不产生明显影响。各次暴露之间通常要进行预处理和恢复。通常在每次暴露之前和之后进行检测，前一项暴露的最后检测就是下项暴露的初始检测。

为了在有要求时加以使用，一般认为低温、高温、低气压和交变湿热试验之间有一定的联系并称之为气候顺序，进行这些试验的顺序如下：

① 高温；

② 交变湿热（上限温度为55℃的试验的第 1 个循环）；

③ 低温；

④ 低气压（有要求时）；

⑤ 交变湿热（上限温度为55℃的试验的其余各个循环）。

这些试验之间的时间间隔应不大于 3 天，但交变湿热试验第 1 循环与低温试验之间的时间间隔除外。这一时间间隔包括恢复时间在内应不大于 2h，除非另有规定，测量通常只在气候顺序的开始和结束时进行。

要从 GB/T2423.1-2008 中选取与已知环境应力相符合的试验严酷等级，甚至部分地选取试验，本身都可能是困难的。虽然不能给出一个普遍适用的规则使试验条件与实际环境条件相互关联起来，但在某些情况下建立这种关联还是可能的。因此，在选择试验和试验严酷等级时仅考虑基本要点。

需要进行环境试验时，除非 GB/T 2423.1-2008 中无适用的试验方法，通常应毫无例外地采用 GB/T 2423.1-2008 中的试验方法，其理由如下：

✧ 需要达到预期的重复性和再现性。

✧ 在制定 GB/T 2423 中的各项试验方法时已尽可能考虑试验方法与样品种类无关，因此适用于各种类型的样品不一定是电工产品。

✧ 对在不同实验室得到的试验结果可以进行比较。

◇ 可以避免细微差别的试验和设备的增多。

◇ 使用同一试验方法获得的结果与试验样品早期试验结果进行比较，以获得样品的使用性能资料。

应尽可能按试验参数规定试验，而不是按描述试验设备来规定，然而就某些试验而言必须对试验设备做出具体的规定。在选择试验方法时，规范制定者一定要考虑经济方面的问题，尤其是在有两种不同试验方法但又能提供同样详尽资料时。

三、元件气候类型

试验和严酷等级可以搭配出许多组合。在有关元件标准中，为减少组合数量可以选择少量的标准。

气候类型用斜线隔开的三组数字表示，分别代表元件能承受的低温试验的温度、高温试验的温度和湿热恒定试验天数。

第一组：用两位数字表示元件工作的最低环境温度（低温试验）。如果温度在 0℃ 以上且为一位数则在前面加 "+" 号；如果为负温度且为一位数则在前面加 "0"，以补够两位数。

第二组：用三位数字表示元件工作的最高环境温度（高温试验）。如果为两位数则应在前面加 "0" 补够三位数。

第三组：用两位数字表示恒定湿热试验的天数。如果试验天数只有一位数则应在前面加 "0" 补够两位数；如果不要求将元件暴露于恒定湿热环境则用数字 "00" 表示。

为将元件归入某一类型，该元件在接受该类型所规定的全套试验时，必须符合相关规范的要求。

四、实际环境条件与试验条件间的关系

为了叙述试验，首先必须确定试验样品承受的环境条件的具体类型。但是要再现变化规律不清楚的实际环境条件几乎是不可能的，而且试验所需的时间可能与试验样品的预期寿命一样长。GB/T 4797.1—2005 给出了可能在实际中遇到的环境条件的重要资料，GB/T2423.1—2008 的试验导则提出了合理选择严酷等级的建议。

此外，工作条件并不总是很明确的，因此，在多数情况下为了较快获得结果，环境试验一般都采用加大实际应力的加速试验。

试验的加速因子与受试样品有关，目前尚未完全掌握缩短试验时间和加大应力之间的关系，因此难以对加速因子规定一个数值。

在选用加速因子时应避免引入与实际不符的失效机理。

五、环境参数的主要影响

环境参数对样品的主要影响有腐蚀、开裂、脆化、潮气的吸附或吸收、氧化等，这些影响可导致材料的物理或化学性质的变化。

表 11-1 中列出了某些单一环境参数的主要影响及引起的典型故障，未列入的环境参数有核辐射和长霉等。

表 11-1 单一环境参数的主要影响及引起的典型故障

环 境 参 数	主 要 影 响	引起的典型故障
高温	热老化（氧化、开裂、化学反应） 软化、融化、升华 黏度降低蒸发 膨胀	绝缘损坏，机械故障，增加机械应力，由于膨胀丧失润滑性能或运动部件磨损增大
低温	脆化 结冰 黏度增大和固化 机械强度降低 物理性收缩	绝缘损坏，开裂，机械故障，由于收缩或机械强度降低和润滑性能减少，增大了运动的磨损，密封和密封片的失效损坏
高相对湿度	潮气吸收或吸附 膨胀 机械强度降低 化学反应 腐蚀 电蚀 绝缘体的电导率增加	物理性损坏，绝缘损坏，机械故障
低相对湿度	干燥 脆化 机械强度降低 收缩 动触点间的磨损增大	机械故障开裂
高气压	压缩变形	机械故障，泄漏，密封损坏
低气压	膨胀 空气的电气强度降低 电晕和臭氧的形成 冷却速度降低	机械故障，泄漏，密封失效，闪络过热
太阳辐射	化学物理和光化学的反应 表面恶化 脆化 变色产生臭氧 加热 不均匀加热和机械应力	绝缘损坏，参见高温
沙尘	磨损和侵蚀作用 卡住 阻塞 导热性能减低 静电效应	磨损增加，电气过热故障
腐蚀性大气	化学反应 腐蚀 电蚀 表面劣化 电导率增加 接触电阻增大	磨损增大，机械故障，电气故障

六、用元件试验和用其他样品试验的差异

1. 元件试验

通常，在设计某个元件时，这个元件的具体使用环境是未知的，此外，它可能被应用在各种各样产品中，而产品内部的环境条件又不同于产品本身承受的环境条件。

元件试验常常可以使用数量足够的试样，允许从不同生产批次中抽样进行不同的试验，所用试样数量可以实现对试验结果的统计分析。通常可对元件进行破坏性试验。

2. 其他样品的试验

因试验样品昂贵，往往只能是用少量样品，常见的情况是复杂的设备和其他产品只有一个样品可用于试验，它或是整机或仅是组件的一部分，因而通常不可能进行破坏性试验，试验顺序就特别重要。在某些情况下，可利用元件、组件和分组件所得的试验结果省略设备所要求的其他试验。

七、试验顺序

1. 说明

如果一个试验参数对样品的作用受到前一个暴露条件的影响时，则必须将试验样品按规定顺序暴露到不同的试验环境中。在顺序试验中，不同暴露之间的时间间隔通常对试验样品无重大影响；如果时间间隔对试验样品确有影响，则应采用对时间间隔有精确规定的组合试验。

2. 试验顺序的选择

按预期目的选择试验顺序要多方考虑，有时可能是矛盾的。

◇ 为了从试验顺序的前几项试验获得有关故障趋势的资料，先从最严酷的试验开始，但要将能导致试验样品无法承受进一步试验的试验项目放在顺序的最后。如试制品试验通常用于研究样机的性能。

◇ 为了在试验样品损坏前取得尽可能多的资料，试验顺序应以最小严酷等级的试验开始，而研究性试验通常用于研究样机的性能，适用于有限数量试验样品。

◇ 如非破坏性试验采用能给出最严酷影响的试验顺序，但某些试验可暴露前一些试验所引起的损坏。如元件和设备标准化的鉴定试验。

◇ 采用的试验顺序能模拟实际上最可能出现的环境顺序，如在使用条件已知时设备和整套系统的鉴定试验。

3. 元件的试验顺序

由于制定适用于所有元件的通用试验顺序的标准非常困难，所以相关规范应各自给出适当的试验顺序，在选择试验顺序时应考虑以下几点：

首先，进行温度剧变试验。

其次，进行引出端强度和锡焊（包括耐焊接热）试验。

最后，进行全部或部分的机械试验，以便强化由温度剧变可能产生的故障，以及引起新故障，例如开裂和泄漏。这类故障可以通过试验顺序中最后的环境试验很容易地检查出来。

为了查出温度的短期影响，在环境试验顺序中应把高温和低温试验排在前面，交变湿热会使湿气进入裂缝，低温试验和低气压试验加强这种影响，继续进行交变湿热，会使更多湿气进入裂缝，恢复之后，测量其电气参数变化可以证实这种影响。

有时，可用密封试验快速检测开裂和泄漏。

为确定元件在潮湿大气中的长期性能，恒定湿热试验常排在环境试验顺序的最后进行或不包括在试验顺序内，用另一批试验样品进行试验。

一般的试验顺序内通常不包括腐蚀、跌落和倾倒、太阳辐射试验；如果需要，用不同的样品分别做这些试验。

4. 其他样品的试验顺序

（1）顺序的选择

只要有可能，应以使用条件的资料为基础确定试验顺序。

如果没有使用条件的资料，建议采用能给出最严酷影响的试验顺序。

（2）对产品影响最大的一般试验顺序

表 11-2 给出了一个适用于大多数设备的试验顺序的例子。

表 11-2　一般试验顺序举例

试　　验	说　　明
低温 高温 温度剧变	可产生机械应力，这种应力使试验样品对其后的试验更为敏感
冲击 振动	产生机械应力这种应力，可使试验样品立即损坏或使他对其后的试验更为敏感
气压 交变湿热 恒定湿热 腐蚀	使用这些试验会揭示上述热和机械应力试验的影响
沙尘	进行这些试验可加重上述热和机械应力的试验影响
固体物质的侵入 水的侵入	—

注：应尽可能用不同试验样品分别进行恒定湿热和腐蚀试验。

第二节　常用环境试验方法

一、低温试验

1. 低温试验方法分类

低温试验常分为以下两种类型：

① 非散热试验样品低温试验，包括试验 Aa——温度突变、试验 Ab——温度渐变。

② 散热试验样品低温试验，即试验 Ad——温度渐变。

2. 低温试验方法

温度突变试验 Aa：先将试验箱（室）温度调节到规定试验温度，然后放入具有室温的试验样品。本试验方法适用于已知温度突变对试验样品不产生损伤时。

温度渐变试验 Ab：先将具有室温的试验样品放入温度为室温的试验箱（室）内，然后开动冷源将箱（室）温度逐渐冷却到规定试验温度。这种试验方法不会因温度变化对试验样品产生损伤作用。

若由于试验样品太大或过重，或是由于复杂的功能试验接线，在突变试验时不能做到将其放入低温箱而不产生结霜情况时，也应采用试验 Ab。

3. 严酷程度

试验的严酷程度主要取决于试验用的温度等级和持续时间的长短，有关标准应优先从下列数值中选取：

（1）温度

试验温度应优先从下列数值中选取：−65、−55、−40、−25、−10、−5、+5℃。

试验温度的允许偏差范围均为±3℃。

（2）持续时间

在试验样品温度达到稳定后，若尚需进行一定时间的低温条件试验时，其持续时间应从下列时间中选取：2、16、72、96h。

若试验的目的仅仅是检查试验样品在低温时能否正常工作，则试验的时间只限于使试验样品温度达到稳定；但在任何情况下，持续时间不应少于 30min。

二、高温试验方法

1. 高温试验常分为以下两种类型：

① 非散热试验样品的高温试验，包括试验 Ba——温度突变，试验 Bb——温度渐变。

② 散热试验样品的高温试验，包括试验 Bc——温度突变，试验 Bd——温度渐变。

2. 高温试验方法

温度突变试验 Ba：该试验方法是先将试验箱（室）温度升到规定的试验温度后，立即将试验样品放入箱（室）内进行试验。一般在已知温度突变对试验样品无有害影响时采用。

温度渐变试验 Bb：该试验方法是将试验样品先放入温度为室温的试验箱（室）内，然后将箱（室）温度逐渐升高到试验规定的温度。这种试验方法可避免温度突变对试验样品所产生的损伤作用。

3. 严酷程度

试验考核的严酷程度主要取决于温度等级和暴露持续时间的长短，应优先从下列数值中选取。

（1）温度

试验温度应优先从下列数值中选取，试验温度的容许偏差范围均为±2℃。

① 对于温度高于 200℃的，应优先考虑采用下列数值：250、315、400、500、630、800、1000℃。

② 如果由于试验箱（室）的容积较大、不可能保持±2℃的偏差时，则可以放宽一些。在 100℃及以下时容许偏差为 3℃，100℃以上到 200℃时容许偏差为 5℃。这时应在有关试验报告中写明偏差。

（2）持续时间

持续时间应从下列时间中选取：2、16、72、96h。

若试验的目的仅仅是检查试验样品在高温时能否工作，则试验的时间仅限于使试验样品温度达到稳定。但在任何情况下，持续时间不应少于 30min。

三、恒定湿热试验

1. 严酷等级

试验的严酷等级由试验持续时间、温度、相对湿度共同决定。除非相关规范规定，试验的温度、相对湿度应从表 11-3 的组合中选择。

表 11-3　试验的温度、相对湿度表

（30±2）℃	（93±3）%
（30±2）℃	（85±3）%
（40±2）℃	（93±3）%
（40±2）℃	（85±3）%

2. 条件试验

条件试验应按如下程序进行：

① 除非有特殊规定，将无包装、不通电的试验样品，在"准备使用"状态下，置于试验箱内，试验箱和试验样品均处于标准大气环境条件下。在特定的时候，允许试验样品在达到试验条件时放入试验箱内，且应避免样品产生凝露，对于小型样品可通过预热方式达到该项要求。

② 调整试验箱内温度，到达所要求的严酷等级，且使样品达到温度稳定。在 GB/T 2421—1999 的 4.8 中对温度稳定的定义进行规定。温度变化的速率不超过 1K/min，达到温度稳定的平均时间不超过 5min，且在这一过程中不应产生样品凝露现象。

③ 在这一过程中，可以通过不提高箱内的绝对湿度来避免样品冷凝现象的发生。

④ 在 2h 之内，通过调整箱内的湿度达到规定的试验严酷等级。

⑤ 样品暴露在按规定试验等级要求的试验条件下，待工作空间内的温度和相对湿度达到规定值并稳定后，开始计算试验持续时间。

⑥ 相关规范规定了试验条件及试验持续时间。

⑦ 试验后应进行恢复阶段。

四、交变湿热试验

1. 严酷等级

试验严酷等级由高温温度和试验周期数的组合确定。

2. 条件试验

（1）将无包装、不通电的试验样品，在"准备使用"状态下，按其正常工作位置，或按有关标准规定的状态放入试验箱（室）的工作空间内。如试验样品安装方式特殊，需配安装架时，样品架的热传导系数应尽可能低，使试验样品实际上是绝热的。

（2）在温度为 25±3℃、相对湿度为 45%～75%的条件下，使试验样品达到温度稳定；之后，在 1 h 内将工作空间内的相对湿度升高到不小于 95%（见图 11-1）。温度稳定也可在另一试验箱（室）内进行。

（3）使工作空间内的温度在 24h 内循环变化。

① 升温阶段。在 3±0.5h 内，将工作空间的温度连续升至有关标准规定的高温值。在该阶段，除最后 15min 相对湿度可不低于 90%外，其余时间的相对湿度都应不低于 95%，以便使试验样品产生凝露。但大型试验样品不得产生过量的凝露。试验样品上产生凝露，

意味着试验样品的表面温度低于工作空间中空气的露点温度。

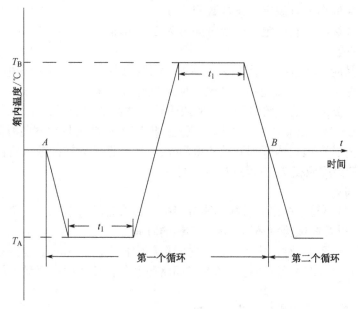

A—第一个循环开始；B—第一个循环结束，第二个循环开始

图 11-1　试验循环

②　高温高湿恒定阶段。将工作空间的温度维持在 40±2℃（或 55±2℃）的范围内，直到从升温阶段开始算起满 12±0.5h 为止。在该阶段，除最初和最后 15 min 相对湿度应不低于 90%外，其余时间均应为 93±3%。

③　降温阶段。将工作空间的温度在 3～6h 内由 40±2℃（或 55±2℃）降至 25±3℃。应该注意的是，在降温开始后的 1.5h 内的降温速率是在 3h±15 min 内，温度由 40±2℃或 55±2℃降至 25±3℃的降温速率。在该阶段，相对湿度有两种变化方式：

变化 1：除最初 15min 相对湿度应不低于 90%外，其余时间均应不低于 95%。

变化 2：允许相对湿度不低于 85%。

④　低温高湿恒定阶段。将工作空间的温度维持在 25±3℃，相对湿度应不低于 95%，直至从升温阶段开始算起满 24h 为止。

五、温度变化试验

1. 试验 Na——规定转换时间的快速温度变化试验

（1）试验目的

确定元件、设备和其他产品经受环境温度迅速变化的能力。

（2）试验简要说明

把试验样品交替暴露于低温和高温空气（或合适的惰性气体）中，使其经受温度快速变化的影响。

（3）严酷程度

➤ 试验严酷程度由低温与高温温度值、转换时间和循环数确定。

➤ 有关标准中应规定低温 T_A 和高温 T_B，该温度均应从 GB 2423.1—1981《电工电子产品基本环境试验规程试验 A：低温试验方法》和 GB 2423.2—1981《电工电子产品基本环境试验规程试验 B：高温试验方法》规定的试验温度中选取。

➤ 除非有关标准另有规定，循环数应为 5。

➤ 除非有关标准另有规定，转换时间 t_2 为 2～3min。

（4）条件试验

➤ 试验样品应在不包装、不通电、准备使用状态或标准中规定的其他状态进行试验，条件试验开始时，试验样品的温度应是试验室温度。

➤ 在低温和高温下的试验时间 t_1，取决于试验样品的热容量，试验时间应为 3、2、1h，30min 或 10min，由有关标准规定；若有关标准未规定试验时间时，则为 3h。

➤ 低温箱内温度预先调节到要求的低温 T_A，然后把试验样品放入箱内。

➤ 低温箱的温度应在 T_A 下保持规定时间 t_1。

➤ 转换时间 t_2。

试验样品从低温箱中取出并转移到高温箱中，转换时间 t_2 包括从一个箱取出和放入另一个箱的时间，以及在试验室环境温度下停顿的时间。

转换时间分为下列三种，由有关标准并根据要求自定：2～3min；20～30s；<10s。

① 转换时间 t_2 取决于试验样品的热时间常数及其在使用中所经受的最急剧温度变化的条件。

② 对一些严酷条件可规定 t_2 为 20～30s。

③ 对小试验样品及仅对某些严酷条件可规定 t_2 小于 10s。

④ 较短的转换时间可能需要应用自动转换试验设备。

2. 试验 Nb——规定温度变化速率的温度变化试验

（1）试验目的

确定元件、设备或其他产品耐环境温度变化的能力和在环境温度变化期间的工作能力。

（2）试验简要说明

把试验样品放入能以一定速率变化到规定温度的试验箱中经受温度变化试验，在试验期间可以监测试验样品的性能。

（3）严酷程度

试验严酷程度由试验的低温和高温温度值、温度变化速率和循环数来确定。

有关规范中应规定低温 T_A 和高温 T_B，T_A 和 T_B 应从 GB 2423.1—1981 和 GB2423.2—1981 规定的试验温度中选取。

除非有关标准另有规定，试验箱的温度升降变化速率（不超过 5min 内的平均值）应为 $1\pm0.2℃/min$、$3\pm0.6℃/min$ 或 $5\pm1℃/min$。

3. 条件试验

➤ 将试验样品放入试验箱中，此时，试验样品和试验箱均在试验室温度下。

➤ 若有关标准要求时，试验样品可处于运行状态。

➤ 使试验箱的温度以规定速率降低到规定的低温 T_A。

➤ 在低温或高温下的试验时间 t_1，取决于试验样品的热容量。t_1 应为 3、2、1h，30min 或 10min，由有关标准选定；当有关标准未规定试验时间时，则为 3h。

➤ 试验箱温度达到稳定以后，试验样品在低温 T_A 下保持试验规定的时间 t_1。

➤ 将试验箱温度按规定的速率升到规定的高温 T_B。

➤ 在试验箱温度达到稳定后，试验样品在高温 T_B 下保持试验规定的时间 t_1。

➤ 将箱内温度按规定的速率降低到试验室环境温度值。

➢ 上述程序构成一个循环。

➢ 除非有关标准另有规定，试验样品经受两次连续的循环。

➢ 按有关标准的要求在条件试验期间内对试验样品进行检测，并规定：条件试验期间所要进行的电气及机械性能检测的项目；检测的开始时间。

➢ 试验样品从试验箱中取出前，应使在试验室环境温度下达到温度稳定。

六、自由跌落试验

1. 自由跌落

1）目的

确定产品在搬运期间由于粗率装卸遭到跌落的适应性，或确定安全要求用的最低牢固等级。本试验主要用于非包装的试验样品，以及在运输箱中其包装可以作为样品一部分的试验样品。

2）试验条件

（1）试验表面

试验表面应该是混凝土或钢制成的平滑、坚硬的刚性表面。必要时，有关规范可以规定其他表面。

（2）跌落高度

是指试验样品在跌落前悬挂着的时候，试验表面与离它最近的样品部位之间的高度。

（3）释放方法

释放试验样品的方法应使试验样品从悬挂着的位置自由跌落。释放时，要使干扰最小。

3）严酷等级

应从下列诸值中选取跌落高度：(25)、50、(100)、250、(500)、(1000)mm。带括号的数值是优选值。重型设备不宜经受较高的严酷等级。

4）条件试验

① 应按有关规范的规定，使样品处于正常运输和使用时的姿态进行自由跌落。

② 除非有关规范另有规定，试验样品应该从每个规定的位置跌落两次。

2. 重复自由跌落

1）目的

确定可能频繁跌落到硬表面的接有电缆的元件型装置，例如连接器和小型遥控装置，经受重复跌落的适应性。

2）一般说明

本试验方法是使试验样品从规定的高度按规定的次数跌落到硬表面上。为了模拟实际条件，每个试验样品应单独受试，并且通常都带有一段电缆。试验的结果应通过试验样品的机械、电性能的变化来评定。

3）严酷等级

（1）跌落次数

有关规范应根据试验样品预定的使用情况，从下列诸值中选取总的试验次数：50、100、200、5J00、1000 次。

（2）跌落高度

跌落高度为 500 mm。

（3）跌落频率

跌落频率约为每分钟十次。

（4）试验表面

除有关规范另有规定外，试验样品应跌落在一厚度在 10～19 mm 之间的木板垫衬着的 3 mm 厚钢板的平滑、坚硬、牢固的试验表面上。

第三节　高加速可靠性试验

高加速可靠性试验方法适用于电子电气产品及其电子部件、印制电路板组件等。对于大型整机，宜优先考虑在前端的装配级别（如印制电路板组件、子模块）上进行试验。高加速可靠性试验方法还适用于电工电子产品的研发、设计和（或）试产阶段，也可用于批量生产阶段。

一、高加速可靠性试验的基本概念

高加速可靠性试验：指通过逐步增强施加在试验样品上的试验应力（如温度、振动、快速温变及振动综合应力等），依据 GB/T29309—2012 确定产品的耐受应力极限的试验。

工作极限：当试验样品的工作特性不再满足技术条件的要求，但试验应力强度降低后，试验样品仍能恢复正常工作特性时所承受的试验应力强度值。工作极限包括：工作极限上限、工作极限下限。

对于振动试验，工作极限只有上限值。

破坏极限：当试验样品的工作特性不能满足技术条件要求，且试验应力强度降低后，试验样品再也不能恢复正常工作特性时所承受的试验应力强度值。破坏极限包括：破坏极限上限、破坏极限下限。

对于振动试验，破坏极限只有上限值。

加速度谱密度：当在宽带趋于零和平均时间趋于无穷的极限状态下，各单位宽带上通过中心频率窄带滤波器的加速度信号方均值。

方均根加速度 G_{rsm}：加速度谱密度函数 $S_x(f)$ 在给定的频率范围内积分的正平方根，表达式为

$$G_{rsm} = \sqrt{\int_{f_1}^{f_2} S_x(f)\mathrm{d}f} \tag{11-1}$$

式中：G_{rms}——方均根加速度，单位为 g_{rms}；

　　　f_1——给定频率范围的下限频率，单位为 Hz；

　　　f_2——给定频率范围的上限频率，单位为 Hz；

六自由度振动：一种沿 X、Y、Z 三个正交轴向的线性运动及以绕 X、Y、Z 轴的旋转运动的振动。

预处理：为消除或部分抵消试验样品以前经历的各种效应，在条件试验前对试验样品所做的处理。

步进应力试验：通过逐级增加试验应力的强度，确定试验样品的工作极限和（或）破坏极限的试验。

性能测试：对试验样品进行特性参数测试，用以判断试验样品能否在正常环境或强化

应力条件下完成规定的功能，技术性能是否下降。一般包括测量试验样品的关键技术参数和（或）利用自诊断功能检测其内部性能参数。

固定点：试验样品与安装夹具或振动台面接触的部分，样品在该点被固定。如果实际安装结构的一部分作为夹具使用，则取安装结构和振动台面接触的部分作为固定点，不应取试验样品和振动台面接触的部分作为固定点。

二、高加速可靠性试验的一般要求

1. 试验样品的代表性

试验样品通常为研发、设计和（或）试产阶段的产品，应能代表产品的预期功能、性能设计指标、元器件质量及工艺水平等。

2. 装置的要求

高加速可靠性试验的装置应配备测量试验样品性能指标及温度和振动响应所需的测量装置。

1）振动应力试验系统

高加速可靠性试验的试验装置的振动应力试验系统应满足：

① 具有六自由度非高斯宽带随机激振功能。

② 振动量能分布带宽不小于 5～5000Hz 范围。

③ Z 轴向最大振动输出量级不小于 $60g_{rsm}$；X、Y 轴向最大振动输出量级不小于 $30g_{rsm}$。

④ 振动台面的振动量级均匀度偏差不超过 40%。

振动量级是指方均根加速度值。

2）温度应力试验系统

高加速可靠性试验的试验装置的空气循环系统应能提供足够的风量，以保证试验效果。

高加速可靠性试验的试验装置的温度应力试验系统应满足：

① 具有快速升降温的能力，最大温度变化速率不小于 60K/min。

② 试验温度能力范围不小于-80～+170℃。

③ 温度波动度在±3 K 范围内。

温度应力试验系统的性能确认参考 GB/T2424.5-2006 的规定。

3）测量装置

进行高加速可靠性试验时，应实时测量试验样品的响应参数，包括温度响应、振动响应及性能指标等。测量装置的技术指标，应符合 GB/T29309—2012 相关规范的要求。

（1）温度测量装置

监测并记录试验样品各关键部位的表面温度，为分析试验结果提供有用的数据。可通过试验装置本身的温度测量系统进行监测，但试验时通常需测试验样品多个部位的温度响应，宜另外再提供多通道的温度测量装置。

温度测量装置的响应特性应满足试验的需要。

（2）振动测量装置

测量并记录试验样品各关键部位的振动响应，分析试验结果并提供重要的信息。可通过试验装置本身的振动测量系统进行测量。对试验样品的振动响应进行测量是必要的，且某些情况下检测部位较多，宜另外提供合适的测量装置。

测量装置宜配备三轴向加速度传感器。相对测量部位而言，传感器的尺寸及质量应足够小，以免改变被测部位的响应特征，加速度传感器在要求的温度范围内应保持良好的工作特性。

建议传感器的频率响应范围为 5～5000Hz，加速度测量范围为-500～+500g。

（3）其他测试仪器

主要指试验样品性能测试所需的仪器。性能指标测量结果作为判断试验样品是否发生失效或故障的重要依据。

如果试验中需对试验样品施加拉偏电压及频率的应力，则需提供合适的样品工作电源。

三、试验准备

1. 试验方案

试验方案的制定，应充分利用研发和试产阶段的有关信息。

试验方案包含但不仅限于以下内容：

➢ 试验样品的信息；
➢ 试验应力条件；
➢ 试验过程中的测量；
➢ 试验样品的工作状态及失效和故障的判定；
➢ 试验实施计划。

2. 试验样品

除非相关规范另有规定，试验样品一般不少于 3 个。

试验前应对样品进行充分的分析，评估可能发生失效或故障的元部件、连接措施、焊接工艺等。宜提前准备替代或修复措施。

必要时提供产品的电路原理图、元器件清单、制造工艺文件等资料。

四、试验方法

1. 试验环境条件

在 GB/T 2421.1—2008 规定的测量和试验用标准大气条件下进行。

2. 试验项目

除非相关规范另有规定，一般按表 11-4 所列的规定进行试验。试验过程中，可能进行功能判断或失效分析及故障维修。

表 11-4 试验项目和顺序

试 验 顺 序	试 验 项 目
1	常温性能测试
2	温度均匀性测试
3	低温步进试验
4	高温步进试验
5	快速温变循环试验
6	振动步进试验
7	快速温变循环与振动步进综合试验

3. 试验平台

试验前，按试验要求准备试验装置、测量仪器、夹具、供电电源、负载等，搭建试验平台。实验前准备工作包括：

➤ 按预期方式将样品安装在试验箱内。当几个试验样品同时试验时，应使各试验样品之间及试验样品和箱壁之间的空气能自由流通。振动试验时，应使用夹具可靠固定试验样品。

➤ 正确连接试验用电源、工作负载及样品的各个部件或子系统。

➤ 正确连接应力响应及性能测量仪器和其他必要的监控设备。

图 11-2 给出了试验平台的图示。

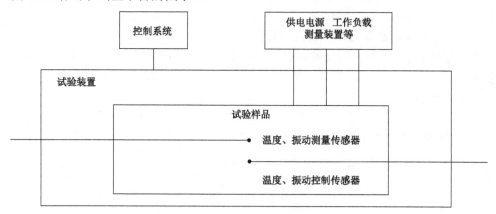

图 11-2 试验平台的图示

4. 样品预处理

必要时，对试验样品进行以下预处理：

➤ 去除试验样品的外壳。

➤ 除非有特殊的要求，通常需排除试验样品的过温保护功能。其他保护功能，如过压保护、欠压保护、短路保护、过流保护等则保留。

➤ 准备应力隔离措施。

5. 常温性能测试

规定的环境条件下检查样品的功能，测量其性能指标，确认样品正常。

6. 温度均匀性测试

通常在低温步进试验前，进行下述温度均匀性测试：

切断箱内试验样品的电源，将试验温度设定为某一温度（如 40℃），启动试验。待箱内温度稳定后，测量试验样品各有关部位的温度。可通过改变试验样品和导风管风口的位置，使各测量部位间的温度偏差维持在±5K 内（或按相关规范的规定）。

7. 低温步进试验

进行本阶段试验时，参考 GB/T 2423.1—2008 中的规定测量试验箱内空气温度。稳定状态时，流向试验样品的空气的温度应处于试验设定值的±3K 范围内。

当由于试验箱尺寸的原因，不能维持上述容差时，可适当放宽容差至±5K。此时应在报告中说明。

低温步进试验步骤：

步骤一 以常温或相关规范规定的温度点为起始温度，开始试验。

步骤二 以一定的温度步进值进行降温。推荐温度步进值为 5～10K，或按相关规范确定。

步骤三　温度阶梯持续时间应合适，应使试验样品各测量部位的温度达到稳定。推荐阶梯持续时间为试验样品各测量部位的温度达到稳定后 5～20min，或按相关规范确定。性能测试一般在试验样品各测量部位的温度达到稳定后进行，也可在整个试验过程中都进行。

步骤四　重复步骤第二和第三步，确定试验样品的低温工作极限。

步骤五　继续步进应力试验，直至确定试验样品的低温破坏极限。

试验过程中，若试验温度达到了预期目标值（如相关规范提出的试验温度值），试验可终止。

图 11-3 给出了低温步进试验曲线示意图。

对低温敏感的元部件，可采取局部加热措施，防止其在低温下过快失效而影响试验继续进行。

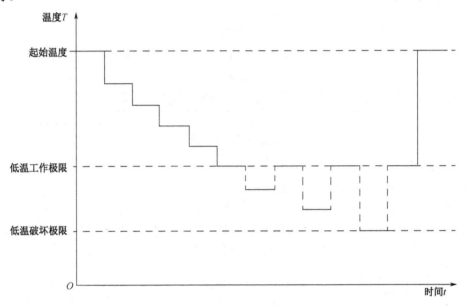

图 11-3　低温步进试验曲线示意图

8．高温步进试验

进行本阶段试验时，参考 GB/T 2423.2—2008 中的规定测量试验箱内空气温度。稳定状态时，流向试验样品的空气的温度应处于试验设定值的 ±3K 范围内。

当由于试验箱尺寸的原因，不能维持上述容差时，可适当放宽容差至 ±5K。此时应在报告中说明。

高温步进试验步骤：

步骤一　以常温或相关规范规定的温度点为起始温度，开始试验。

步骤二　以一定的温度步进值进行升温。推荐温度步进值为 5～10K，或按相关规范确定。

步骤三　温度阶梯持续时间应合适，应使试验样品各测量部位的温度达到稳定。推荐阶梯持续时间为试验样品各测量部位的温度达到稳定后 5～20min，或按相关规范确定。性能测试一般在试验样品各测量部位的温度达到稳定后进行，也可在整个试验过程中都进行。

步骤四　重复步骤（二）和（三），确定试验样品的高温工作极限。

步骤五　继续步进应力试验，直至确定试验样品的高温破坏极限。

试验过程中，若试验温度达到了预期目标值（如相关规范提出的试验温度值），试验可终止。

图 11-4 给出了高温步进试验曲线示意图。

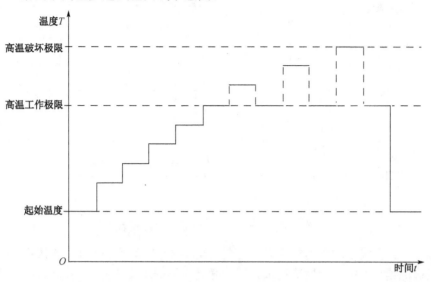

图 11-4　高温步进试验曲线示意图

对高温敏感的元部件，可采取局部降温措施，防止其在高温下过快失效而影响试验继续进行。

9. 快速温变循环试验

试验装置的技术规格应符合 GB/T 2423.22—2002 中的规定。

快速温变循环试验步骤：

步骤一　确定高温温度值和低温温度值。

步骤二　以一定的温度变化速率进行温度循环试验。推荐温度变化速率为 40K/min，或按相关规范确定。

步骤三　高、低温温度值的试验持续时间应合适，应使试验样品上各测量部位的温度达到稳定。推荐持续时间为试验样品各测量部位的温度达到稳定后 5～20min，或按相关规范确定。性能测试一般在试验样品各测量部位的温度达到稳定后进行，也可在整个试验过程中都进行。

步骤四　除非相关规范另有规定，试验应进行 5 个循环。

图 11-5 给出了快速温变循环试验曲线示意图。

确定高、低温温度值的试验持续时间时，应考虑试验样品的热时间常数的影响。有关试验持续时间与试验样品的热时间常数之间的关系的说明见 GB/T 2424.13—2002。在一个试验样品内部，温度变化的速率取决于其材料的热传导、热容量的立体分布及尺寸大小。

10. 振动步进试验

除非相关规范另有规定，试验样品按 GB/T 2423.43—2008 的规定进行安装，其他要求参考 GB/T 2423.56—2006。

振动步进试验步骤：

步骤一　确定起始振动量级和步进值，开始试验。推荐起始振动量级为 $5g_{rms}$～$10g_{rms}$，步进值为 $5g_{rms}$ 或按相关规范确定。

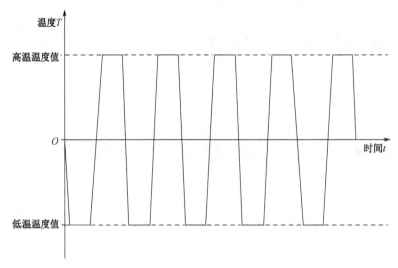

图 11-5　快速温变循环试验曲线示意图

　　步骤二　先以设定的振动量级进行耐久振动，振动时间为 10min，或按相关规范确定；接着在振动持续状态中进行性能测试。试验样品在该振动量级的振动持续时间，至少包括耐久振动及完成一次性能测试所需的时间。

　　步骤三　以步进值增加振动量级。

　　步骤四　重复步骤（二）和（三），确定试验样品的振动工作极限。

　　步骤五　继续步进应力试验，直至确定试验样品的振动破坏极限。

　　试验过程中，若振动量级达到了预期目标值（如相关规范提出的振动量级），试验可终止。

　　图 11-6 给出了振动步进试验曲线示意图。

　　考虑到振动的疲劳累积效应对试验样品的影响，耐久振动时间不宜过长，性能测试应连贯进行。必要时，可在某个或每个量级的振动试验结束后，进行一个低量级的振动监测，如量级为（5±3）g_{rms}，的振动，持续时间不超过 5min。这有助于发现前面高量级振动时未暴露的缺陷，如因振动导致的焊点松动。对振动敏感的元部件，可采取振动应力隔离措施，防止其在振动时过早失效而影响试验继续进行。

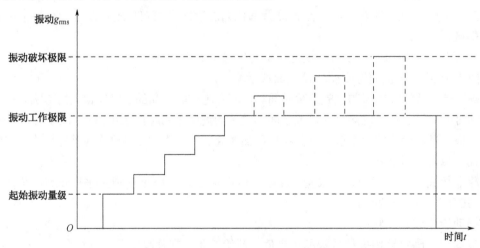

图 11-6　振动步进试验曲线示意图

11. 快速温变循环与振动步进综合试验

除非相关规范另有规定，GB/T 2423.22—2002 中及 GB/T 2423.56—2006 中的要求适用于本阶段的试验。

快速温变循环与振动步进综合试验步骤：

步骤一　按快速温度循环试验的规定确定试验中的高、低温温度值及其持续时间。

步骤二　除非相关规范另有规定，起始振动量级取为振动工作极限的 1/5，此后在每个温度循环周期中振动量级递增，步进值为振动起始量级。若振动步进试验中未能确定样品的振动工作极限，则试验以试验装置最大振动输出量级的 1/5 开始并递增。

步骤三　进行综合试验。在每个振动量级都应进行性能测试。

步骤四　除非相关规范另有规定，试验应进行 5 个温度循环。

图 11-7 给出了本综合试验曲线示意图。

每个振动量级的持续时间等于温度循环的周期。

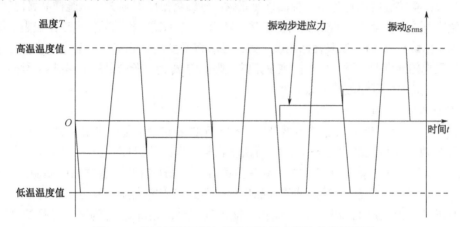

图 11-7　快速温变循环与振动步进综合试验曲线示意图

五、应力隔离

进行高加速可靠性试验时，试验样品中可能存在对试验应力敏感的元部件。此类元部件在试验应力的作用下，容易失效，不利于试验继续进行。为了消除或减轻应力的影响，试验时通常对此类元部件采取一些应力隔离措施。

1. 局部加热和局部降温

通过局部加热，对某些低温敏感元部件进行升温，保持在其应有性能、功能的情况下继续试验。

通过局部降温，对某些高温敏感元部件进行降温，保持其应有性能、功能的情况下继续试验。

2. 振动应力隔离

试验样品的某些元部件，在振动应力的作用下容易失效，从而影响试验样品在振动试验中的性能表现。在不影响试验样品整体功能的前提下，可对该元部件采取振动应力隔离措施，以便试验继续进行。

可参考的振动应力隔离措施，如：对振动敏感元部件采取应力缓冲安装措施，将振动敏感元部件脱离振动应力环境。

六、应力极限确认

高加速可靠性试验，通过强化应力的激发作用，能快速确定试验样品的应力极限，并暴露其潜在的缺陷。通过故障分析、工艺改进、设计优化及试验验证等系列措施，可拓宽产品的应力极限。下面提供了应力极限的确定方法。

在高加速可靠性试验中，需要确定试验样品的高温工作极限和破坏极限、低温工作极限和破坏极限以及振动工作极限和破坏极限。

通过高温步进试验、低温步进试验和振动步进试验分别确定试验样品的相关工作极限和破坏极限。

1）低温工作极限和破坏极限

低温应力极限的确定：

如图 11-8 所示，试验从起始温度开始，按一定的步进值降温。当温度降至 T_2 时，试验样品出现失效；再将温度恢复至 T_1，样品恢复正常；继续将温度降至 T_3，试验样品又出现失效；此时将温度再次回复至 T_1，样品又恢复正常。则确认 T_1 为试验样品的低温工作极限。继续降温，若当温度降至 T_4 时，试验样品出现失效；接着将温度恢复至 T_1，样品未能恢复正常。且继续升温至起始温度后，样品仍不能恢复正常。则确定 T_4 为试验样品的低温破坏极限。

2）高温工作极限和破坏极限

高温应力极限的确定：

如图 11-9 所示，试验从起始温度开始，按一定的步进值升温。当温度升至 T_2 时，试验样品出现失效；再将温度回复至 T_1，样品恢复正常；继续将温度升至 T_3，试验样品又出现失效；此时将温度再次恢复到 T_1，样品又恢复正常。则确认 T_1 为试验样品的高温工作极限。继续升温，若当温度升至 T_4 时，试验样品出现失效；接着将温度恢复至 T_1，样品未能恢复正常，且继续降温至起始温度后，样品仍不能恢复正常。则确定 T_4 为试验样品的高温破坏极限。

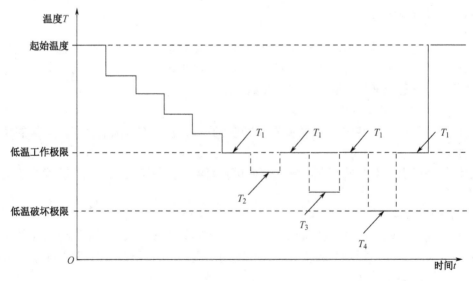

图 11-8　低温工作极限和破坏极限确认示意图

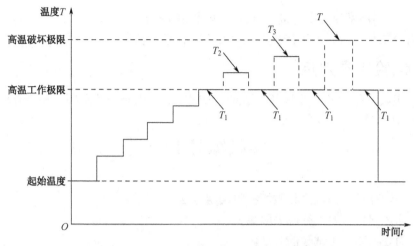

图 11-9 高温工作极限和破坏极限确认示意图

3）振动工作极限和破坏极限

振动应力极限的确定：

如图 11-10 所示，试验从起始量级开始，按一定的步进值递增。当振动量级增至 g_2 时，试验样品出现失效；再把振动量级降至 g_1，样品恢复正常；继续将振动量级增至 g_3，试验样品又出现失效；此时将量级再次降至 g_1，样品又恢复正常。则确认 g_1 为试验样品的振动工作极限。继续增加振动量级，若当量级升至 g_4 时，试验样品出现失效；接着把量级降至 g_1，试验样品的性能未能恢复正常，且停止振动后，样品仍不能恢复正常。则确定 g_4 为试验样品的振动破坏极限。

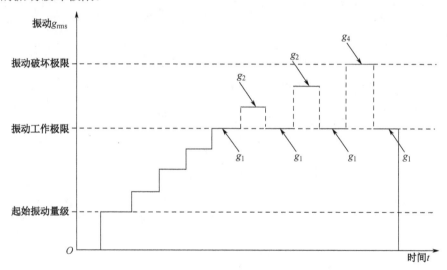

图 11-10 振动工作极限和破坏极限确认示意图

4）快速温变循环试验中高、低温温度值的计算

快速温变循环试验的高、低温温度值依据前面得到的高、低温的工作极限进行确定。

快速温变循环试验的高、低温温度值按以下方法进行计算：

① 高温温度位为高温工作极限减去 5～10K，低温温度值为低温工作极限加上 5～10K；或

② 高、低温温度值分别为高、低温工作极限的 85%~90%。

当采用第二种方法时，工作极限以"℃"为计量单位。

七、试验结果判定

在工作极限进行性能参数测量，零部件按照第五章Ⅲ降额等级判断是否合格。

实践练习十一

11-1　简述高温工作极限和破坏极限确定方法。

11-2　简述问什么要进行应力隔离。

11-3　简述振动步进试验的方法。

11-4　为手机设计一种高加速试验方法。

附录 相关国家标准系列

1. NA. 1 GB/T2423 系列标准

GB/T 2423.1—2008《电工电子产品环境试验 第 2 部分：试验方法 试验 A：低温（IEC 60068—2—1：2007,IDT）》

GB/T 2423.2—2008《电工电子产品环境试验 第 2 部分：试验方法 试验 B：高温（IEC 60068—2—2：2007,IDT）》

GB/T 2423.3—2006《电工电子产品环境试验 第 2 部分：试验方法 试验 Cab：恒定湿热试验（IEC 60068—2—78：2001,IDT）》

GB/T 2423.4—2008《电工电子产品环境试验 第 2 部分：试验方法试验 Db 交变湿热（12h+12h 循环）（IEC 60068—2—30：2005,IDT）》

GB/T 2423.5—1995《电工电子产品环境试验 第 2 部分：试验方法试验 Ea 和导则：冲击（idt IEC 60068—2—27：1987）》

GB/T 2423.6—1995《电工电子产品环境试验 第 2 部分：试验方法试验 Eb 和导则 t 碰撞（idt IEC 60068—2—29：1987）》

GB/T 2423.7—1995《电工电子产品环境试验 第 2 部分：试验方法试验 Ec 和导则：倾倒与翻到（主要用于设备型样品）（idt IEC 60068—2—31：1982）》

GB/T 2423.8—1995《电工电子产品环境试验 第 2 部分：试验方法 试验 Ed：自由跌落（idt IEC 60068—2—32：1990）》

GB/T 2423.10—2008《电工电子产品环境试验 第 2 部分：试验方法 试验 Fc：振动（正弦）（IEC 60068—2—6：1995，IDT）》

GB/T 2423.15—2008《电工电子产品环境试验 第 2 部分：试验方法 试验 Ga 和导则：稳态加速度（IEC 60068—2—7：1986，IDT）》

GB/T 2423.16—2008《电工电子产品环境试验 第 2 部分：试验方法 试验 J 和导则：长霉（IEC 60068—2—10：2005，IDT）》

GB/T 2423.17—2008《电工电子产品环境试验 第 2 部分：试验方法 试验 Ka：盐雾（IEC 60068—2—11：1981，IDT）》

GB/T 2423.18—2000《电工电子产品环境试验 第 2 部分：试验方法 试验 Kb：盐雾，交变（氯化钠溶液）（idt IEC 60068—2—52：1996）》

GB/T 2423.21—2008《电工电子产品环境试验 第 2 部分：试验方法 试验 M：低气压试验方法（IEC 60068—2—13：1983，IDT）》

GB/T 2423.22—2002《电工电子产品环境试验 第 2 部分：试验方法 试验 N：温度变化（IEC 60068—2—14：1984，IDT）》

GB/T 2423.23—1995《电工电子产品环境试验 试验 Q：密封（idt IEC 60068—2—27：1987）》

GB/T 2423.24—1995《电工电子产品环境试验 第 2 部分：试验方法 试验 Sa：模拟地

面上的太阳辐射（idt IEC 60068—2—5：1975）》

GB/T 2423.25—2008《电工电子产品环境试验 第 2 部分：试验方法 试验 Z/AM：低温低气压综合试验（IEC 60068—2—40：1976，IDT）》

GB/T 2423.26—2008《电工电子产品环境试验 第 2 部分：试验方法 试验 Z/BM：高温低气压综合试验（IEC 60068—2—41：1976，IDT）》

GB/T 2423.27—2005《电工电子产品环境试验 第 2 部分：试验方法 试验 Z/AMD：低温/低气压/湿热连续综合试验（IEC 60068—2—39：1976，IDT）》

GB/T 2423.28—2005《电工电子产品环境试验 第 2 部分：试验方法 试验 T：锡焊（IEC 60068—2—20：1979，IDT）》

GB/T 2423.30—1999《电工电子产品环境试验 第 2 部分：试验方法 试验 XA 和导则：在清洗剂中浸渍（idt IEC 60068—2—45：1993）》

GB/T 2423.32—2008《电工电子产品环境试验 第 2 部分：试验方法 试验 Ta：润湿称量法可焊性（IEC 60068—2—54：2006，IDT）》

GB/T 2423.33—2005《电工电子产品环境试验 第 2 部分：试验方法 试验 Kca：高浓度二氧化硫试验》

GB/T 2423.34—2005《电工电子产品环境试验 第 2 部分：试验方法 试验 Z/AD：温度/湿度组合循环试验（IEC 60068—2—38：1974，IDT）》

GB/T 2423.35—2005《电工电子产品环境试验 第 2 部分：试验方法 试验 Z/AFc：散热和非散热样品的低温/振动（正弦）综合实验（IEC 60068—2—50：1983，IDT）》

GB/T 2423.36—2005《电工电子产品环境试验 第 2 部分：试验方法 试验 Z/BFc：散热和非散热样品的高温/振动（正弦）综合实验（IEC 60068—2—51：1983，IDT）》

GB/T 2423.37—2006《电工电子产品环境试验 第 2 部分：试验方法 试验 L：沙尘试验（IEC 60068—2—68：1994，IDT）》

GB/T 2423.38—2008《电工电子产品环境试验 第 2 部分：试验方法 试验 R：水试验方法和导则（IEC 60068—2—18：2000，IDT）》

GB/T 2423.39—2008《电工电子产品环境试验 第 2 部分：试验方法 试验 Ee：弹跳（IEC 60068—2—55：1987，IDT）》

GB/T 2423.40—1997《电工电子产品环境试验 第 2 部分：试验方法 试验 Cx：未饱和高压蒸汽恒定湿热（idt IEC 60068—2—66：1994）》

GB/T 2423.41—1994《电工电子产品基本环境试验规程 风压试验方法》

GB/T 2423.43—2008《电工电子产品环境试验 第 2 部分：试验方法试验方法 振动、冲击和类似动力学试验样品的安装（IEC 60068—2—47：2005，IDT）》

GB/T 2423.45—1997《电工电子产品环境试验 第 2 部分：试验方法 试验 Z/ABDM：气候顺序（idt IEC 60068—2—61：1991）》

GB/T 2423.47—1997《电工电子产品环境试验 第 2 部分：试验方法 试验 Fg：声振（idt IEC 60068—2—65：1993）》

GB/T 2423.48—2008《电工电子产品环境试验 第 2 部分：试验方法 试验 Ff：振动—时间历程法（IEC 60068—2—57：1999，IDT）》

GB/T 2423.49—1997《电工电子产品环境试验 第 2 部分：试验方法 试验 Fe：振动—

正弦拍频法（idt IEC 60068—2—59：1990）》

GB/T 2423.50—1999《电工电子产品环境试验 第 2 部分：试验方法 试验 Cy：恒定湿热主要用于元件的加速实验（idt IEC 60068—2—67：1996）》

GB/T 2423.51—2000《电工电子产品环境试验 第 2 部分：试验方法 试验 Kc：流动混合气体腐蚀试验汽恒定湿热（idt IEC 60068—2—60：1995）》

GB/T 2423.52—2003《电工电子产品环境试验 第 2 部分：试验方法 试验 77：结构强度与撞击（IEC 60068—2—27：1999，IDT）》

GB/T 2423.53—2005《电工电子产品环境试验 第 2 部分：试验方法 试验 Xb：由手的摩擦造成的标记和印刷文字的磨损（IEC 60068—2—70：1995，IDT）》

GB/T 2423.54—2005《电工电子产品环境试验 第 2 部分：试验方法 试验 Xc：流体污染（IEC 60068—2—74：1999，IDT）》

GB/T 2423.55—2006《电工电子产品环境试验 第 2 部分：环境测试 试验 Eh：锤击实验（IEC 60068—2—75：1997，IDT）》

GB/T 2423.56—2006《电工电子产品环境试验 第 2 部分：试验方法 试验 fh：宽带随机振动（数字控制）和导则（IEC 60068—2—64：1993，IDT）》

GB/T 2423.57—2008《电工电子产品环境试验 第 2—81 部分：试验方法 试验 Ei：冲击 冲激响应谱合成（IEC 60068—2—81：2003，IDT）》

GB/T 2423.58—2008《电工电子产品环境试验 第 2—80 部分：试验方法 试验 Fi：振动混合模式（IEC 60068—2—80：2005，IDT）》

GB/T 2423.59—2008《电工电子产品环境试验 第 2 部分：试验方法 试验 Z/ABMFh：温度（低温高温)/低气压/振动（随机）综合》

GB/T 2423.60—2008《电工电子产品环境试验 第 2 部分：试验方法 试验 u：引出端及整体安装件强度（IEC 60068—2—21：2006，IDT）》

GB/T 2423.101—2008《电工电子产品环境试验 第 2 部分：试验方法 试验：倾倒和摇摆》

GB/T 2423.102—2008《电工电子产品环境试验 第 2 部分：试验方法 试验：温度（低温、高温)/低气压/振动（正弦）综合》

GB/T 2423.59—2008《电工电子产品环境试验 第 2 部分：试验方法 试验 Z/ABMFh：温度（低温高温)/低气压/振动（随机）综合（IEC 60068—2—80：2005，IDT）》

2. NA.2 GB/T2424 系列标准

GB/T 2424.1—2005《电工电子产品环境试验 高温低温试验导则（IEC 60068—3—1：1974，IDT）》

GB/T 2424.2—2005《电工电子产品环境试验 湿热试验导则（IEC 60068—3—4：2001，IDT）》

GB/T 2424.5—2006《电工电子产品环境试验 温度试验箱温度确认（IEC 60068—3—5：2001，IDT）》

GB/T 2424.6—2006《电工电子产品环境试验 温度湿度试验箱温度确认（IEC 60068—3—6：2001，IDT）》

GB/T 2424.7—2006《电工电子产品环境试验 试验 A 和 B（带负载）用温度试验箱的

测量（IEC 60068—3—7：2001，IDT)》

GB/T 2424.10—1993《电工电子产品基本环境试验规程 大气腐蚀加速试验的通用导则（eqv IEC 60355：1971)》

GB/T 2424.13—2002《电工电子产品环境试验 第 2 部分：试验方法 温度变化试验导则（IEC 60068—2—33：1971，IDT)》

GB/T 2424.14—1995《电工电子产品环境试验 第 2 部分：试验方法 温度变化试验导则（IEC 60068—2—33：1971，IDT)》

GB/T 2424.13—2002《电工电子产品环境试验 第 2 部分：试验方法 太阳辐射试验导则（IEC 60068—2—9：1975，IDT)》

GB/T 2424.15—2008《电工电子产品环境试验 第 2 部分：试验方法 温度低气压综合试验导则（IEC 60068—3—2：1976，IDT)》

GB/T 2424.17—1995《电工电子产品环境试验 第 2 部分：试验方法 试验 T：锡焊试验导则（IEC 60068—2—44：1995，IDT)》

GB/T 2424.19—2005《电工电子产品环境试验 模拟存储影响的环境试验导则（IEC 60068—2—48：1982，IDT)》

GB/T 2424.22—1986《电工电子产品环境试验规程 温度（高温、低温）和振动（正弦）综合试验导则（eqv IEC 60068—2—53：1984）

GB/T 2424.25—2000《电工电子产品环境试验 第 3 部分：试验导则 地震试验方法（IEC 60068—3—3：1991，IDT)》

GB/T 2424.26—2008《电工电子产品环境试验 第 3 部分：支持文件和导则 振动试验选择（IEC 60068—3—8：2003，IDT)》

GB/T 2424.1—2005《电工电子产品环境试验高温低温试验导则（IEC 60068—3—1：1974，IDT)》

参 考 文 献

[1] 付桂翠. 电子元器件使用可靠性保证. 北京：国防工业出版社，2010.

[2] Reiex Software Co.＆Intellect 著 陈晓彤，赵廷弟等译. 可靠性使用指南. 北京：北京航空航天大学出版社，2005.

[3] 曾声奎. 可靠性设计与分析. 北京：国防工业出版社，2010.

[4] 苏秦. 质量管理与可靠性. 西安：机械工业出版社，2012.

[5] 李金国，傅志高，刘永坚，马志宏，等. 高可靠性航空产品试验技术. 北京：国防工业出版社，2011.

[6] 孔学东 恩云飞. 电子元器件失效分析与典型案例. 北京：国防工业出版社，2006.

反侵权盗版声明

电子工业出版社依法对本作品享有专有出版权。任何未经权利人书面许可，复制、销售或通过信息网络传播本作品的行为；歪曲、篡改、剽窃本作品的行为，均违反《中华人民共和国著作权法》，其行为人应承担相应的民事责任和行政责任，构成犯罪的，将被依法追究刑事责任。

为了维护市场秩序，保护权利人的合法权益，我社将依法查处和打击侵权盗版的单位和个人。欢迎社会各界人士积极举报侵权盗版行为，本社将奖励举报有功人员，并保证举报人的信息不被泄露。

举报电话：（010）88254396；（010）88258888

传　　真：（010）88254397

E-mail：　dbqq@phei.com.cn

通信地址：北京市万寿路 173 信箱

　　　　　电子工业出版社总编办公室

邮　　编：100036